Vorkurs Mathematik für Nebenfachstudierende

Marcel Klinger

Vorkurs Mathematik für Nebenfachstudierende

Mathematisches Grundwissen für den Einstieg ins Studium als Nicht-Mathematiker

Marcel Klinger
Fakultät für Mathematik
Universität Duisburg-Essen
Essen, Deutschland

ISBN 978-3-658-06595-9   ISBN 978-3-658-06596-6 (eBook)
DOI 10.1007/978-3-658-06596-6

Die Deutsche Nationalbibliothek verzeichnet diese Publikation in der Deutschen Nationalbibliografie;
detaillierte bibliografische Daten sind im Internet über http://dnb.d-nb.de abrufbar.

Springer Spektrum
© Springer Fachmedien Wiesbaden 2015

Springer Spektrum ist eine Marke von Springer DE. Springer DE ist Teil der Fachverlagsgruppe Springer
Science+Business Media.
www.springer-spektrum.de

Für Christel

Vorwort oder FAQ

An wen richtet sich dieses Buch? In erster Linie richtet sich dieses Buch natürlich ganz dem Namen nach an Studierende, in deren Studienverlauf Mathematik nur als Nebenfach auftritt. Ich habe besonders darauf geachtet, motivierende, anschauliche und anwendungsbezogene Beispiele zu finden, da klar ist, dass sich nicht jeder Leser gleichermaßen für Mathematik interessiert oder gar begeistern kann. Enthusiasmus für Mathematik ist also nur eine Kann-Bedingung, keine Muss-Bedingung. Natürlich steht aber auch jedem mathematisch Interessierten die Lektüre dieses Werkes frei. Es eignet sich mit seinen Inhalten zudem für angehende Fachmathematiker wie auch Lehramtskandidaten.
Obwohl das Werk das Titelwort „Vorkurs" führt, kann man es aber auch parallel zu den ersten Studiensemestern lesen. Erfahrungsgemäß ist es meist gewinnbringend die gleichen Dinge von zwei oder mehr Stellen erklärt zu bekommen.

Was enthält dieses Buch? Das Buch ist in drei große Kapitel gegliedert: Es beginnt mit dem Kapitel „Grundlagen". Hier wird auf die mathematischen Begriffe und Notationen eingegangen, die nicht immer in Anfängervorlesungen in der Präzision erläutert werden wie sie ein Studieneinsteiger benötigt. Außerdem frischen wir ein bisschen die Mathematik der Mittelstufe auf und führen gleichsam etwaig bekannte Definitionen erneut in einer universitätskonformen Schreibweise ein.
Das zweite Kapitel widmet sich der (linearen) Algebra. Dies ist ein großer Themenblock, der neben der sog. Analysis meist den Erstkontakt mit Hochschulmathematik darstellt, sowohl für Nebenfächler als auch Hauptfachstudierende und Lehramtskandidaten. Wichtige Stichworte sind lineare Gleichungssysteme, Vektorräume und Matrizenrechnung.
Im dritten und letzten Kapitel dieses Werkes findet sich die bereits angesprochene Analysis. Hier frischen wir alles aus der Schule Bekannte zu Funktionen und dem Verhalten selbiger auf. Schlagwörter sind Nullstelle, Ableitung, Kurvendiskussion und Integral.
Als Grundlage diente ein ausführliches Vorlesungsskriptum zu einem Vorkurs, den ich im März 2014 an der Technischen Universität Dortmund für Studienanfänger der Informatik halten durfte. Erfahrungen aus dieser Zeit habe ich in einem Bericht festgehalten (vgl. KLINGER 2014 [39]).

Reicht denn ein Buch zur Vorbereitung auf das Studium? Das ist natürlich eine Frage, die sich jeder selbst beantworten muss. Die meisten lesen meiner Erfahrung nach aber gar nichts vor dem Studium. Ein Buch ist natürlich auch nicht die einzige Möglichkeit zur Vorbereitung: Fast alle Universitäten und Fachhochschulen bieten vor Studienbeginn kostenlose Vorkurse (oft auch „Brückenkurse" genannt) an. Diese sollen den gleichen Zweck wie dieses Buch erfüllen, bieten aber auch noch den Vorteil, bereits vor dem offiziellen Studienstart einmal in einer Vorlesung gesessen zu haben.

Was sollte ich vor dem Studium lernen? Wer viel aus der Schule mitbringt, braucht im Grunde nichts lernen. Schaden tut es jedoch nie und da du dieses Buch in Händen hältst, hast du ja bereits den ersten Schritt getan. Wichtig ist aber meiner Meinung nach nicht nur eine gut sitzende Schulmathematik. Deshalb betrachten wir in diesem Werk nicht nur wichtiges Basiswissen, sondern gehen an einigen Stellen auch über das Schulniveau hinaus. Hierzu gehört natürlich auch das Anbahnen universitätsüblicher Schreibweisen und Formulierungen. In Ausblicken am Ende eines jeden Kapitels halten wir ferner fest, was wir ausgelassen haben, und versuchen interessante wie motivierende Einblicke in das zu geben, was noch kommt. Auch einige Hinweise zu weiterführender Literatur habe ich eingebaut, falls dieses Buch sich nicht als hinreichend sättigend herausstellen sollte.

Gibt es auch Übungsaufgaben zum Stoff des Buches? Zu jedem Unterkapitel gibt es einige Übungsaufgaben an dessen Ende. Hier kannst du testen, ob du alles verstanden hast. Diese sind teilweise auf recht hohem Niveau und lassen sich entgegen der Gewohnheit aus der Schule manchmal nur mit viel Nachdenken oder – und auch das gehört definitiv zum Studium dazu – leider sogar gar nicht lösen. Ich habe mich bewusst dazu entschieden, diese Anforderungen an den Leser zu stellen, da es meiner Erfahrung nach auch die Professoren im Studium tun werden. Lass dich davon aber möglichst nicht abschrecken.
Musterlösungen mit einigen Erklärungen stellen wir auf der Springer-Homepage zum Buch bereit. Diese findest du auf

$$\text{http://www.springer.com/mathematics/book/978-3-658-06595-9}$$

unter der Überschrift „Zusätzliche Informationen".
Du solltest bevor du zur Lektüre der Lösungen schreitest dir jedoch zunächst ggfs. die Zähne ausbeißen, d.h. ein wenig darüber nachdenken. So ist der Lerneffekt erfahrungsgemäß am ergiebigsten. Interpretiere die Aufgaben inklusive Musterlösungen also möglichst nicht als weiteren Leseteil des Buches.

Was mache ich, wenn ich einen Fehler entdecke? Obwohl ich größte Sorgfalt beim Verfassen habe walten lassen, sind Fehler natürlich nicht ausgeschlossen. Über die Meldung eines Fehlers via E-Mail an marcel.klinger@uni-due.de freue ich mich sehr herzlich.

Warum ist dieses Buch „nur" 200 Seiten lang? Ich habe mir natürlich einige Literatur im Umfeld mathematischer Studienvorkurse angeschaut. Die Bücher, die dabei zu Tage gefördert wurden, umfassten z.T. 500 und mehr Seiten. Ich kann mir vorstellen, dass diese große Menge zu Beginn sehr unübersichtlich wirkt, ich selbst würde es sicher so empfinden! Deswegen war es mir wichtig, ein etwas kleineres Buch zu machen. Natürlich sind 200 Seiten aber auch noch recht viel und man wird es nicht von heute auf morgen durchlesen können.

Was mache ich, wenn ich etwas einfach nicht verstehe? Das gehört zur Mathematik dazu. Es gibt einfach Dinge, über die kann man Stunden grübeln und man wird keine Einsicht in die Materie erhalten und das, obwohl womöglich jemand anderes genau diese Sache in zehn Minuten durchschaut. Das ist aber – wie gesagt – völlig normal und sollte nicht demotivieren (obwohl es das natürlich tut; machen wir uns nichts vor).
In solchen Situationen hilft es manchmal ein anderes Buch heranzuziehen. Ein weiterer Autor geht bei der Erklärung eventuell einen etwas anderen Weg und plötzlich macht es klick. Meist ist es dann sogar so, dass man nun auch den Ausgangstext versteht. Alternativ sollte man Kommilitonen (Mitstudierende) fragen oder, falls bereits bekannt, an Dozenten und Übungsleiter herantreten. Und last but not least gibt es ja auch noch Google...

Da diese FAQ auch die Funktion eines Vorwortes erfüllen sollen, möchte ich zunächst mit etwas Dank fortfahren.

Natürlich habe ich wie jeder, der bisher ein Buch geschrieben hat, darüber nachgedacht, ob es eine Möglichkeit gibt hier nicht stereotyp vorzugehen. Leider stieß meine Kreativität an ihre Grenzen und so möchte ich zunächst der Fakultät für Informatik der Technischen Universität Dortmund danken, die mit der Verantwortung, welche sie mir anvertraute, dieses Werk überhaupt initial anstieß.

Ferner danke ich auch Frau Schmickler-Hirzebruch vom Springer-Verlag, die von Anfang an sehr angetan bezüglich der Idee und Umsetzung dieses Buches agierte.

Prof. Dr. Bärbel Barzel möchte ich danken, dass sie sich die Zeit genommen hat, um mit mir gemeinsam über das Manuskript zu schauen und mich ebenso bei der Umsetzung unterstützt hat.

Lutz Büch danke ich an dieser Stelle für die Nutzungserlaubnis seines Gedichtes.

Miriam Georges, Dennis Kral, Hana Ruchniewicz, Dr. Frank Schulz, Daniel Thurm und Marc Christian Zimmermann gebührt natürlich auch ein ganz besonderer Dank, habt ihr doch maßgeblich Zeit in die Korrektur meiner Missetaten investiert.

Selbstverständlich schließe ich mit einem gewaltigen Dank an meine Eltern, Familie und Freunde, die in letzter Zeit unter der Arbeit, die ich in diese Seiten gesteckt habe, leiden mussten und dies bereitwillig in Kauf nahmen.

Annika, der letzte Dank gebührt selbstverständlich dir. Du hast nicht nur an vielen Abenden auf meine kognitive Anwesenheit verzichten müssen. Nein, du hast natürlich auch mit deiner mentalen wie praktischen Unterstützung einen wesentlichen Teil zur Entstehung dieses Buches beigesteuert.

Nochmals allen ein sehr herzliches Dankeschön!

Widmen möchte ich dieses Buch aber meiner 2004 verstorbenen Großmutter. Mit ihrem wundervollen Charakter hat sie meine Kindheit maßgeblich beeinflusst und ich habe mir stets vorgenommen, sollte ich einmal ein Buch schreiben, egal ob Einrichtungsratgeber, Telefonverzeichnis oder Lehrbuch, gebührt dir Christel die Widmung.

Und ich möchte schließen, indem ich allen Lesern an dieser Stelle natürlich eine gewinnbringende Lektüre dieses Werkes, aber noch wichtiger – einen erfolgreichen Start ins Studium – wünsche.

Dortmund und Essen im Juni 2014   Marcel Klinger

Inhaltsverzeichnis

1 Grundlagen

1.1 Aussagen

1.1.1 Grundlegendes

Im tagtäglichen Leben bedienen wir uns oft einer Umgangssprache, die i.d.R. zu wenig Präzision für den mathematischen Alltag bietet, da es häufig bei exaktem Hinsehen zu Mehrdeutigkeiten kommt. In diesem Abschnitt wollen wir daher zunächst den Begriff der „Aussage" etwas genauer fassen und versuchen mit ihm umzugehen. Wir bedienen uns der Definition nach Aristoteles[1] (vgl. BRADTKE 2003 [14], S. 3, S. 11).

> **Definition 1.1.1** (Aussage): Eine *Aussage* A ist ein sprachliches Gebilde, von dem es sinnvoll ist zu fragen, ob es wahr oder falsch ist. Genauer muss jeder Aussage A auch genau einer der beiden *Wahrheitswerte* wahr oder falsch zugeordnet sein.

Statt „wahr" bzw. „falsch" benutzt man auch nur die Anfangsbuchstaben „w" bzw. „f". Gebräuchlich ist auch die englischsprachige Variante „t" bzw. „f" für „true" bzw. „false".

> **Beispiel 1.1.2:** Die folgenden sprachlichen Gebilde sind also Aussagen, wobei wir Mathematik durchaus als Sprache ansehen.
>
> - Wenn es regnet, ist der Boden nass.
> $\rightarrow$ Wahrheitswert: wahr
>
> - Wer in der 30-Zone 50 km/h fährt, ist zu schnell.
> $\rightarrow$ Wahrheitswert: wahr
>
> - Deutschland grenzt an Russland.
> $\rightarrow$ Wahrheitswert: falsch
>
> - $4 < 7$.
> $\rightarrow$ Wahrheitswert: wahr
>
> - $3 = 6$.
> $\rightarrow$ Wahrheitswert: falsch
>
> - Die Lösung von $3x = 6$ ist 2.
> $\rightarrow$ Wahrheitswert: wahr
>
> - Deutschland grenzt an Russland und $4 < 7$.
> $\rightarrow$ Wahrheitswert: falsch, aber warum genau, dazu kommen wir später.
>
> Es ist also gleichgültig, ob das entsprechende sprachliche Gebilde wahr oder falsch ist. Die Frage danach sollte lediglich sinnvoll sein.

---

[1] Aristoteles (*-382; †-322), griechischer Philosoph[2]

[2] Die Bio- und Karrieredaten der Mathematiker, welchen wir im Laufe dieses Werkes eine Fußnote stiften, stammen aus der deutschsprachigen Wikipedia und den im Literaturverzeichnis erwähnten Werken.

Dass jeder Aussage genau einer der Wahrheitswerte „wahr" bzw. „falsch" zuordbar ist, heißt übrigens nicht, dass man diesen auch kennen muss.

„

> Jede gerade Zahl größer als 2 kann als Summe zweier Prim-
> zahlen geschrieben werden.

"

– Goldbach 1742

Bei der obigen Aussage handelt es sich um die sog. Goldbachsche[3] Vermutung. Ob Sie wahr oder falsch ist, ist bis heute nicht geklärt. Da die Frage danach, ob sie wahr oder falsch ist, aber durchaus sinnvoll ist (hier mögen manche Menschen anderer Auffassung sein), handelt es sich um eine Aussage im Sinne unserer Definition. Im Rahmen des Höchstleistungsrechnens hat man die Vermutung übrigens bereits für die ersten $4 \cdot 10^{18}$ natürlichen Zahlen manuell bewiesen, d.h. ihre Wahrheit gezeigt (Stand April 2012, vgl. E SILVA et al. 2013 [59]), was aber natürlich keinen Nachweis der Gesamtaussage darstellt.

Zur Erinnerung: Eine Primzahl ist eine Zahl, die genau zwei Teiler hat, nämlich 1 und sich selbst.

Selbstverständlich gibt es auch sprachliche Gebilde, die keine Aussagen sind:

Beispiel 1.1.3: Beispiele für sprachliche Gebilde, die keine Aussage sind, lauten entsprechend:

- Wann bin ich in einer 30-Zone zu schnell?
- Hallo
- Erdbeerkuchen

- Lauf schneller!
- 5
- $3 + 7 - 2$

Die letzten Beiden werden lediglich als Terme bezeichnet, sind aber keine Aussagen, da die Frage „Ist 5 wahr oder falsch?" unsinnig ist. Aus dem gleichen Grund stellen natürlich alle anderen Spiegelpunkte keine Aussagen dar.

Definition 1.1.4 (Negation)**:** Die Aussage „nicht A" heißt Negation von A. Wir schreiben kurz $\neg A$ statt „nicht A". Manchmal begegnet man auch der Schreibweise $\overline{A}$, welche wir aber nicht benutzen.

$\neg A$ hat den Wahrheitswert „wahr", falls A falsch ist und umgekehrt. Die Negierung der Aussage $3 = 6$ ist beispielsweise „nicht $3 = 6$" bzw. anders formuliert $3 \neq 6$.

1.1.2 Logische Verknüpfungen

Die letzte Aussage aus Beispiel 1.1.2 hatte eine Besonderheit: In ihr tauchte das Wort „und" auf. Die Aussage besteht daher im Grunde aus zwei Aussagen, die zusammen zu einer neuen Aussage mit eigenem Wahrheitswert *verknüpft* werden.

Definition 1.1.5 (Konjunktion)**:** Die Aussage „A und B" heißt *Konjunktion* der Aussagen A und B. Wir schreiben kurz $A \wedge B$, sprechen aber „A und B".
$A \wedge B$ ist wahr, falls A und B beide gleichzeitig wahr sind und in jedem anderen Fall falsch.

Die obige Aussage ist also daher falsch, da eine Aussage, aus der sie besteht, wahr ist und die andere falsch (Deutschland grenzt schließlich nicht an Russland).

---

[3]Christian Goldbach (*1690; †1764), deutscher Mathematiker

Den Zusammenhang zwischen A, B und $A \wedge B$ können wir auch in einer sog. Wahrheitstafel darstellen (und sogar über diese definieren, s.u.), der für jede mögliche Kombination der Wahrheitswerte von A und B der entsprechende Wahrheitswert der logischen Verknüpfung $A \wedge B$ entnommen werden kann (s. rechts).
Wir definieren weitere logische Verknüpfungen daher nun direkt über die zugehörigen Wahrheitstafeln.

A	B	$A \wedge B$
wahr	wahr	wahr
wahr	falsch	falsch
falsch	wahr	falsch
falsch	falsch	falsch

Definition 1.1.6 (Disjunktion)**:** Die Aussage „A oder B" heißt *Disjunktion* der Aussagen A und B. Wir schreiben kurz $A \vee B$.
Sie wird über folgende Wahrheitstafel definiert:

A	B	$A \vee B$
wahr	wahr	wahr
wahr	falsch	wahr
falsch	wahr	wahr
falsch	falsch	falsch

In der Alltagssprache wird das Wort „oder" oft anders gebraucht als es unter Mathematikern der Fall ist. Der Unterschied besteht einzig in der ersten Zeile obiger Wahrheitstafel: Im Falle, dass die Aussagen A und B beide wahr sind, fasst die Alltagssprache „A oder B" i.d.R. als falsch auf. Dies verdeutlicht etwa die Aussage „Ich trinke oder ich fahre.": Hiermit ist natürlich ein sog. ausschließendes Oder gemeint. Mathematisch drückt die in Abbildung 1.1 exemplarisch dargestellte Formulierung[4] dies jedoch nicht aus. D.h. man sollte entweder Alkohol trinken oder mit dem Auto fahren. Der Mathematiker hat damit aber kein Problem: Interpretiert man das Oder als mathematisches Oder, kann man auch problemlos betrunken ans Steuer.
Damit alles verständlich bleibt, nutzen wir im Folgenden immer das mathematische Oder wie in Definition 1.1.6. Ansonsten sprechen wir explizit von „entweder ..., oder ...". Dies fassen wir in eine weitere Definition:

Abb. 1.1: In England nimmt man es mit der Logik nicht so genau.

Definition 1.1.7 (ausschließende Disjunktion)**:** Die Aussage „entweder A oder B" heißt *ausschließende Disjunktion* oder *Kontravalenz* (dieses Synonym wird seltener gebraucht) der Aussagen A und B. Oft wird auch umgangssprachlich nur vom „*Entweder-Oder*" gesprochen. Wir schreiben kurz $A \veebar B$. Gerade in der Informatik ist auch der englische Ausdruck A xor B durchaus geläufig.
Sie wird über folgende Wahrheitstafel definiert:

A	B	$A \veebar B$
wahr	wahr	falsch
wahr	falsch	wahr
falsch	wahr	wahr
falsch	falsch	falsch

---

[4]Hierbei handelt es sich tatsächlich um ein (abgewandeltes) Logo einer britischen Aktion gegen Alkohol am Steuer (vgl. http://www.drinkordrive.co.uk/)

Weitere logische Verknüpfungen sind außerdem die folgenden:

Definition 1.1.8 (Implikation): Die Aussage „Wenn A, dann B" heißt *Implikation* der Aussagen A und B. Wir schreiben kurz $A \Rightarrow B$.

Sie wird über folgende Wahrheitstafel definiert:

A	B	$A \Rightarrow B$
wahr	wahr	wahr
wahr	falsch	falsch
falsch	wahr	wahr
falsch	falsch	wahr

Definition 1.1.9 (Äquivalenz): Die Aussage „A genau dann, wenn B" heißt *Äquivalenz* der Aussagen A und B. Wir schreiben kurz $A \Leftrightarrow B$.

Sie wird über folgende Wahrheitstafel definiert:

A	B	$A \Leftrightarrow B$
wahr	wahr	wahr
wahr	falsch	falsch
falsch	wahr	falsch
falsch	falsch	wahr

Die obigen Begrifflichkeiten wollen wir anhand eines Beispiels verdeutlichen.

Beispiel 1.1.10: Die Aussage $(A \Rightarrow B) \Leftrightarrow (\neg A \vee B)$ ist unabhängig von den Wahrheitswerten der Aussagen A und B selbst immer wahr. Für die Praxis benötigen wir diese Erkenntnis nicht, wollen dies aber dennoch der Übung wegen anhand einer Wahrheitstabelle verifizieren. Grundidee ist hierbei die gesamte Aussage in ihre Einzelteile zu zerlegen und Schritt für Schritt in Abhängigkeit der Wahrheitswerte der nicht weiter zerlegbaren Aussagen A und B zum Gesamtwahrheitswert der Aussage vorzudringen.

A	B	$\neg A$	$A \Rightarrow B$	$\neg A \vee B$	$(A \Rightarrow B) \Leftrightarrow (\neg A \vee B)$
wahr	wahr	falsch	wahr	wahr	wahr
wahr	falsch	falsch	falsch	falsch	wahr
falsch	wahr	wahr	wahr	wahr	wahr
falsch	falsch	wahr	wahr	wahr	wahr

Eine solche Aussage, die unabhängig von den Wahrheitswerten der Teilaussagen, aus denen sie zusammengesetzt ist, immer wahr ist, nennt man eine *Tautologie*.

1.1.A Aufgaben

Aufgabe 1: Entscheide, ob es sich jeweils um eine Aussage handelt.

(a) Wenn der Postbote kommt, bellt der Hund.

(b) In Asien sind die Menschen durchschnittlich etwas kleiner als in Südamerika.

(c) Fünf Tassen Tee.

(d) $3 + 7 - 12 - 3$.

(e) $3 + 7 - 12 - 3 = -4$.

(f) 10 teilt 5.

Aufgabe 2: Beweise die folgenden Äquivalenzen mit Hilfe einer Wahrheitstafel, wobei A, B und C Aussagen seien. Du kannst dich an Beispiel 1.1.10 orientieren.

(a) $(A \wedge f) \Leftrightarrow f$

(b) $(A \vee w) \Leftrightarrow w$

(c) $(A \vee f) \Leftrightarrow A$

(d) $(A \wedge w) \Leftrightarrow A$

(e) $\neg(A \vee B) \Leftrightarrow (\neg A \wedge \neg B)$ (De Morgansche Regel)

(f) $\neg(A \wedge B) \Leftrightarrow (\neg A \vee \neg B)$ (De Morgansche Regel)

(g) $(A \vee (B \wedge C)) \Leftrightarrow ((A \vee B) \wedge (A \vee C))$

(h) $(A \wedge (B \vee C)) \Leftrightarrow ((A \wedge B) \vee (A \wedge C))$

(i) $(A \Rightarrow B) \Leftrightarrow (\neg B \Rightarrow \neg A)$ (Kontraposition[5])

Hinweis: Musterlösungen sind auf der Springer-Verlagsseite unter http://www.springer.com/ mathematics/book/978-3-658-06595-9 zu finden.

---

[5]Diese Äquivalenz werden wir uns noch bei einer speziellen Beweisart zu Nutze machen (s. Abschnitt 1.5.2).

1.2 Mengen

Wir fahren mit einer weiteren wichtigen Begrifflichkeit der Mathematik fort – dem Begriff der „Menge" nach Cantor[6] (vgl. CANTOR 1895 [19]).

Definition 1.2.1 (Menge): Eine *Menge* ist jede Zusammenfassung M von bestimmten wohlunterscheidbaren Objekten unserer Anschauung oder unseres Denkens zu einem Ganzen. Besagte Objekte werden *Elemente* von M genannt.

In unserem Kontext werden Mengen meist Zahlen, wie man sie aus der Schule kennt, beinhalten. Jedoch sind auch andere Objekte wie Funktionen, Algorithmen, Ziegen, Hunde, Katzen oder gar Mengen selbst denkbar, eben „Objekte unserer Anschauung oder unseres Denkens". Wir schreiben $x \in M$, falls x in der Menge M enthalten ist, und $x \notin M$, falls x nicht in der Menge M enthalten ist. Man könnte natürlich auch $\neg(x \in M)$ schreiben, aber $x \notin M$ ist doch deutlich gebräuchlicher.

Beispiel 1.2.2: Stein $\in$ {Schere, Stein, Papier}, aber Brunnen $\notin$ {Schere, Stein, Papier}.

Prominente Mengen, die aus Zahlen bestehen, sind

- $\mathbb{N} = \{1, 2, 3, 4, 5, \ldots\}$ (*natürliche Zahlen*),

- $\mathbb{N}_0 = \{0, 1, 2, 3, 4, 5, \ldots\}$ (*natürliche Zahlen einschließlich der Null*),

- $\mathbb{Z} = \{\ldots, -5, -4, -3, -2, -1, 0, 1, 2, 3, 4, 5, \ldots\}$ (*ganze Zahlen*),

- $\mathbb{Q} = \left\{ \frac{m}{n} \mid m \in \mathbb{Z}, n \in \mathbb{Z}, n \neq 0 \right\}$ (*rationale Zahlen*),

- $\mathbb{R}$ (*reelle Zahlen*, s. Abschnitt 1.3.1),

- $\mathbb{C}$ (*komplexe Zahlen*, s. Abschnitt 1.3.2).

Dass die natürlichen Zahlen hier mit der 1 beginnen, ist nicht selbstverständlich. Viele Autoren treffen die Konvention, die natürlichen Zahlen mit der 0 einzuleiten, wofür wir uns innerhalb dieses Werkes aber auf das Symbol $\mathbb{N}_0$ verständigen. Das Deutsche Institut für Normung hat übrigens in seiner Norm 5473 entschieden, dass die Null zu den natürlichen Zahlen gehören soll (vgl. z.B. DIN 2009 [23], S. 320). Albrecht Beutelspacher, ein bekannter Mathematikprofessor der Gegenwart, schreibt dazu:

„

> Und wenn er [der Mathematiker] erfährt, dass das DIN beschlossen hat, dass 0 eine natürliche Zahl ist, reagiert er sehr ungnädig und pocht auf seine Freiheit, selbst entscheiden zu dürfen, ob er die Null zu den natürlichen Zahlen rechnet oder nicht.

"

– BEUTELSPACHER 2009 [9]

Da wir ja – wie bereits kurz erwähnt – überhaupt keine Probleme damit haben wollen, dass Mengen selbst in Mengen vorkommen (und natürlich können diese Mengen ihrerseits dann wieder Teil von Mengen sein, usw.), müssen wir uns nun auch sehr exakt verhalten. Z.B. gilt

$$2 \in \{1, 2, 3\} \quad \text{sowie} \quad 2 \notin \{\{1\}, \{2\}, \{3\}\},$$

---

[6]Georg Ferdinand Ludwig Philipp Cantor (*1845; †1918), deutscher Mathematiker

denn die zweite Menge enthält nicht die 2, sondern sie enthält die Menge, die 2 enthält.

Es muss weiterhin noch erwähnt werden, dass eine Menge nur danach fragt, ob ein Objekt Element überhaupt in der Menge enthalten ist. Es wird nicht unterschieden, ob ein und dasselbe einmal, zweimal oder 42-mal enthalten ist. Dies sehen wir z.B. an der obigen Beschreibung der rationalen Zahlen $\mathbb{Q}$: Hier kann die übliche Zahl 2, wie wir sie kennen, als $\frac{2}{1}$, $\frac{4}{2}$ oder $\frac{-8}{-4}$ dargestellt werden.

Eine weitere Menge möchten wir jetzt noch definieren: eine Menge *ohne* Elemente.

Definition 1.2.3 (leere Menge)**:** Die *leere Menge* ist die Menge, die keine Elemente enthält. Wir nutzen das Symbol $\emptyset$ für sie. Gelegentlich wird sie auch wie obige Mengen durch „Aufzählung ihrer Elemente" dargestellt als $\{\}$.

1.2.1 Beschreibung von Mengen

Oben haben wir bereits beide Möglichkeiten gesehen, eine Menge konkret aufzuschreiben: Durch Aufzählung ihrer Elemente (bei $\mathbb{N}, \mathbb{N}_0, \mathbb{Z}$) aber auch durch Angabe einer beschreibenden Bedingung in Form einer Aussage (bei $\mathbb{Q}$).

Beispiel 1.2.4: Angenommen, wir möchten die Menge aller geraden natürlichen Zahlen darstellen. Hierfür gibt es folgende unterschiedliche Möglichkeiten:

- Etwa durch Aufzählen aller Elemente $\{2, 4, 6, 8, \ldots\}$, wobei es bei unendlich vielen Elementen möglich (und notwendig) ist, die Folge mit Pünktchen („$\ldots$") fortzusetzen,

- durch beschreibende Bedingungen $\{x \mid x \in \mathbb{N} \text{ und } x \text{ ist gerade}\}$ (hierbei steht links des vertikalen Strichs immer das Objekt (hier x), das in die Menge soll, aber nur, falls für dieses Objekt die Bedingung rechts des vertikalen Strichs wahr ist).

- Eine Alternative ist $\{x \in \mathbb{N} \mid x \text{ ist gerade}\}$, bei der die *Obermenge*[7] (hier $\mathbb{N}$), aus der die Elemente der Menge in jedem Fall stammen, bereits links des vertikalen Strichs hervorgehoben ist und dann auch rechts nicht mehr erwähnt werden muss.

- Ebenso möglich ist $\{2x \mid x \in \mathbb{N}\}$, wobei hier der Ausdruck links des vertikalen Strichs für jede wahre Variante der Aussage rechts in ausgewerteter Form in die Menge aufgenommen wird. Dabei durchläuft hier x im Ausdruck $2x$ alle natürlichen Zahlen und wird somit zu $2 \cdot 1, 2 \cdot 2, 2 \cdot 3, \ldots$ Dadurch, dass alle geraden Zahlen genau die Vielfachen von 2 sind, ist auch diese Menge identisch zu allen anderen.

Bemerkung 1.2.5: Häufig findet man als Trennzeichen der linken und rechten Seite in einer Menge statt des vertikalen Strichs auch die Zeichen „:", „;", „,". Es bedeutet aber alles dasselbe.

Als abkürzende Schreibweise werden zur Konstruktion und Beschreibung von Mengen gerne sog. Quantoren benutzt. Es gibt im Grunde nur zwei Stück:

---

[7]Diesen Begriff kennen wir eigentlich noch nicht. Er wird im weiteren Verlauf nochmals genauer erklärt (s. Definition 1.2.8).

Definition 1.2.6 (Allquantor, Existenzquantor)**:**

- $\forall$ bezeichnet den *Allquantor* und bedeutet „für alle".

- $\exists$ bezeichnet den *Existenzquantor* und bedeutet „es existiert (mindestens) ein".

  - $\exists!$ ist ein Spezialfall des Existenzquantors und bedeutet „es existiert genau ein".

Beispiel 1.2.7: Wir betrachten die Menge $M = \{1, 2, 3, 4, 5, 6\}$ und Aussagen über ihre Elemente:

- $\forall x \in M : x < 10$
  $\rightarrow$ Die Aussage ist wahr, weil alle Zahlen in M kleiner als 10 sind.

- $\exists x \in M : x < 10$
  $\rightarrow$ Die Aussage ist wahr, weil es Zahlen in M gibt, die kleiner als 10 sind (das gilt sogar für alle sechs Zahlen, wichtig ist, dass es für mindestens eine gilt).

- $\exists! x \in M : x < 10$
  $\rightarrow$ Die Aussage ist falsch, weil es ja nicht nur genau eine Zahl in M gibt, die kleiner als 10 ist, sondern mehrere.

Der Doppelpunkt steht logisch also immer für ein „gilt" oder „mit" – je nach verwendetem Quantor – und dies wird auch so gesprochen.

1.2.2 Teilmengen

Intuitiv haben wir bisher bereits mit *Teilmengen* gearbeitet, z.B. mit den geraden Zahlen, als eine Teilmenge der natürlichen Zahlen $\mathbb{N}$ und auch der Begriff „Obermenge" ist bereits gefallen. Halten wir dies zunächst formal korrekt in einer Definition fest:

Definition 1.2.8 (Teilmenge): X ist *Teilmenge* oder *Untermenge* einer Menge M, wenn jedes Element von X auch Element von M ist. Mit Hilfe des Allquantors können wir dies auch äquivalent als $\forall x \in X : x \in M$ schreiben. Noch knapper ist es mit dem Zeichen „$\subset$" aufgeschrieben: $X \subset M$, was „X Teilmenge M" gesprochen wird.
Umgekehrt nennen wir M *Obermenge* von X.
Die Negation von $X \subset M$ (also $\neg(X \subset M)$) wird kurz $X \not\subset M$ geschrieben.

Beispiel 1.2.9: Die folgenden Aussagen sind allesamt wahr:

- $\{1, 2, 3\} \subset \mathbb{N}$,

- $\{-1, 1, 2, 3\} \not\subset \mathbb{N}$,

- $\{1, 2, 3, \text{Schwein}\} \not\subset \mathbb{N}$,

- $\emptyset \subset \mathbb{N}$ sowie

- $\mathbb{N} \subset \mathbb{N}$.

Insbesondere ist die leere Menge $\emptyset$ Teilmenge jeder Menge M und jede Menge M ist Teilmenge von sich selbst.

Statt des Zeichens „$\subset$" sieht man manchmal auch das Zeichen „$\subseteq$", was i.d.R. genau das gleiche bedeutet. Der Autor wollte lediglich explizit anmerken, dass auch die Gleichheit gestattet ist[8], d.h. dass bei $X \subseteq M$ die Teilmenge X auch genau dieselbe wie M sein kann. Beim Zeichen „$\subset$" ist dies natürlich auch erlaubt, aber eben visuell nicht gesondert hervorgehoben. Wenn man die Gleichheit der Mengen ausschließen möchte, also auf eine sog. *echte Teilmenge* hinweisen möchte, kann man auch das Zeichen „$\subsetneq$" verwenden. Manchmal benutzen Autoren aber auch „$\subset$" für „$\subsetneq$" und „$\subseteq$", falls die Gleichheit erlaubt ist. Hier ist also ab und zu etwas Vorsicht geboten. In diesem Werk werden ab jetzt jedenfalls nur noch „$\subset$" und „$\subsetneq$" auftauchen.

1.2.3 Mengenoperationen

Wir betrachten nun Operationen, die aus zwei Mengen wieder eine Menge machen. Intuitiv ist dabei meist schon vom Namen der Operation her klar, was passiert.

Definition 1.2.10 (Vereinigungsmenge): Die *Vereinigungsmenge* oder kürzer *Vereinigung* der Mengen A und B ist definiert als die Menge

$$\{x \mid x \in A \ \lor \ x \in B\}.$$

Wir schreiben kurz auch $A \cup B$ (gesprochen „A vereinigt B"), um sie zu bezeichnen. Anschaulich befinden sich in der Vereinigungsmenge $A \cup B$ also alle Elemente, die in A oder in B vorkommen (entsprechend unserer Definition des Oders ist also auch beides gleichzeitig möglich).

Definition 1.2.11 (Schnittmenge): Die *Schnittmenge* oder der *Durchschnitt* der Mengen A und B ist definiert als die Menge

$$\{x \mid x \in A \ \land \ x \in B\}.$$

Wir schreiben kurz auch $A \cap B$ (gesprochen „A geschnitten B"), um sie zu bezeichnen. Anschaulich befinden sich in der Schnittmenge $A \cap B$ also alle Elemente, die sowohl in A als auch in B vorkommen.

Beispiel 1.2.12: Ein paar kurze Beispiele sind

- $\{1,2,3\} \cup \{4,5,6\} = \{1,2,3,4,5,6\}$,

- $\{1,2,3,4\} \cup \{4,5,6\} = \{1,2,3,4,5,6\}$,

- $\{1,2,3\} \cap \{1,2,3,4,5,6\} = \{1,2,3\}$,

- $\{0,1,2,3\} \cap \{1,2,3,4,5,6\} = \{1,2,3\}$ und

- $\{1,2,3\} \cap \{4,5,6\} = \emptyset$.

---

[8]Zwei Mengen sind genau dann gleich, falls alle ihre Elemente übereinstimmen.

Definition 1.2.13 (Differenzmenge): Die *Differenzmenge* oder die *Komplementmenge* von B bezüglich (oder in) A ist definiert als die Menge

$$\{x \mid x \in A \land x \notin B\}.$$

Wir schreiben kurz auch $A \setminus B$ (gesprochen „A ohne B"), um sie zu bezeichnen. Anschaulich befinden sich in der Differenzmenge $A \setminus B$ also alle Elemente, die in A sind, jedoch werden jene Elemente, die auch in B vorkommen, herausgenommen.

Beispiel 1.2.14: Ein paar kurze Beispiele sind

- $\{1, 2, 3, 4, 5, 6\} \setminus \{1, 2, 3\} = \{4, 5, 6\}$,

- $\{1, 2, 3, 4, 5, 6\} \setminus \{0, 1, 2, 3\} = \{4, 5, 6\}$,

- $\{1, 2, 3, 4, 5, 6\} \setminus \{7, 8, 9\} = \{1, 2, 3, 4, 5, 6\}$ und

- $\{1, 2, 3\} \setminus \{1, 2, 3, 4, 5, 6\} = \emptyset$.

Kurz spricht man auch von der *Differenz* oder dem *Komplement* der Menge A bezüglich B, was aber ebenfalls dasselbe meint. Wenn klar ist, worauf sich das Komplement bzw. die Differenz der Menge B bezieht, d.h., wenn man weiß, was A sein soll, ist auch eine der folgenden Schreibweisen üblich:

$$B^C = B^\complement = \bar{B} = \complement B = A \setminus B.$$

Dabei benutzt man die obigen Notationen eigentlich nur dann, wenn es sich in einem gewissen Kontext bei A um „alles" handelt, d.h. wenn man das Komplement bezüglich einer aus diesem Kontext hervorgehenden Gesamtheit betrachtet. Befindet man sich zum Beispiel in einer Situation, in der nur natürliche Zahlen betrachtet werden, würde man unter dem Komplement der Menge $\{2, 3, 4\}$ folgendes verstehen:

$$\{2, 3, 4\}^C = \ldots = \complement\{2, 3, 4\} = \mathbb{N} \setminus \{2, 3, 4\} = \{1, 5, 6, 7, 8, 9, \ldots\}.$$

Das „C" steht dabei für das lateinische Wort „complementum", welches etwa „Vervollständigung" bedeutet, denn das Komplement einer Menge ist sozusagen das, was sie benötigt, um zu einem Ganzen zu werden, wozu aber eben klar sein muss, was in diesem Kontext als „Ganzes" zu verstehen ist.

Abschließend möchten wir in diesem Abschnitt noch die folgende naheliegende Methode zur Visualisierung von Mengen und ihrer jeweiligen mengentheoretischen Beziehungen (also jene Beziehungen, die wir in diesem Abschnitt bisher vorgestellt haben) einführen: Hierzu werden häufig sog. *Venn-Diagramme*[9] eingesetzt, bei der jede Menge als Kreis oder Ellipse (die genaue Form ist im Grunde gleichgültig) veranschaulicht wird. Anhand von Beispielen kann man dies recht schnell klarmachen.

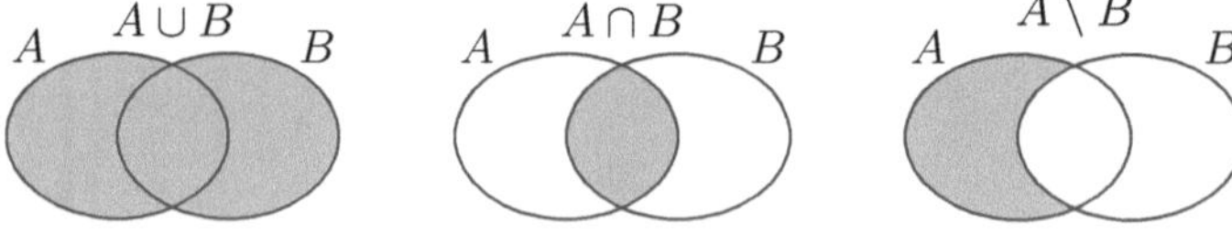

Abb. 1.2: Venn-Diagramme für $A \cup B$, $A \cap B$ und $A \setminus B$. Bei der grau gefüllten Fläche handelt es sich jeweils um die bezeichnete Menge.

---

[9]John Venn (*1834; †1923), englischer Mathematiker

Natürlich kann man solche Venn-Diagramme auch (und gerade) nutzen, um sich die Beziehungen zwischen mehr als zwei Mengen zu veranschaulichen. Hierbei geht es dann meist um kompliziertere Mengenzusammenhänge. In Aufgabe 2 am Ende des Unterkapitels kann man zu diesem Thema praktische Erfahrungen sammeln.

1.2.4 Kartesisches Produkt

Definition 1.2.15: Das *kartesische Produkt* (oder manchmal *Kreuzprodukt*) zweier Mengen A und B ist definiert als

$$\{(x,y) \mid x \in A \wedge y \in B\}.$$

Wir schreiben kurz auch $A \times B$ (gesprochen „A kreuz B"), um diese Menge zu bezeichnen. Falls $A = B$ gilt, ist auch die Schreibweise A^2 üblich. Die Elemente des kartesischen Produktes nennt man auch *geordnetes Paar* oder *2-Tupel*. Dabei ist die Reihenfolge von Bedeutung: Das Pärchen beinhaltet erst ein Element aus A und dann eines aus B (dies soll auch durch das Adjektiv „geordnet" hervorgehoben werden).

Beispiel 1.2.16: Sei $A = \{1,2\}$ und $B = \{3,4\}$. Dann hat das kartesische Produkt $A \times B$ die Form

$$A \times B = \{(1,3),(1,4),(2,3),(2,4)\}.$$

Die Elemente dieser Menge sind also alle geordneten Paare (x,y), die sich aus einem Element $x \in A$ und $y \in B$ bilden lassen.

Die Bezeichnung „Produkt" stellt sich möglicherweise als verwirrend dar – schließlich ist ein Produkt etwas, bei dem im Alltag die Reihenfolge gleichgültig ist, wie z.B. bei der Multiplikation reeller Zahlen. Hier ist das Vertauschen beider Mengen aber tatsächlich im Allgemeinen nicht erlaubt. Mann kann sich leicht überlegen, dass für die Mengen A und B aus Beispiel 1.2.16 $A \times B \neq B \times A$ gilt.

Bemerkung 1.2.17: Das kartesische Produkt lässt sich natürlich auch ineinander schachteln. Betrachten wir z.B. die Mengen $A = \{a,b,c\}, B = \{x,y\}, C = \{\alpha,\beta\}$, dann ist

$$A \times B = \{(a,x),(a,y),(b,x),(b,y),(c,x),(c,y)\}$$

und entsprechend

$$(A \times B) \times C = \{((a,x),\alpha),((a,y),\alpha),((b,x),\alpha),((b,y),\alpha),((c,x),\alpha),((c,y),\alpha),$$
$$((a,x),\beta),((a,y),\beta),((b,x),\beta),((b,y),\beta),((c,x),\beta),((c,y),\beta)\}.$$

Der Einfachheit halber ist dies aber nicht geläufig, sondern

$$A \times B \times C = \{(a,x,\alpha),(a,y,\alpha),(b,x,\alpha),(b,y,\alpha),(c,x,\alpha),(c,y,\alpha),$$
$$(a,x,\beta),(a,y,\beta),(b,x,\beta),(b,y,\beta),(c,x,\beta),(c,y,\beta)\}.$$

Man beachte, dass auf diese Weise auch die Klammern auf der linken Seite des Gleichheitszeichens entfallen dürfen. Allgemein kann also für n Mengen $A_1,\ldots,A_n$ das kartesische Produkt $A_1 \times \ldots \times A_n$ geschrieben werden als

$$A_1 \times \ldots \times A_n = \{(x_1,\ldots,x_n) \mid x_1 \in A_1,\ldots,x_n \in A_n\}.$$

In diesem Fall ist die Bezeichnung *n-Tupel* für ein Element dieser Menge üblich. Falls die Mengen alle identisch sind, d.h. $A = A_1 = \ldots = A_n$ gilt, ist auch die Schreibweise A^n abkürzend äußerst gebräuchlich.

Das kartesische Produkt ist also eine Konstruktion innerhalb der Mengenlehre, um n gegebene Mengen zu einer neuen Menge, welche aus geordneten n-Tupeln besteht, zu verbinden. Der namensgebende Begriff „kartesisch" ist übrigens auf René Descartes[10] zurückzuführen, denn dessen Name lautet latinisiert (was bei wissenschaftlichen Veröffentlichungen zur damaligen Zeit Usus war) *Renatus Cartesius*.

1.2.5 Kardinalität und Potenzmenge

Definition 1.2.18 (Kardinalität): Unter *Kardinalität* oder *Mächtigkeit* einer Menge M mit endlich vielen Elementen versteht man die Anzahl dieser Elemente und schreibt kurz $|M|$, um diese zu bezeichnen (manchmal begegnet man auch der Notation $\#M$).
Für Mengen M mit unendlich vielen Elementen (wie $\mathbb{N}$ oder $\mathbb{Q}$) setzt man einfach $|M| = \infty$.

In manchen Bereichen der Mathematik ist es aber sogar notwendig, zwischen verschiedenen unendlichen Kardinalitäten zu unterscheiden. So gilt z.B. $|\mathbb{Z}| = |\mathbb{N}| = \infty$, aber $|\mathbb{Z}| < |\mathbb{R}|$, obwohl es natürlich sowohl unendlich viele ganze wie auch reelle Zahlen gibt.

Definition 1.2.19 (Potenzmenge): Die *Potenzmenge* $\mathcal{P}(M)$ einer Menge M ist die Menge, die alle Teilmengen der Menge M enthält. In Formeln kann man sie als

$$\mathcal{P}(M) = \{X \mid X \subset M\}$$

schreiben. Weitere Notationen für die Potenzmenge sind $\mathfrak{p}(M)$, $\mathrm{Pot}(M)$, $\Pi(M)$ sowie $\wp(M)$, welche wir jedoch nicht verwenden werden.

Eine weitere Notation für die Potenzmenge, nämlich 2^M (das ist nur ein Symbol, hier wird nicht wirklich etwas mit 2 multipliziert), geht direkt auf folgenden Zusammenhang zurück:

Beispiel 1.2.20: Wir betrachten die Mengen $M_1 = \{1\}$, $M_2 = \{1,2\}$ und $M_3 = \{1,2,3\}$. Dann lauten die entsprechenden Potenzmengen sowie die Anzahl ihrer Elemente

$$\begin{aligned}
\mathcal{P}(M_1) &= \{\emptyset, \{1\}\}, \\
\mathcal{P}(M_2) &= \{\emptyset, \{1\}, \{2\}, \{1,2\}\}, \\
\mathcal{P}(M_3) &= \{\emptyset, \{1\}, \{2\}, \{3\}, \{1,2\}, \{1,3\}, \{2,3\}, \{1,2,3\}\}, \\
|\mathcal{P}(M_1)| &= 2 = 2^1, \\
|\mathcal{P}(M_2)| &= 4 = 2^2, \\
|\mathcal{P}(M_3)| &= 8 = 2^3.
\end{aligned}$$

Dass sich bei den Kardinalitäten der Potenzmenge jeweils Potenzen von 2 ergeben, ist kein Zufall, sondern auf den folgenden abschließenden Satz zurückzuführen.

Satz 1.2.21: Für die Kardinalität von $\mathcal{P}(M)$ einer Menge M mit $|M| = n < \infty$ gilt

$$|\mathcal{P}(M)| = 2^{|M|} = 2^n.$$

Im obigen Satz meint – um Verwirrungen vorzubeugen – nun $2^{|M|}$ wieder eine normale Potenz der Zahl 2, denn $|M|$ bezeichnet schließlich die Kardinalität der Menge M und ist somit eine natürliche Zahl. Im Aufgabenteil 1.5.A werden wir zudem soweit sein, dass wir diesen Satz beweisen können.

---

[10]René Descartes (*1596; †1650), französischer Philosoph, Mathematiker und Naturwissenschaftler

1.2.A Aufgaben

Aufgabe 1: Gib die folgenden Mengen durch Aufzählen all ihrer Elemente an, d.h. in der Form $\{a, b, c, \ldots\}$.

(a) $A = \{x \in \mathbb{N} \mid 0 < x < 4,8\}$

(b) $B = \{t \in \mathbb{N} \mid t \text{ ist Teiler von } 24\}$

(c) $C = \{z \in \mathbb{Z} \mid z \text{ ist positiv und durch 3 teilbar}\}$

(d) $D = \{x \in \mathbb{R} \mid x^2 - 1 = 0\}$

(e) $E = \{2k + 1 \mid k \in \{1, 2, \ldots, 8\}\}$

(f) $F = \{x \mid x \text{ ist einer der fünf Hauptcharaktere von How I Met Your Mother}\}$

Aufgabe 2: Wir betrachten die Grundmenge

$$G = \{x \mid x \text{ lebt in Deutschland}\}.$$

Auf diese Menge soll sich nun auch der Komplementbegriff beziehen, es soll sich im Rahmen dieser Aufgabe bei g also um „alles" handeln. Wir ziehen weiterhin die folgenden Mengen heran:

$$A = \{x \in G \mid x \text{ lebt in Nordrhein-Westfalen}\},$$
$$B = \{x \in G \mid x \text{ lebt in Berlin}\},$$
$$C = \{x \in G \mid x \text{ ist weiblich}\},$$
$$D = \{x \in G \mid x \text{ besitzt ein Auto}\},$$
$$E = \{x \in G \mid x \text{ besitzt einen Hund}\}$$

Beschreibe nun, welche Personengruppen durch die folgenden Mengen angesprochen sind. Zur Unterstützung können Venn-Diagramme gezeichnet werden.

(a) $A \cap C \cap E$

(b) $A \cup D$

(c) $A^{\complement}$

(d) $B^{\complement} \cap A$

(e) $(C \cap D \cap E)^{\complement}$

(f) $(C^{\complement} \cap D) \cup (C^{\complement} \cap E)$

(g) $D \setminus (E \cup B)$

(h) $A \cap B$

Aufgabe 3: Gib $\mathcal{P}(\{a, b, c\})$ sowie $|\mathcal{P}(\{a, b, c\})|$ an.

Aufgabe 4: Gegeben seien die Mengen $A = \{1, 2\}$, $B = \{\{1\}, \{2\}\}$, $C = \{\{1\}, \{1, 2\}\}$ und $D = \{\{1\}, \{2\}, \{1, 2\}\}$. Bestimme den Wahrheitswert der folgenden Aussagen.

(a) $A = B$

(b) $A \subset B$

(c) $A \subsetneq C$

(d) $A \in C$

(e) $A \subsetneq D$

(f) $B \subsetneq C$

(g) $B \subsetneq D$

(h) $B \in D$

(i) $A \in D$

Aufgabe 5: Gib die Kardinalität der folgenden Mengen an: $A = \{1,2\}$, $B = \{\{1\},\{2\}\}$, $C = \{\{1\},\{1,2\}\}$, $D = \{\{1\},\{2\},\{1,2\}\}$.

Aufgabe 6: Sind folgende Mengengleichungen gültig? Beweise oder widerlege. Zur Visualisierung können auch hier Venn-Diagramme herangezogen werden.

(a) $(A \cup B) \setminus C = (A \setminus C) \cup B$

(b) $(A \cup B) \cap C \subset A \cap (B \cup C)$

(c) $(A \cap B) \cup C = A \cap (B \cup C)$

Aufgabe 7: Es seien $A = \{0,1,2\}$, $B = \{4\}$ und $C = \{1,2\}$. Schreibe die Menge $A \times B \times C$ durch Aufzählung ihrer Elemente, d.h. in der Form $\{a,b,c,\ldots\}$.

Hinweis: Musterlösungen sind auf der Springer-Verlagsseite unter http://www.springer.com/mathematics/book/978-3-658-06595-9 zu finden.

1.3 Zahlen

1.3.1 Reelle Zahlen

Im vorherigen Kapitel haben wir sie bereits kurz erwähnt, wollen sie nun aber auch motivieren, bevor wir sie einführen: die Menge der reellen Zahlen $\mathbb{R}$. Mit

$$\mathbb{Q} = \left\{ \frac{m}{n} \mid m \in \mathbb{Z}, n \in \mathbb{Z}, n \neq 0 \right\}$$

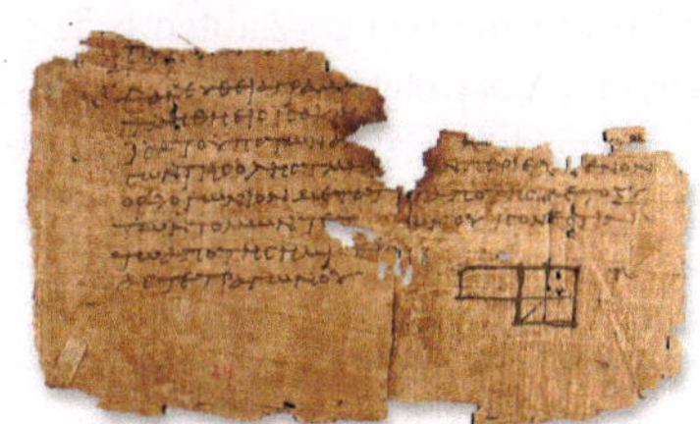

Abb. 1.3: Papyrusfragment der Elemente des Euklid. Bild: Wikimedia Commons, gemeinfrei

haben wir bereits die Menge aller ganzzahligen Brüche abgedeckt. Dass man diesen Zahlenraum aber noch erweitern kann – sogar muss – ist bereits vor Beginn unserer Zeitrechnung dem Pythagoreer Hippasos[11] aufgefallen. Zur Belohnung für die Zerstörung von Pythagoras'[12] Weltbild wurde Hippasos aus dessen kleinen Geheimclub ausgeschlossen (vgl. ALTEN et al. 2014 [3], S. 55). Eine der ersten neuzeitlichen Definitionen der reellen Zahlen geht indes wohl auf Weierstraß[13] zurück (vgl. CANTOR 1883 [18], S. 565).

Betrachtet man ein Quadrat der Kantenlänge 1 (vgl. Abbildung 1.4), ergibt sich nach dem Satz des Pythagoras für die Länge der Diagonalen c der Wert dieser aus der Gleichung $1^2 + 1^2 = c^2$. Die Lösung dieser Gleichung nennen wir heute $c = \sqrt{2}$. Das Besondere ist, dass

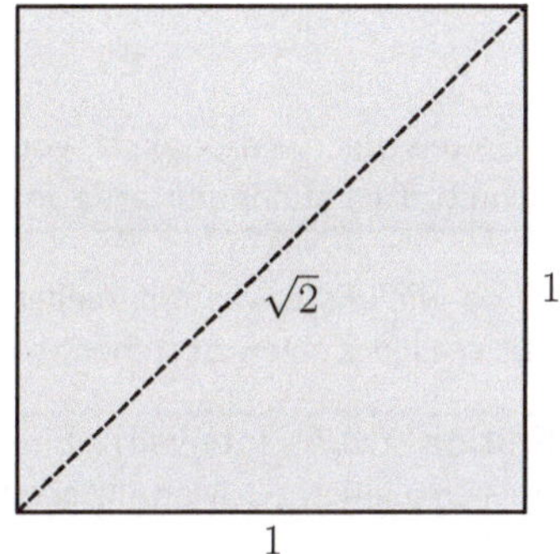

Abb. 1.4: Ein Quadrat mit Kantenlänge 1 hat eine Diagonale irrationaler Länge: $\sqrt{2}$.

$$\sqrt{2} \notin \mathbb{Q}$$

gilt; sich $\sqrt{2}$ also nicht in der Form $\frac{m}{n}$ mit $m \in \mathbb{Z}$ und $n \in \mathbb{Z}$ darstellen lässt. Den ersten bekannten Widerspruchsbeweis (s. Abschnitt 1.5.2) hierfür führte der Grieche Euklid[14] bereits im 4. Jahrhundert vor unserer Zeitrechnung in seiner „Die Elemente" genannten Abhandlung (vgl. EUKLID 2010 [26], S. 313 f.). Statt von „irrational" spricht Euklid von dem Begriff „inkommensurabel", was aber in diesem Kontext das Gleiche bedeutet.

Dennoch ist es möglich, ein Quadrat abzubilden, das eine Diagonalenlänge hat, die nicht rational ist. Es ist also unbedingt notwendig, über die Menge der rationalen Zahlen $\mathbb{Q}$ hinauszudenken und diese zu erweitern.

Definition 1.3.1 (reelle Zahlen, irrationale Zahlen): Die Menge der *reellen Zahlen* bezeichnen wir mit dem Symbol $\mathbb{R}$. Die Menge der *irrationalen Zahlen* ist dann $\mathbb{R} \setminus \mathbb{Q}$. Mit $\mathbb{R}^+$ bzw. $\mathbb{R}^-$ bezeichnen wir die ausschließlich positiven bzw. negativen reellen Zahlen, in welchen auch die Null nicht enthalten ist. Sollte dies hingegen gewünscht sein, nutzen wir $\mathbb{R}_0^+$ bzw. $\mathbb{R}_0^-$.

---

[11]Hippasos von Metapont (Biodaten unbekannt), griechischer Mathematiker, Musiktheoretiker und Philosoph
[12]Pythagoras von Samos (*≈-570; †≈-510), antiker griechischer Philosoph und Mathematiker
[13]Karl Theodor Wilhelm Weierstraß (*1815; †1897), deutscher Mathematiker
[14]Euklid von Alexandria, etwa um -250, griechischer Mathematiker

---

Bemerkung 1.3.2: Leider ist es an dieser Stelle zu umfangreich, die irrationalen Zahlen und somit die reellen Zahlen präzise und vollständig zu definieren. Daher müssen wir uns der üblichen Vorstellung aus der Schule bedienen, in der irrationale Zahlen etwa Dezimalzahlen sind, bei denen die Nachkommastellen unendlich fortlaufen ohne periodisch zu sein. Bricht die Sequenz der Nachkommastellen irgendwann zu 0 ab oder verläuft ab einer gewissen Stelle periodisch, handelt es sich um eine rationale Zahl. Wie bereits oben definiert, ergibt die Vereinigung irrationaler und rationaler Zahlen dann die Menge der reellen Zahlen $\mathbb{R}$.

Beispiel 1.3.3: Prominente reelle Zahlen, die nicht rational (also irrational) sind, lauten etwa

$$\sqrt{2} \approx 1,4142135623,$$
$$e \approx 2,7182818284 \text{ (Eulersche Zahl)},$$
$$\pi \approx 3,1415926535 \text{ (Kreiszahl)},$$
$$\phi \approx 1,6180339887 \text{ (Goldener Schnitt)}.$$

Den Beweis der Irrationalität von $\sqrt{2}$ nach Euklid geben wir im Ausblick dieses Kapitels (Abschnitt 1.8) stichpunktartig inklusive einer kleinen lyrischen Aufarbeitung wieder.

Jetzt, da wir uns etwas mit reellen Zahlen auskennen, benötigen wir noch spezielle Mengen, die aus reellen Zahlen bestehen, sog. Intervalle.

Definition 1.3.4 (Intervall): Ein *(reelles) Intervall* ist eine zusammenhängende Teilmenge der reellen Zahlen $\mathbb{R}$. Man unterscheidet für reelle Zahlen a, b mit $a < b$

$$[a, b] = \{x \in \mathbb{R} \mid a \leq x \leq b\} \quad \text{(geschlossenes Intervall)}$$
$$[a, b) = [a, b[= \{x \in \mathbb{R} \mid a \leq x < b\} \quad \text{(halboffenes Intervall)}$$
$$(a, b] =]a, b] = \{x \in \mathbb{R} \mid a < x \leq b\} \quad \text{(halboffenes Intervall)}$$
$$(a, b) = \{x \in \mathbb{R} \mid a < x < b\} \quad \text{(offenes Intervall)}$$

Die Schreibweise mit runden Klammern bei halb offenen und offenen Intervallen ist dabei (an der Hochschule) deutlich geläufiger als ihr Pendant mit eckigen, nach außen zeigenden Klammern. Wir benutzen daher im Folgenden ausschließlich die Schreibweise mit runden Klammern.
Die eckigen, nach innen geöffneten Klammern bedeuten also, dass die entsprechende Grenze sich in der Menge befindet, die runden Klammern bedeuten entsprechend, dass die Grenze nicht mehr mit zur Menge gehört. ∞ oder $-\infty$ dürfen ebenfalls Grenze eines Intervalls sein, werden dann aber immer mit einer runden Klammer geschrieben, da formal $\infty \notin \mathbb{R}$ bzw. $-\infty \notin \mathbb{R}$ gilt.

1.3.2 Komplexe Zahlen

Abb. 1.5: al-Chwarizmi auf einer sowjetischen Briefmarke. Bild: Wikimedia Commons, gemeinfrei

Und wie könnte es anders sein: Natürlich ist bei den reellen Zahlen noch nicht Schluss. Manch einer mag bereits von den sog. komplexen Zahlen gehört haben.

Ihre Notwendigkeit ergibt sich aus der Gleichung

$$z^2 = -1,$$

was der Frage nach der Wurzel aus -1 nahezu gleichkommt. Dass keine reelle Zahl (damals kannte man den Begriff noch nicht) einer solchen Gleichung genügen kann, bemerkte beispielsweise bereits um das Jahr 820 al-Chwarizmi[15] (vgl. ALTEN et al. 2014 [3], S. 177). Die Bezeichnung „imaginäre Zahl" für eine solche Lösung ist erst etwa seit dem 17. Jahrhundert üblich und wurde zunächst eher abfällig benutzt, etwa von DESCARTES in seinem Werk „La Géométrie" (1981 [22]; vgl. MARTINEZ 2006 [44], Kapitel 3). Damals wurde das Rechnen mit derartigen Zahlen noch als Spiel bzw. Zeitvertreib der Mathematiker angesehen. Erst als Gauß[16] eine geometrische Interpretation der komplexen Zahlen lieferte, setzten sich diese durch und erhielten auch in unkundigeren Kreisen eine Daseinsberechtigung (vgl. ROTH 2003 [56], S. 48).

Wir möchten die komplexen Zahlen an dieser Stelle zunächst definieren.

Definition 1.3.5 (komplexe Zahlen): Die Menge der *komplexen Zahlen* ist definiert als die Menge

$$\mathbb{C} = \{x + yi \mid x \in \mathbb{R} \wedge y \in \mathbb{R}\}.$$

Dabei ist i die sog. *imaginäre Einheit* mit der besonderen Eigenschaft $i^2 = -1$. Bei einer beliebigen komplexen Zahl $z = x + yi$ heißt x dann *Realteil* und y *Imaginärteil* von z. Insbesondere sind also Realteil und Imaginärteil reelle Zahlen, obwohl sie von einer komplexen Zahl stammen. Abkürzend schreiben wir

$$\operatorname{Re} z = x \in \mathbb{R},$$
$$\operatorname{Im} z = y \in \mathbb{R}.$$

Die Benutzung des Buchstaben „i" für die imaginäre Einheit geht dabei wohl auf Euler[17] zurück (vgl. ZEIDLER 2013 [68], S. 222). In der Elektrotechnik ist hingegen auch der Buchstabe „j" geläufig, um Verwechslungen mit der Stromstärke I vorzubeugen.

Geometrisch vorstellen kann man sich $\mathbb{C}$ wie $\mathbb{R}^2 = \mathbb{R} \times \mathbb{R}$ (also das kartesische Produkt der reellen Zahlen $\mathbb{R}$ mit sich selbst, s. Definition 1.2.15). Hierbei wird auf der x-Achse des Koordinatensystems der Realteil und auf der y-Achse der Imaginärteil abgetragen (vgl. Abbildung 1.6). Wir sprechen dann auch von der *Realteil-* bzw. *Imaginärteilachse*.

So wird jede mögliche komplexe Zahl durch einen Punkt in der Ebene repräsentiert. Die entstehende Ebene heißt – da sie, wie bereits angedeutet, auf Gauß zurückgeht – *komplexe* oder *Gauß'sche Ebene*.

---

[15] Abu Dscha'far Muhammad ibn Musa al-Chwarizmi (*≈780; †≈842), iranischer Universalgelehrter

[16] Johann Carl Friedrich Gauß (*1777; †1855), deutscher Mathematiker, Astronom, Landvermesser und Physiker

[17] Leonhard Euler (*1707; †1783), schweizerischer Mathematiker

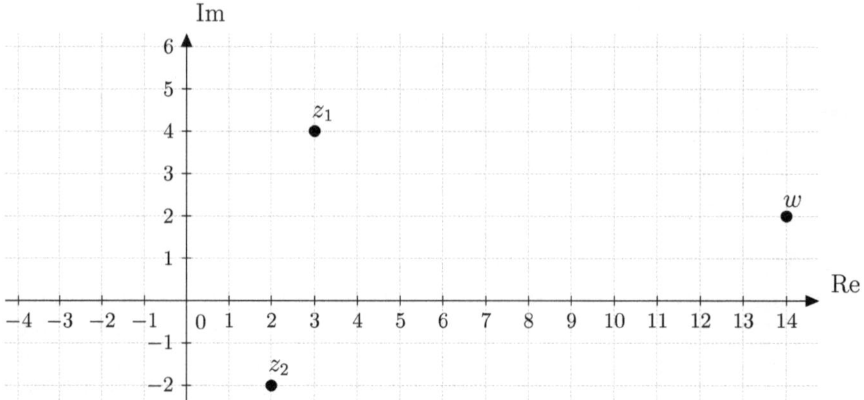

Abb. 1.6: Die komplexen Zahlen z_1, z_2 und w aus Beispiel 1.3.6 in der komplexen Ebene

---

Beispiel 1.3.6: Rechnen kann man mit komplexen Zahlen im Grunde wie mit reellen Zahlen. Dabei behandelt man den Ausdruck i einfach wie eine übliche Variable mit dem Unterschied, dass man immer, wenn i mit sich selbst multipliziert wird, also i^2 auftritt, dies durch -1 ersetzt. Beispielhaft berechnen wir das Produkt der komplexen Zahlen $z_1 = 3 + 4i$ und $z_2 = 2 - 2i$:

$$
\begin{aligned}
w = z_1 \cdot z_2 &= (3 + 4i) \cdot (2 - 2i) \\
&= 3 \cdot 2 + 3 \cdot (-2i) + 4i \cdot 2 + 4i \cdot (-2i) \\
&= 6 - 6i + 8i - 8i^2 \\
&= 6 + 2i - 8 \cdot (-1) \\
&= 14 + 2i.
\end{aligned}
$$

Ob man nun $14 + 2i$ oder $14 + i2$ schreibt, ist übrigens gleichgültig, jedoch ist erstere Schreibweise deutlich populärer, da sich in der Mathematik der Standard eingebürgert hat, erst konkrete Zahlen und dann Variablen in Produkten zu schreiben. Hier zählt i im Sinne dieser Regelung dann also als Variable.

Bemerkung 1.3.7: Natürlich sind, so wie vorher die rationalen Zahlen $\mathbb{Q}$ Teilmenge der reellen Zahlen $\mathbb{R}$ waren, auch wieder die reellen Zahlen $\mathbb{R}$ in den komplexen Zahlen $\mathbb{C}$ enthalten, es gilt also

$$
\mathbb{R} \subset \mathbb{C}.
$$

Dabei sind die reellen Zahlen genau jene komplexe Zahlen mit Imaginärteil gleich 0, also

$$
z = x + i \cdot 0 = x \in \mathbb{R}.
$$

Geometrisch entsprechen die reellen Zahlen in der komplexen Ebene also genau der Realteil- bzw. x-Achse.

Ein weiterer Begriff in Verbindung mit komplexen Zahlen ist der nun folgende. Seine praktische Bedeutung offenbart sich aber erst später in Bemerkung 1.3.10.

> **Definition 1.3.8** (Komplexe Konjugation): Zu einer komplexen Zahl $z = x + yi \in \mathbb{C}$ heißt
>
> $$\overline{z} = x - yi$$
>
> die *komplex konjugierte Zahl* zu z. Den zugehörigen Vorgang nennt man entsprechend *komplexe Konjugation*.

Wir möchten in folgendem Beispiel insbesondere die geometrische Bedeutung dieser Definition aufzeigen.

> **Beispiel 1.3.9:** Wir betrachten die komplexen Zahlen $z_1 = 4 + 2i$ sowie $z_2 = 6 - 3i$. Dann lauten die komplex konjugierten Zahlen jeweils
>
> - $\overline{z_1} = \overline{4 + 2i} = 4 - 2i$ bzw.
>
> - $\overline{z_2} = \overline{6 - 3i} = \overline{6 + \underbrace{(-3)}_{=y} i} = 6 - (-3)i = 6 + 3i.$

Man kann also sagen, dass die komplexe Konjugation einer komplexen Zahl lediglich das Vorzeichen des Imaginärteils wechselt: Ein Minuszeichen wird zu einem Pluszeichen und umgekehrt. Naheliegend ist nun auch, dass zweimaliges komplexes Konjugieren wieder die Ausgangszahl hervorruft, d.h. für eine beliebige Zahl $z = x + yi \in \mathbb{C}$ gilt

$$\overline{\overline{z}} = \overline{\overline{x + yi}} = \overline{x - yi} = x + yi = z.$$

Geometrisch entspricht das komplexe Konjugieren einer Zahl einer Spiegelung an der Realteilachse (der x-Achse), wie man sich leicht durch Einzeichnen einer beliebigen komplexen Zahl und ihres komplex konjugierten Pendants überlegen kann. In Abbildung 1.7 haben wir dazu nochmals die Zahlen $z_1, \overline{z_1}, z_2$ sowie $\overline{z_2}$ dargestellt.

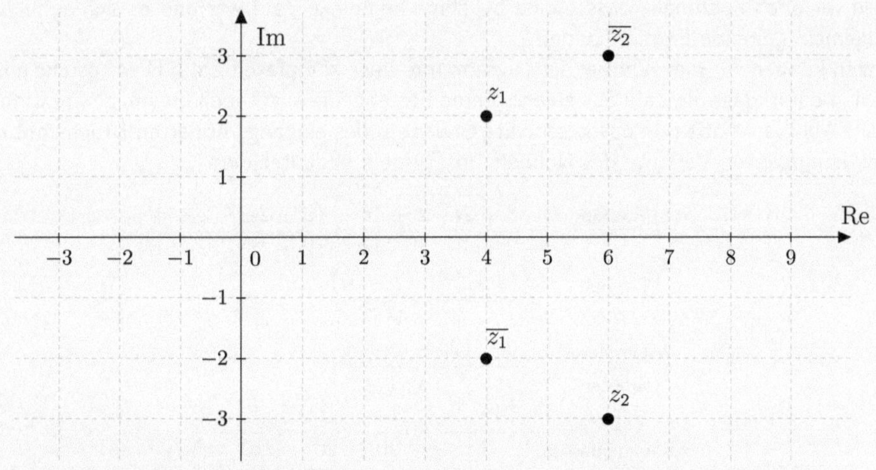

Abb. 1.7: Die komplexe Konjugation bewirkt eine Spiegelung in der Gauß'schen Ebene an der Realteil-Achse.

Bemerkung 1.3.10 (Teilen von komplexen Zahlen): Der erste Satz in Beispiel 1.3.6 („Rechnen kann man mit komplexen Zahlen im Grunde wie mit reellen Zahlen") war etwas geflunkert: Beim Dividieren zweier komplexer Zahlen ist ein kleiner Trick notwendig. Exemplarisch betrachten wir dazu die Rechenaufgabe

$$\frac{3 + 2i}{2 + 4i}$$

und stehen nun vor einem Problem: Wie berechnet man das? Jeden Summanden des Nenners einzeln teilen ist schließlich verboten, denn hier gilt die Regel Punkt-vor-Strichrechnung (der Bruchstrich steht ja für „geteilt").

Bei dem angedeuteten kleinen Trick kommt nun die komplexe Konjugation aus Definition 1.3.8 ins Spiel: Maßgeblich ist dabei eine Eigenschaft, die für eine beliebige komplexe Zahl $z = x + yi \in \mathbb{C}$ und ihre komplex konjugierte Zahl $\bar{z} \in \mathbb{C}$ gilt. Genauer betrachten wir das Produkt beider Zahlen, d.h.

$$\begin{aligned}
z \cdot \bar{z} &= (x + yi) \cdot (x - yi) \\
&= x \cdot x + x \cdot (-yi) + yi \cdot x + yi \cdot (-yi) \\
&= x \cdot x + \cancel{x \cdot (-yi)} + \cancel{yi \cdot x} + yi \cdot (-yi) \\
&= x \cdot x - y \cdot y \cdot i \cdot i \\
&= x \cdot x - y \cdot y \cdot (-1) \\
&= x \cdot x + y \cdot y \\
&= x^2 + y^2 \\
&= (\mathrm{Re}(z))^2 + (\mathrm{Im}(z))^2 \in \mathbb{R}.
\end{aligned}$$

Die wichtigste Erkenntnis ist hier, dass das Produkt einer beliebigen komplexen Zahl mit ihrer komplex konjugierten Zahl eine reelle Zahl ist, der Imaginärteil also verschwindet. Hervorheben möchten wir auch nochmals, dass z eine beliebige komplexe Zahl war und es sich somit um eine allgemein geltende Formel handelt.

Ausnutzen können wir dies nun bei der Division mit einer komplexen Zahl: Hier besteht unser Problem ja darin, dass die Zahl aus einer Summe besteht, die auch noch die imaginäre Einheit i enthält. Abhilfe schafft nun das geschickte Erweitern des eingangs notierten Bruchs mit der komplex konjugierten Variante des Nenners. In Formeln bedeutet dies

$$\begin{aligned}
\frac{3 + 2i}{2 + 4i} \;&\overset{\text{Erweitern}}{=}\; \frac{3 + 2i}{2 + 4i} \cdot \frac{2 - 4i}{2 - 4i} = \frac{(3 + 2i) \cdot (2 - 4i)}{(2 + 4i) \cdot (2 - 4i)} \\[2mm]
&\overset{\text{Formel}}{=}\; \frac{(3 + 2i) \cdot (2 - 4i)}{2^2 + 4^2} \\[2mm]
&\overset{\substack{\text{Klammern} \\ \text{auflösen}}}{=}\; \frac{6 - 12i + 4i + 8}{20} \\[2mm]
&\overset{\substack{\text{Zähler} \\ \text{zusammenfassen}}}{=}\; \frac{14 - 8i}{20} = \frac{14}{20} - \frac{8}{20}i = \frac{7}{10} - \frac{2}{5}i.
\end{aligned}$$

Am Ende steht nun also eine komplexe Zahl in der üblichen Schreibweise $x + yi$ als Ergebnis unserer Division.

1.3.A Aufgaben

Aufgabe 1: Gib an, ob die folgenden Aussagen wahr oder falsch sind.

(a) $\mathbb{R} \subset \mathbb{C}$ (c) $\mathbb{R} \subset \mathbb{Q}$ (e) $\mathbb{N} \subset \mathbb{N}$ (g) $\mathbb{Z} \subsetneq \mathbb{Z}$ (i) $\mathbb{Z} \not\subseteq \mathbb{Z}$

(b) $\mathbb{R} \subset \mathbb{R}^2$ (d) $\emptyset \subset \mathbb{Q}$ (f) $\mathbb{N} \subset \emptyset$ (h) $\emptyset \subset \emptyset$ (j) $\neg(\mathbb{Z} \not\subseteq \mathbb{Z})$

Aufgabe 2: Schreibe die folgenden Mengen so kompakt wie möglich und skizziere am Zahlenstrahl.

(a) $A = [1, 5] \cap (2, 6)$ (b) $B = [-1, 4] \setminus (1, 2]$ (c) $C = (-\infty, 2] \cup (-2, 5)$

Aufgabe 3: Gib Imaginär- und Realteil der folgenden komplexen Zahlen an und skizziere diese jeweils in der komplexen Ebene $\mathbb{C}$. Rekapituliere insbesondere den Trick aus Bemerkung 1.3.10.

(a) $z_1 = 6 - 2i$ (e) $z_5 = i^4$ (i) $z_9 = \dfrac{2 + 4i}{3 - i}$

(b) $z_2 = i$ (f) $z_6 = \overline{i^{2004}}$

(c) $z_3 = i \cdot (6 - 2i)$ (g) $z_7 = \overline{\pi}$ (j) $z_{10} = \dfrac{\overline{2i}}{3 + 6i}$

(d) $z_4 = (2 + i) \cdot \overline{(-1 - 2i)}$ (h) $z_8 = \dfrac{-1 + 2i}{4 - 3i}$ (k) $z_{11} = \dfrac{1}{3 + 4i}$

Aufgabe 4: Skizziere das kartesische Produkt $M = [-1, 1] \times (-3, 5]$. Beachte, dass es sich um eine Teilmenge von $\mathbb{R} \times \mathbb{R}$ handelt, d.h. du wirst ein Koordinatensystem zeichnen müssen.

Hinweis: Musterlösungen sind auf der Springer-Verlagsseite unter http://www.springer.com/mathematics/book/978-3-658-06595-9 zu finden.

1.4 Rechenregeln und Notationen

Wir benötigen noch einige Rechenregeln und Notationen, die wir in diesem Kapitel einführen wollen. Da insgesamt die Teilmengenkette

$$\mathbb{N} \subset \mathbb{N}_0 \subset \mathbb{Z} \subset \mathbb{Q} \subset \mathbb{R} \subset \mathbb{C}$$

gilt, führen wir alle Rechenregeln immer für die maximale Obermenge ein, für die sie ohne Einschränkung gelten. D.h. sollte etwa eine Regel für $\mathbb{N}$ bis $\mathbb{R}$ gelten, für komplexe Zahlen aus $\mathbb{C}$ aber nicht uneingeschränkt, so sprechen wir bei der Formulierung der Regel von reellen Zahlen.

1.4.1 Rechengesetze

Die folgenden Rechengesetze gelten uneingeschränkt für alle Zahlen aus $\mathbb{C}$.

Satz 1.4.1: Für beliebige komplexe Zahlen $a, b, c \in \mathbb{C}$ gelten die folgenden Gesetze:

- *Assoziativgesetz*:
$$a + (b + c) = (a + b) + c = a + b + c$$
$$a \cdot (b \cdot c) = (a \cdot b) \cdot c = a \cdot b \cdot c,$$

- *Kommutativgesetz*:
$$a + b = b + a$$
$$a \cdot b = b \cdot a,$$

- *Distributivgesetz*:
$$a \cdot (b + c) = a \cdot b + a \cdot c.$$

In Abschnitt 2.3 nehmen wir unsere alltäglichen Rechengesetze noch etwas genauer unter die Lupe.

1.4.2 Potenz und Wurzel

Außerdem wollen wir kurz an die Definition einer Potenz erinnern und an die damit verbundenen Gesetze, welche wieder für alle Zahlen aus $\mathbb{C}$ gelten.

Definition 1.4.2 (Potenz): Für $b \in \mathbb{C}$ und $n \in \mathbb{N}$ definieren wir

$$b^n = \underbrace{b \cdot \ldots \cdot b}_{n \text{ mal}} \text{ und}$$
$$b^{-n} = \frac{1}{b^n}.$$

Für den Spezialfall n=0 setzen wir $b^0 = 1$. Für $m \in \mathbb{Z}$ heißt der Ausdruck b^m insgesamt *Potenz* mit *Basis* b und *Exponent* m.

Mit der obigen Definition ist nun auch 0^0 als 1 definiert. Diese Definition ist längst nicht Standard: Oft wird auch $0^0 = 0$ gesetzt oder bewusst von einem undefinierten Ausdruck gesprochen. Wir bedienen uns aber der ersten Variante.

Natürlich sind auch rationale oder gar irrationale Exponenten möglich. Diesen Fall definieren wir aber erst später (Definition 1.4.8 bzw. 3.6.4).

Satz 1.4.3 (Potenzgesetze): Für $a, b \in \mathbb{C}$ und $r, s \in \mathbb{Z}$ gilt

(1) $b^{r+s} = b^r \cdot b^s$,

(4) $\left(\frac{a}{b}\right)^r = \frac{a^r}{b^r}$, falls $b \neq 0$,

(2) $b^{r-s} = \frac{b^r}{b^s}$, falls $b \neq 0$,

(5) $(a^r)^s = a^{r \cdot s}$.

(3) $(a \cdot b)^r = a^r \cdot b^r$,

Warnung: Bei Regel (5) ist Folgendes zu beachten: Gerne wird $(a^r)^s$ mit a^{r^s} gleichgesetzt, was aber falsch ist. Es gilt genauer

$$(a^r)^s = \underbrace{a^r \cdot \ldots \cdot a^r}_{\text{je } s \text{ mal}} \text{ und}$$

$$a^{r^s} = a^{\overbrace{r \cdot \ldots \cdot r}},$$

was natürlich nicht gleich ist.

Die Regeln des obigen Satzes sollte man sich im Zweifel immer unter Zuhilfenahme von selbst konstruierten Beispielen erklären. Ist man sich beispielsweise unsicher, ob Regel (5) $(a^r)^s = a^{r \cdot s}$ oder $(a^r)^s = a^{r+s}$ lautet, baut man sich schnell einen Versuchsfall: Z.B. ist nach der ersten Gleichung $(2^3)^2 = 2^{3 \cdot 2}$, was auf $64 = 64$ hinausläuft, aber nach der zweiten Gleichung wäre $(2^3)^2 = 2^{3+2}$, was in $64 = 32$ endet. Schnell wird also klar, dass die erste Vermutung richtig war.

Satz 1.4.4: Wir erinnern kurz an die aus der Schule bekannten binomischen Formeln. Sie gelten auch für komplexe Zahlen $a, b \in \mathbb{C}$.

(1) $(a + b)^2 = a^2 + 2ab + b^2$,

(2) $(a - b)^2 = a^2 - 2ab + b^2$,

(3) $(a + b)(a - b) = a^2 - b^2$.

Warnung: Eigentlich sollte es ja klar sein, aber dennoch sieht man in Erstsemesterklausuren erstaunlich oft eine Variante der ersten Formel, die **definitiv falsch** ist: $(a + b)^2 = a^2 + b^2$.

Als Nächstes möchten wir die Umkehrung des Potenzierens einführen: das Wurzelziehen. Hier beschränken wir uns auf reelle Zahlen, wie wir es aus der Schule gewohnt sind, gehen die ganze Sache aber gewohnt formal an.

Satz 1.4.5: Für $n \in \mathbb{N}$ und $b \in \mathbb{R}$ hat die Gleichung

$$x^n = b$$

- genau eine positive und eine negative Lösung in $\mathbb{R}$, falls n gerade und b positiv ist,

- genau eine positive Lösung in $\mathbb{R}$, falls n ungerade und b positiv ist,

- keine Lösung in $\mathbb{R}$, falls n gerade und b negativ ist,

- genau eine negative Lösung in $\mathbb{R}$, falls n ungerade und b negativ ist,

- nur die Lösung $x = 0$, falls $b = 0$ ist.

Definition 1.4.6 (Wurzel): Sei $n \in \mathbb{N}$ und $b \in \mathbb{R}$, wobei n nicht gleichzeitig gerade und b negativ sein dürfen. Dann heißt die reelle Lösung der Gleichung

$$x^n = b$$

n-te Wurzel von b. Falls n gerade und b positiv ist, bezeichnen wir nur die positive Lösung als n-te Wurzel, so dass es immer nur eine n-te Wurzel gibt. Wir beschreiben die Lösung mit $\sqrt[n]{b}$. Im Spezialfall $n = 2$ sprechen wir von der *Quadratwurzel* oder kurz *Wurzel* von b und schreiben $\sqrt{b}$.

Natürlich ist es unsinnig, die 1-te Wurzel zu ziehen, da sich die Zahl hierdurch nicht verändert. Die Lösung der Gleichung $x^1 = b$ ist schließlich b selbst. Dass es nur eine n-te Wurzel gibt, ist übrigens essentiell dafür, dass die Wurzel später als Abbildung bzw. Funktion gilt, denn dies gewährleistet die *Eindeutigkeit* des Bildes eines eingesetzten Wertes (vgl. Definition 1.6.1).

Satz 1.4.7 (Wurzelgesetze): Für $a, b \in \mathbb{R}$, beide positiv, und $r, s \in \mathbb{N}$ gilt

(1) $\sqrt[r]{a \cdot b} = \sqrt[r]{a} \cdot \sqrt[r]{b}$,

(2) $\sqrt[r]{\dfrac{a}{b}} = \dfrac{\sqrt[r]{a}}{\sqrt[r]{b}}$,

(3) $\sqrt[r]{\sqrt[s]{a}} = \sqrt[r \cdot s]{a}$.

Warnung: Definitiv **nicht** gilt $\sqrt[r]{a + b} = \sqrt[r]{a} + \sqrt[r]{b}$!

Mit Hilfe des Wurzelbegriffs lassen sich nun Potenzen mit rationalen Exponenten definieren.

Definition 1.4.8 (Potenz (rationaler Exponent)): Sei $b \in \mathbb{R}$ und positiv und $\frac{m}{n}$ eine positive rationale Zahl, d.h. $m, n \in \mathbb{N}$. Dann gilt

$$b^{\frac{m}{n}} = \sqrt[n]{b^m} \quad \text{und} \quad b^{-\frac{m}{n}} = \frac{1}{\sqrt[n]{b^m}}.$$

1.4.3 Summen- und Produktzeichen

Oft hat man in der Mathematik mit Summen oder Produkten zu tun, die aus vielen Summanden bzw. Faktoren bestehen und einer gewissen Regelmäßigkeit unterliegen. Um nicht alles ausschreiben zu müssen, führen wir folgende Notationen ein.

Definition 1.4.9 (Summenzeichen, Produktzeichen): Für (komplexe) Zahlen $x_1, \ldots, x_n$ schreiben wir die Summe all dieser Zahlen abkürzend als

$$\sum_{k=1}^{n} x_k = x_1 + x_2 + \ldots + x_{n-1} + x_n.$$

Das Produkt all dieser Zahlen schreiben wir abkürzend als

$$\prod_{k=1}^{n} x_k = x_1 \cdot x_2 \cdot \ldots \cdot x_{n-1} \cdot x_n.$$

Unter dem Summen- bzw. Produktzeichen steht also immer der Wert, bei dem es losgeht; über dem Summen- bzw. Produktzeichen jener, bei dem es aufhört. k heißt hierbei *Laufindex*. Im Prinzip kann man statt k aber auch jedes andere Zeichen nutzen, das nicht bereits belegt ist.

Beispiel 1.4.10: In obiger Definition stehen die x_k $(k = 1, \ldots, n)$ jeweils abstrakt für eine Zahl, die sich für einen Wert von k zwischen 1 und n ergibt, wobei für k ausschließlich natürliche Zahlen berücksichtigt werden. Wir verdeutlichen dies an den folgenden Beispielen:

$$\bullet \quad \sum_{k=1}^{5} k = 1 + 2 + 3 + 4 + 5 = 15 \qquad\qquad (x_k = k),$$

$$\bullet \quad \sum_{k=1}^{5} 3 = 3 + 3 + 3 + 3 + 3 = 15 \qquad\qquad (x_k = 3),$$

$$\bullet \quad \sum_{k=0}^{4} 2k = 2 \cdot 0 + 2 \cdot 1 + 2 \cdot 2 + 2 \cdot 3 + 2 \cdot 4 = 20 \qquad\qquad (x_k = 2k),$$

$$\bullet \quad \prod_{j=1}^{4} j^2 = 1^2 \cdot 2^2 \cdot 3^2 \cdot 4^2 = 4 \cdot 9 \cdot 16 = 576 \qquad\qquad (x_j = j^2),$$

$$\bullet \quad \prod_{l=1}^{1} (l + 3) = 1 + 3 = 4 \qquad\qquad (x_l = l + 3).$$

Bemerkung 1.4.11: Sollte ein Summen- oder Produktzeichen eine „leere Bedingung" aufweisen, d.h. sollte die Summe bzw. das Produkt bei einem größeren Wert starten als jener, bei dem sie bzw. es endet, wird eine Summe per Konvention auf 0, ein Produkt auf 1 gesetzt. In Formeln heißt dies für $n > m$:

$$\sum_{k=n}^{m} x_k = 0 \text{ und}$$
$$\prod_{k=n}^{m} x_k = 1$$

für Zahlen $x_m, x_{m+1}, \ldots, x_{n-1}, x_n$.

1.4.4 Fakultät und Binomialkoeffizient

Beide Begriffe, die diesem Abschnitt den Namen geben, sind in der Stochastik[18] (und hier meist zum Zählen von möglichen Kombinationen) von großer Bedeutung, werden aber auch an einigen anderen Stellen vorkommen.

Definition 1.4.12 (Fakultät)**:** Die *Fakultät* einer Zahl $n \in \mathbb{N}_0$ ist definiert als

$$n! = 1 \cdot 2 \cdot 3 \cdot \ldots \cdot n = \prod_{k=1}^{n} k.$$

Insbesondere ist durch unsere Definition bezüglich einer „leeren Bedingung" beim Produktzeichen $0! = 1$.

---

[18]$=$ Wissenschaft vom Zufall und der Statistik

Wenn Fakultätsausdrücke zusammen mit Brüchen auftreten, kann häufig gekürzt werden. In diesen Fällen muss man jedoch berücksichtigen, dass sich viele Zahlen gleichzeitig aufheben. Z.B. gilt

$$\frac{8!}{4!} = \frac{1 \cdot 2 \cdot 3 \cdot 4 \cdot 5 \cdot 6 \cdot 7 \cdot 8}{1 \cdot 2 \cdot 3 \cdot 4} = 5 \cdot 6 \cdot 7 \cdot 8 = 1680.$$

Warnung: Was natürlich **nicht** gilt ist

$$\frac{8!}{4!} = 2!,$$

jedoch handelt es sich hier um einen beliebten Anfängerfehler.

Definition 1.4.13 (Binomialkoeffizient)**:** Der *Binomialkoeffizient* $\binom{n}{k}$ (gesprochen „n über k") ist für $n, k \in \mathbb{N}_0$ mit $k \leq n$ definiert durch

$$\binom{n}{k} = \frac{n!}{k! \cdot (n-k)!}$$

Bemerkung 1.4.14: Da der Ausdruck, über den wir den Binomialkoeffizienten definiert haben, schnell unhandlich wird, ist es praktisch, alternative Berechnungswege zu kennen. Dazu betrachten wir das sog. *Pascalsche Dreieck*:

$$
\begin{array}{ccccccccccc}
 & & & & & 1 & & & & & \\
 & & & & 1 & & 1 & & & & \\
 & & & 1 & & 2 & & 1 & & & \\
 & & 1 & & 3 & & 3 & & 1 & & \\
 & 1 & & 4 & & 6 & & 4 & & 1 & \\
1 & & 5 & & 10 & & 10 & & 5 & & 1 \\
\end{array}
$$

Es entsteht, indem mit Einsen oben und am äußeren Rand begonnen und die Summe zweier in einer Zeile nebeneinander stehender Werte in der nächsten Zeile mittig unter den beiden Summanden geschrieben wird. Man beachte, dass es aufgrund seiner Konstruktion spiegelsymmetrisch zur Mitte ist.

Der Zusammenhang zwischen Pascalschem Dreieck und Binomialkoeffizient ist, dass jede Zahl im Dreieck für den Wert eines Binomialkoeffizienten in folgender Form steht:

$$
\begin{array}{ccccccccccc}
 & & & & & \binom{0}{0} & & & & & \\
 & & & & \binom{1}{0} & & \binom{1}{1} & & & & \\
 & & & \binom{2}{0} & & \binom{2}{1} & & \binom{2}{2} & & & \\
 & & \binom{3}{0} & & \binom{3}{1} & & \binom{3}{2} & & \binom{3}{3} & & \\
 & \binom{4}{0} & & \binom{4}{1} & & \binom{4}{2} & & \binom{4}{3} & & \binom{4}{4} & \\
\binom{5}{0} & & \binom{5}{1} & & \binom{5}{2} & & \binom{5}{3} & & \binom{5}{4} & & \binom{5}{5} \\
\end{array}
$$

D.h. möchte man den Wert von $\binom{n}{k}$ wissen, muss man in der n-ten Zeile nach dem k-ten Wert suchen, dabei jedoch sowohl bei den Zeilen als auch Spalten bei 0 zu zählen beginnen.

Jetzt sind auch einige Rechenregeln für den Binomialkoeffizienten, die wir kurz formulieren wollen, anhand des Dreiecks sofort klar.

Satz 1.4.15: Für den Binomialkoeffizienten $\binom{n}{k}$ gelten die Regeln

- $\binom{n}{0} = \binom{n}{n} = 1$ (Rand des Dreiecks),

- $\binom{n}{k} = \binom{n}{n-k}$ (Symmetrie des Dreiecks),

- $\binom{n}{k} + \binom{n}{k+1} = \binom{n+1}{k+1}$ (Konstruktionsregel des Dreiecks).

Der Binomialkoeffizient hat auch eine Bedeutung im täglichen Leben: Der Ausdruck

$$\binom{n}{k}$$

gibt die Anzahl unterschiedlicher Möglichkeiten an, die man hat um k Objekte aus einer Gesamtansammlung von n Objekten herauszunehmen, wobei auf die Reihenfolge des Herausnehmens keine Rücksicht genommen wird. Es soll also keinen Unterschied machen, ob zunächst das erste und dann das zweite Objekt gezogen wird oder andersherum.

So entspricht also

$$\binom{49}{6} = \frac{49!}{6! \cdot 43!} = \frac{44 \cdot 45 \cdot 46 \cdot 47 \cdot 48 \cdot 49}{1 \cdot 2 \cdot 3 \cdot 4 \cdot 5 \cdot 6} = 13983816$$

der Möglichkeiten sechs Richtige[19] im deutschen Lotto zu tippen. D.h. also insbesondere, dass die Wahrscheinlichkeit eines Sechsers im Lotto bei

$$^1/_{13983816} \approx 7,15 \cdot 10^{-8} = 0,00000715112\%$$

liegt. Die Entscheidung Geld durch ein Studium zu verdienen war also durchaus gerechtfertigt. Selbst die Wahrscheinlichkeit in Deutschland innerhalb eines Jahres durch Blitzschlag ums Leben zukommen ist mit einem Wert von $0,0000064$ Prozent nur minimal geringer[20].

Auch interessant: Es ist gleichgültig, ob wir 6 oder 43 Zahlen im Lotto richtig tippen müssten. Die Wahrscheinlichkeiten sind aufgrund der Symmetrieeigenschaft in Satz 1.4.15 identisch.

---

[19]unabhängig davon, ob mit oder ohne Superzahl

[20]Die Rechnung basiert auf den für das Jahr 2012 veröffentlichten Daten des Informationssystems der Gesundheitsberichterstattung des Bundes (abrufbar unter http://www.gbe-bund.de/). Wir sind vereinfachend von einer Einwohnerzahl von 80 Millionen Menschen in Deutschland ausgegangen.

1.4.A Aufgaben

Aufgabe 1: Nenne jeweils den Namen des Gesetzes, das die folgende Rechnung erlaubt. Die Namen haben wir in Satz 1.4.1 formuliert. Versuche es am besten jedoch zunächst ohne nachzuschlagen.

(a) $3 \cdot 7 = 7 \cdot 3$

(b) $\vec{a} + (\vec{b} + \vec{c}) = (\vec{a} + \vec{b}) + \vec{c}$

(c) $12(1 + 4) = 12 \cdot 1 + 12 \cdot 4$

(d) $7 + 3 + 4 + 2 = 7 + 7 + 2$

Aufgabe 2: Wende die Potenzgesetze (Satz 1.4.3) zur Vereinfachung der Ausdrücke an.

(a) $\dfrac{26 \cdot 5^m - 5^m}{5^{m+2}}$

(b) $\dfrac{(15x^2 y^{-3})^{-4}}{(25x^3 y^{-6})^{-2}}$

(c) $\dfrac{a^n + 2a^{n-1}}{a^{n-2} + 2a^{n-3}}$

(d) $\left(\dfrac{a^2 b}{cd^3}\right)^3 \div \left(\dfrac{ab^2}{c^2 d^2}\right)^4$

Aufgabe 3: Überführe die Ausdrücke in eine Form b^e mit $b \in \mathbb{N}$ und $e \in \mathbb{Q}$.

(a) $\dfrac{\sqrt[2]{6}}{6^3}$

(b) $\sqrt[4]{\dfrac{\sqrt[3]{2}}{2^{-\frac{1}{3}}}}$

(c) $\sqrt[5]{\sqrt[3]{\sqrt[1]{81}}}$

(d) $\sqrt[100]{2^{10}}$

(e) $\sqrt[42]{\sqrt{\sqrt{\sqrt{256}}} + \sqrt[4]{\dfrac{2^{2^2}}{\sqrt{7^{\sqrt{5}} - \sqrt{5}}}}}$

Aufgabe 4: Berechne folgende Ausdrücke.

(a) $\displaystyle\sum_{k=0}^{4} 2^k$

(b) $\displaystyle\prod_{j=0}^{4} 2^j$

(c) $\displaystyle\sum_{k=-3}^{3} k$

(d) $\displaystyle\sum_{k=1}^{n} 16$

(e) $\displaystyle\prod_{l=1}^{n} \dfrac{l}{l+1}$

(f) $\displaystyle\sum_{j=0}^{3} \prod_{k=j}^{4} 2k$

Aufgabe 5: Fasse soweit wie möglich zusammen.

(a) $\dfrac{(n+1)!}{n!}$

(b) $(n+1)! \, 2^n (n+2)$

(c) $\dfrac{(n^2)!}{n^2}$

(d) $110! + 108!$

(e) $\dfrac{(3!)!}{3!}$

(f) $\dfrac{\frac{1}{2}(2n+1)!}{2n^2 + n}$

Aufgabe 6: Fasse soweit wie möglich zusammen bzw. berechne.

(a) $\dbinom{6}{6}$

(b) $\dbinom{42}{0}$

(c) $\dbinom{2n}{6} + \dbinom{2n}{2n-6}$

(d) $\dbinom{10}{3}$

(e) $\dbinom{9}{3} + \dbinom{9}{2}$

(f) $\dbinom{10}{7}$

Hinweis: Musterlösungen sind auf der Springer-Verlagsseite unter http://www.springer.com/mathematics/book/978-3-658-06595-9 zu finden.

1.5 Beweise

Natürlich spielt das Beweisen in der Mathematik eine wichtige Rolle. Daher wollen wir uns hier kurz den verschiedenen Arten von Beweisen widmen und diese jeweils anhand eines Beispiels erläutern. Dabei wird der letzte Teil, die Induktion, etwas ausführlicher ausfallen.

1.5.1 Direkter Beweis

Der *direkte Beweis* gelangt – wie bereits dem Namen zu entnehmen ist – durch eine Reihe von Implikationen („$\Rightarrow$") von einer Aussage A zu einer anderen Aussage B und stellt dann – sozusagen durch Ausblenden aller Zwischenschritte – einen Beweis für die zusammengesetzte Aussage „$A \Rightarrow B$" dar.

Zu beachten ist dabei natürlich, dass die Richtungen nicht vermischt werden, d.h. dass immer nur in eine Richtung argumentiert wird bzw. dass „$\Rightarrow$" und „$\Leftarrow$" nicht durcheinander angewendet werden.

Beispiel 1.5.1: Wir möchten die folgende Aussage beweisen:

Die Summe dreier aufeinanderfolgender natürlicher Zahlen ist stets durch 3 teilbar.

Wir nutzen jetzt für zwei ganze Zahlen $a, b \in \mathbb{Z}$ die Kurzschreibweise $a \mid b$ für „a teilt b", wobei natürlich bei „teilbar" immer ohne Rest gemeint ist. Somit lautet die zu beweisende Aussage in Formeln ausgedrückt dann

$$\underbrace{n \in \mathbb{N}}_{=A} \Rightarrow \underbrace{3 \mid (n + (n + 1) + (n + 2))}_{=B}.$$

Für den direkten Beweis dieser Aussage beginnen wir nun mit Aussage A und „folgern" bis zu Aussage B durch:

$$\begin{aligned}
n \in \mathbb{N} &\Rightarrow 3n \in \mathbb{N} \\
&\Rightarrow 3n + 3 \in \mathbb{N} \\
&\Rightarrow 3(n + 1) \in \mathbb{N} \\
&\Rightarrow 3 \mid (3n + 3).
\end{aligned}$$

Die letzte Folgerung basiert dabei darauf, dass der Faktor 3 vor der Zahl steht, woran man erkennt, dass sie durch diesen Faktor – also 3 – teilbar sein muss. Wenn wir uns die Zahl genauer anschauen, sehen wir auch, dass es sich um jene Zahl handelt, die in Aussage B vorkommt:

$$3n + 3 = n + n + n + 1 + 2 = n + (n + 1) + (n + 2).$$

Damit ist die Aussage „$A \Rightarrow B$" bewiesen.

1.5.2 Indirekter Beweis

Beim *indirekten Beweis* oder auch *Widerspruchsbeweis* wird das Gegenteil der Aussage angenommen, welche eigentlich gezeigt werden soll. Dadurch, dass sich schließlich ein Widerspruch ergibt, muss das Gegenteil der Annahme gelten, also das, was eigentlich zu zeigen war. Angenommen die Grundaussage, die zu zeigen ist, ist von der Form

$$A \Rightarrow B$$

mit zwei Aussagen A und B. Dann macht sich der Widerspruchsbeweis die Äquivalenz

$$(A \Rightarrow B) \Leftrightarrow (\neg B \Rightarrow \neg A)$$

zu Nutze.

Beispiel 1.5.2: Wir möchten die folgende Aussage für eine allgemeine Zahl $a \in \mathbb{Z}$ beweisen:

Wenn a^2 ungerade ist, dann ist auch a ungerade.

Wir schreiben dies wieder in Formeln als

$$\underbrace{2 \nmid a^2}_{=A} \Rightarrow \underbrace{2 \nmid a}_{=B}.$$

Dabei ist „$\nmid$" eine Kurzschreibweise für „teilt nicht", was zur Ausgangsaussage äquivalent ist, da ungerade ganze Zahlen genau solche sind, welche sich nicht durch 2 teilen lassen, und gerade ganze Zahlen genau jene, die durch 2 teilbar sind.
Wir nutzen nun also die oben angegebene Äquivalenz und schreiben statt $A \Rightarrow B$

$$\underbrace{2 \mid a}_{=\neg B} \Rightarrow \underbrace{2 \mid a^2}_{=\neg A}.$$

Der eigentliche Beweis verläuft dann so:

$$
\begin{aligned}
2 \mid a &\Rightarrow \exists b \in \mathbb{N} : a = 2b \\
&\Rightarrow a^2 = (2b)^2 \\
&\Rightarrow a^2 = 4b^2 \\
&\Rightarrow a^2 = 2 \cdot 2b^2 \\
&\Rightarrow 2 \mid a^2 \; \lightning.
\end{aligned}
$$

Der erste Schritt ist dabei die Definition von Teilbarkeit: Eine Zahl ist durch eine andere teilbar, wenn sie sich als Produkt dieser Zahl und einer weiteren darstellen lässt.
Wo steckt nun der Widerspruch? Wir haben angenommen, dass B gar nicht gilt, sondern das Gegenteil $\neg B$. Wir haben soweit Folgerungen gemacht, bis herauskam, dass dann $\neg A$ gilt, was ja ein Widerspruch dazu ist, dass A gilt. Ein Widerspruch wird dann oft mit einem Blitz gekennzeichnet.

Diese Art des Beweisens wird übrigens auch „Reductio ad absurdum" – also das Schließen auf etwas Absurdes – genannt, wobei auch der sog. *Satz vom ausgeschlossenen Dritten* hier eine wichtige Rolle spielt. Dieser besagt, dass für eine beliebige Aussage mindestens sie selbst oder ihr Gegenteil wahr sein muss.

1.5.3 Gegenbeispiel

Wir betrachten die Aussage

Alle Säugetiere sind lebendgebährend.

Normalerweise wird in der Mathematik nichts mit Beispielen bewiesen: Wenn man etwas für 10, 100 oder 1000 Fälle gezeigt hat, muss das noch nicht für jeden Fall so sein, besonders dann, wenn es unendlich viele Fälle gibt. Was aber oft möglich ist, ist das „Zerstören" von Aussagen durch Angabe eines Gegenbeispiels. Das ist auch in der Welt außerhalb der Mathematik üblich. Jetzt könnte man viele Tiere aufzählen, bei denen dies zutrifft, die also Säugetiere sind und ihre Jungen lebend (also nicht im Ei o.Ä.) zur Welt bringen: Hund, Katze, Maus, Giraffe, Elefant, Kuh, ...

Jedoch wird die Aussage durch Angabe zahlreicher Beispiele nicht wahr werden, da sie tatsächlich falsch ist.

Abb. 1.8: Existiert wirklich und kann Eier legen, säugt aber seine Jungen: Das Schnabeltier. Bild: Philip Bethge, Wikimedia Commons, GFDL & CC BY-SA 3.0

Durch schlichte Angabe eines Gegenbeispiels kann sie widerlegt werden. In diesem Fall kann man das in Australien beheimatete Schnabeltier (s. Abbildung 1.8) heranziehen, welches seine Jungen säugt, aber Eier legt und somit zur Klasse der Säugetiere gehört. In der Mathematik ist das sehr ähnlich, wozu wir uns von der Zoologie wegbewegen und ein etwas mathematischeres Beispiel heranziehen.

Beispiel 1.5.3: Wir betrachten die folgende Aussage:

Alle Primzahlen sind ungerade.

Tatsächlich sind die meisten Primzahlen ungerade ($3, 5, 7, 11, 13, 17, 19, 23, \ldots$), jedoch kann man beweisen, dass diese Aussage falsch sein muss, indem man das Gegenbeispiel 2 anführt: Die Zahl ist prim, hat also genau zwei Teiler (1 und sich selbst) und sie ist gerade. 2 ist übrigens die einzige gerade Primzahl: Alle anderen geraden Zahlen sind schließlich durch 2 teilbar.

Da wir gerade davon sprechen: 1 ist übrigens keine Primzahl. Sie ist zwar nur durch 1 und sich selbst teilbar, jedoch bedeutet beides das Gleiche. In der Definition der Primzahlen ist aber gefordert, dass eine Primzahl genau zwei Teiler hat.

1.5.4 Induktion

Abb. 1.9: Induktion ist mit dem Dominoeffekt vergleichbar. Bild: „Enoch Lai", Wikimedia Commons, GFDL & CC BY-SA 3.0

Induktion oder häufiger *vollständige Induktion* ist ein Beweisverfahren mit dem man relativ einfach eine Aussage beweisen kann, die für unendlich viele natürliche Zahlen gilt. Wir sprechen der Einfachheit halber nun immer von Induktion statt von vollständiger Induktion; beide Begriffe meinen also ein und dasselbe. Da es zudem so etwas wie unvollständige Induktion nicht gibt, entsteht auch keine Verwechselungsgefahr.

Wir gehen nun davon aus, dass eine Aussage über jede natürliche Zahl zu beweisen ist. Zu zeigen ist also etwas von der Form

$$\forall n \in \mathbb{N} : A(n).$$

Ein Beispiel für $A(n)$ könnte

$$A(n) = \text{„}n^2 + n \text{ ist gerade“}$$

sein. Wir schreiben dabei $A(n)$, um klarzumachen, dass die Aussage und somit ihr Wahrheitswert von der Zahl n abhängt. Der Induktionsbeweis besteht nun aus zwei Teilen.

- *Induktionsanfang* (I.A.): Hier wird gezeigt, dass die Aussage für die kleinste Zahl, für die sie behauptet wird, gilt. D.h. in unserem Falle, da wir hier $n \in \mathbb{N}$ voraussetzen, ist dies $n = 1$. Zu zeigen ist also, dass $A(1)$ wahr ist.

- *Induktionsschritt* (I.S.): Dies ist der Teil, der Anfängern erfahrungsgemäß die gößten Probleme bereitet. Hier wird so getan, als wüssten wir schon, dass die Aussage für ein spezielles $n \in \mathbb{N}$ bereits gilt, $A(n)$ also wahr ist (tatsächlich wissen wir das aber noch gar nicht). Unter dieser Annahme – der sog. *Induktionsvoraussetzung* (I.V.) – ist dann zu zeigen, dass die Aussage auch für das darauffolgende n, also $n + 1$, gilt. Es ist daher zu zeigen, dass dann auch $A(n + 1)$ wahr ist. In Formeln muss hier also

$$A(n) \text{ wahr } \Rightarrow A(n + 1) \text{ wahr}$$

  gezeigt werden.

Sind diese beiden Teile erledigt, ist die Ausgangsbehauptung insgesamt gezeigt, also dass

$$\forall n \in \mathbb{N} : A(n)$$

wahr ist. Dies liegt daran, dass wir die Aussage von Hand für die kleinste Zahl $n = 1$ im Induktionsanfang gezeigt haben. Da wir auch gezeigt haben, dass, wenn die Aussage für ein $n \in \mathbb{N}$ stimmt, diese auch für $n+1$ gilt (Induktionsschritt), kann man nun wie folgt argumentieren: Für $n = 1$ gilt die Aussage, daher auch für die folgende Zahl, also $n = 2$. Da die Aussage nun auch für $n = 2$ gilt, gilt sie auch für die folgende Zahl $n = 3$. Dies setzt sich über alle natürlichen Zahlen n fort, wie eine Reihe von Dominosteinen: Wenn hier der erste Stein umgeschubst wird, fallen der Reihe nach auch alle anderen (in unserem Fall unendlich viele) Steine (vgl. Abbildung 1.9).

> **Bemerkung 1.5.4:** Bisher sind wir in allen Erklärungen davon ausgegangen, dass eine Aussage $A(n)$ für alle natürlichen Zahlen $\mathbb{N}$ zu zeigen ist. Oft kommt es aber auch vor, dass eine Aussage bis zu einer gewissen natürlichen Zahl m nicht gilt und erst ab dieser für alle (unendlich vielen) Folgezahlen anfängt zu gelten. In diesem Fall ist dann nicht $n = 1$ für den Induktionsanfang zu wählen, sondern $n = m$ (also, wie bereits kurz erwähnt, immer die kleinste Zahl). Wir beweisen dann nicht mehr, dass eine Aussage $A(n)$ für alle natürlichen Zahlen gilt, sondern nur für die Teilmenge $\{m, m + 1, m + 2, \ldots\} \subset \mathbb{N}$. Bei den meisten Beispielaufgaben, denen man im Studium begegnet, ist m dann aber immer noch moderat klein und aller Voraussicht nach gilt $m < 10$.
> Es kann zudem auch vorkommen, dass eine Aussage für alle $n \in \mathbb{N}_0$ gezeigt werden soll. In diesem Fall wäre der Induktionsanfang dann für die kleinste Zahl dieser Menge, also $n = 0$, auszuführen.

Wir verdeutlichen diese bisher ausschließlich theoretisch eingeführte Beweisart mit einigen Beispielen. Dazu müssen wir uns jedoch kurz etwas zur Teilbarkeit überlegen: Wenn eine ganze Zahl $b \in \mathbb{Z}$ durch $a \in \mathbb{Z}$ teilbar ist, bedeutet dies multiplikativ ausgedrückt, dass eine weitere Zahl $c \in \mathbb{Z}$ existiert, so dass $b = ac$ gilt, denn sonst wäre b ja nicht durch a teilbar. Diese Gleichwertigkeit machen wir uns im folgenden Beispiel zu Nutze.

Beispiel 1.5.5: Wir möchten Folgendes beweisen:

$$\forall n \in \mathbb{N} : A(n) = \text{„}n^2 + n \text{ ist gerade“ ist wahr}$$

Wir gehen dazu vor wie beschrieben:

- Induktionsanfang: Wir setzen $n = 1$ und erhalten

$$A(1) = \text{„}1^2 + 1 \text{ ist gerade“} = \text{„}2 \text{ ist gerade“ } \checkmark.$$

- Induktionsschritt: Wir gehen von n nach $n+1$ (oft als $n \to n+1$ geschrieben), nehmen also an, dass $A(n)$ wahr ist, und versuchen die Wahrheit von $A(n+1)$ zu zeigen. Wir beginnen dazu mit der Betrachtung von $A(n+1)$:

$$\begin{aligned}
A(n+1) &= \text{„}(n+1)^2 + (n+1) \text{ ist gerade“} \\
&= \text{„}n^2 + 2n + 1 + (n+1) \text{ ist gerade“} \\
&= \text{„}n^2 + n + 2n + 2 \text{ ist gerade“} \\
&= \text{„}n^2 + n + 2(n+1) \text{ ist gerade“}.
\end{aligned}$$

An dieser Stelle machen wir uns zu Nutze, dass wir annehmen dürfen, dass $A(n)$ wahr ist (dies ist die Induktionsvoraussetzung), also $n^2 + n$ gerade bzw. durch 2 teilbar ist. Denn das heißt ja

$$\exists a \in \mathbb{N} : n^2 + n = 2a.$$

Diese Erkenntnis setzen wir nun oben ein, erhalten also

$$\begin{aligned}
A(n+1) &= \text{„}n^2 + n + 2(n+1) \text{ ist gerade“} \\
&= \text{„}2a + 2(n+1) \text{ ist gerade“} \\
&= \text{„}2(a + n + 1) \text{ ist gerade“. } \checkmark
\end{aligned}$$

Dass die obige Aussage stimmt, sehen wir nun wieder daran, dass 2 als Faktor auftaucht, die Zahl also auch durch 2 teilbar und somit gerade ist. Wir haben nun also gezeigt, dass, wenn $n^2 + n$ gerade ist, auch die nachfolgende Zahl dieser Eigenschaft genügt, also dass auch $(n+1)^2 + (n+1)$ gerade ist.

Somit ist unser Induktionsbeweis abgeschlossen.

Wir möchten uns einem weiteren Induktionsbeweis nähern: Dem Mythos nach hat der Mathematiker Gauß bereits zu Schulzeiten seinen ersten Satz entwickelt. Im Mathematikunterricht bekam er die Aufgabe, die ersten 100 natürlichen Zahlen zu addieren, also $1 + 2 + 3 + \ldots + 100$ zu berechnen (vgl. AHRENS 1916 [1], S. 3 f.). Natürlich plante der Lehrer dies als Beschäftigungstherapie seiner Schüler, jedoch fand Gauß schnell eine Formel, die ihm diese Arbeit ersparte. Er behauptete, man könne auch $\frac{100 \cdot 101}{2}$ bestimmen, was zum gleichen Ergebnis führe. In verallgemeinerter Form nennt man diese Formel heute daher oft den „kleinen Gauß".

Beispiel 1.5.6: Die Formel lautet verallgemeinert

$$1 + 2 + 3 + \ldots + n = \frac{n(n+1)}{2} \quad \text{bzw.} \quad \sum_{k=1}^{n} k = \frac{n(n+1)}{2}$$

in Summenschreibweise. Diese soll für beliebige natürliche Zahlen n gelten, was man mit dem Induktionsverfahren zeigen kann:

- Induktionsanfang: Für $n = 1$ lautet die Formel

$$\sum_{k=1}^{1} k = \frac{1 \cdot (1+1)}{2}.$$

Da auf beiden Seiten 1 steht, ist dies korrekt und der Induktionsanfang gemacht.

- Induktionsschritt ($n \to n+1$): Wir nehmen wieder an, dass die Induktionsvoraussetzung

$$\sum_{k=1}^{n} k = \frac{n(n+1)}{2}.$$

bereits für ein n wahr ist, und wollen zeigen, dass sie jetzt auch für die darauffolgende Zahl $n + 1$ stimmt. Wir untersuchen die Gleichung daher zunächst für $n + 1$, ersetzen also n durch $n + 1$:

$$\sum_{k=1}^{n+1} k = \frac{(n+1)((n+1)+1)}{2}.$$

Ziel ist es nun, die obige Gleichung so umzuformen, dass etwas, was aus der Induktionsvoraussetzung bekannt ist, zum Vorschein kommt. Dies funktioniert bei Induktionsbeweisen, in denen ein Summen- oder Produktzeichen vorkommt quasi immer über die Abspaltung des letzten Summanden bzw. Faktors aus der Summe bzw. dem Produkt. In Formeln bedeutet dies

$$\sum_{k=1}^{n+1} k = \left(\sum_{k=1}^{n} k \right) + n + 1.$$

Jetzt hat die Summe einen Summanden weniger, aber die Gleichheit ist dennoch gewährleistet, da wir den letzten Summanden (jenen für $k = n + 1$) sozusagen „von Hand" hinzugefügt haben. Somit ist der Ausdruck aus der Induktionsvoraussetzung sichtbar geworden und wir können diese einsetzen:

$$\sum_{k=1}^{n+1} k = \left(\sum_{k=1}^{n} k \right) + n + 1 \stackrel{\text{I.V.}}{=} \frac{n(n+1)}{2} + n + 1 = \frac{n(n+1)}{2} + \frac{2(n+1)}{2}$$

$$= \frac{n(n+1) + 2(n+1)}{2} = \frac{(n+1)(n+2)}{2} = \frac{(n+1)((n+1)+1)}{2}.$$

Nach ein paar weiteren Umformungen sehen wir jetzt, dass die Gleichung auch für $n+1$ gilt: Schließlich sind ganz links und ganz rechts der Gleichheitskette die zu zeigenden Ausdrücke für $n+1$ statt n zu sehen. Damit ist auch der Induktionsschritt abgeschlossen, denn nun folgt die Aussage für $n+1$ einzig und allein aus der Erkenntnis, dass sie vorher bereits für n galt.

In Abbildung 1.10 sind sog. *figurierte Zahlen* zu sehen. Hieran möchten wir ein weiteres Beispiel motivieren: Für $n = 1$ sehen wir einen Punkt, für $n = 2$ vier Punkte, für $n = 3$ neun Punkte, usw. Offenbar handelt es sich jeweils um Quadratzahlen. Bei jedem Schritt werden alle Punkte, die bisher vorhanden waren, grau eingefärbt und neu hinzugekommene werden schwarz dargestellt. Im ersten Schritt kommt ein Punkt hinzu, dann drei, dann fünf, schließlich sieben. Offenbar durchläuft dies alle ungeraden natürlichen Zahlen. Die Vermutung liegt also nahe, dass die Summe der ersten ungeraden aufeinanderfolgenden Zahlen gleich dem Quadrat der Anzahl dieser Zahlen ist.

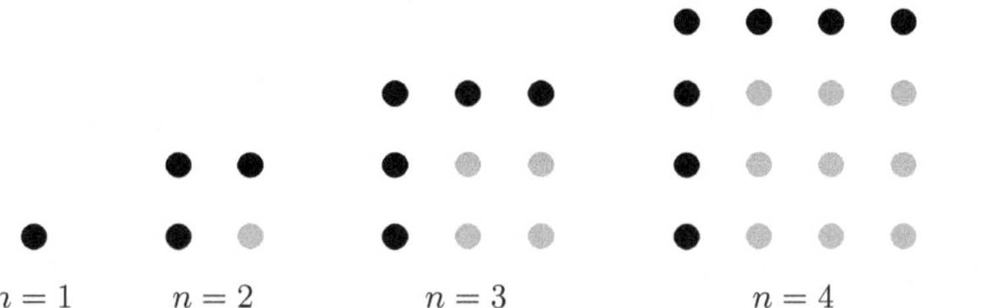

$$n = 1 \qquad n = 2 \qquad n = 3 \qquad n = 4 \qquad \ldots$$

Abb. 1.10: Sog. figurierte Zahlen visualisieren eine Gleichung, die durch Induktion bewiesen werden kann.

Dies wollen wir im Rahmen des folgenden Beispiels beweisen.

Beispiel 1.5.7: In Formeln ausgedrückt bedeutet der obige Sachverhalt

$$\forall n \in \mathbb{N} : \sum_{k=1}^{n} 2k - 1 = n^2.$$

Hierbei kommt ein kleiner Trick zum Einsatz: Wir wollen keine Induktion über ungerade Zahlen führen. Wir möchten gerne eine Induktion über natürliche Zahlen führen: Der Ausdruck $2k - 1$ durchläuft daher praktischerweise für natürliche Zahlen k alle ungeraden natürlichen Zahlen. Es geht los:

- Induktionsanfang ($n = 1$):

$$\sum_{k=1}^{1} 2k - 1 = 1 = 1^2. \checkmark$$

- Induktionsschritt ($n \to n + 1$) : Der Schritt funktioniert genau wie beim letzten Mal. Als erstes formen wir die Summe (überall $n + 1$ statt n) so um, dass die Situation für den Fall n sichtbar wird. Das funktioniert wieder durch das manuelle Aufsummieren des letzten Summanden (erneut jener für $k = n + 1$):

$$\sum_{k=1}^{n+1} 2k - 1 = \left(\sum_{k=1}^{n} 2k - 1 \right) + 2(n+1) - 1 \overset{\text{I.V.}}{=} n^2 + 2(n+1) - 1$$
$$= n^2 + 2n + 1 = (n+1)^2. \checkmark$$

Insgesamt haben wir wieder unter Ausnutzung der Induktionsvoraussetzung gezeigt, dass die Behauptung für $n + 1$ gilt.

Mit beiden Schritten ist der Beweis wieder abgeschlossen und die Formel bewiesen.

Auch wenn Übungsaufgaben zur Induktion oft von Summen und Produkten dominiert werden, möchten wir an dieser Stelle nochmals hervorheben, dass Induktion und Beweise von Summen- und Produktgleichungen nicht gleichbedeutend sind. Zwar werden i.d.R. solche Gleichungen immer mit Induktion bewiesen werden, jedoch lässt sich mit Induktion noch einiges mehr beweisen. Ein weiteres Beispiel dazu ist die sog. *Bernoullische*[21] *Ungleichung*, welche nicht initial von Bernoulli stammt, jedoch nach ihm benannt wurde (vgl. ARENS et al. 2013 [5], S. 133). Soviel Glück muss man haben...

Abb. 1.11: Der Größte der „Bernoulli"-Mondkrater ist 47 Kilometer breit. Anreiseadresse ist N 35.0 E 60.7. Bild: NASA, gemeinfrei

Bernoulli entstammte übrigens einer ganzen „Mathematikerfamilie, die in ihrer Art einzigartig in der Geschichte ist" (s. SONAR 2011 [61], S. 439). Bei den Gebrüdern Jakob, Nicolaus und Johann aus Basel handelt es sich um die Stammväter einer großen Familie von mehreren Generationen von Mathematikern. Aufgrund der Häufigkeit der Vererbung der Vornamen dieser drei, ist es notwendig, die Bernoullis zu Nummerieren. Daher nennt man Jakob heute meist auch Jakob I. Der Familie zu Ehren wurden außerdem mehrere Mondkrater, einer mit einem Durchmesser von 47 Kilometern (s. Abbildung 1.11; vgl. ANDERSSON & WHITAKER 1982 [4], S. 22), und ein Universitätsgebäude in Basel, das sog. *Bernoullianum* (s. Abbildung 1.12), benannt.

Beispiel 1.5.8: Zu beweisen ist die Bernoullische Ungleichung, welche für $x \geq -1$ und für alle $n \in \mathbb{N}_0$ gilt:

$$(1 + x)^n \geq 1 + nx.$$

- Induktionsanfang ($n = 0$): Der Induktionsanfang muss hier für $n = 0$ (statt 1) gemacht werden, da die Aussage für alle $n \in \mathbb{N}_0$ statt $n \in \mathbb{N}$ gelten soll:

$$(1 + x)^0 = 1 \geq 1 = 1 + 0x. \ \checkmark$$

  $1 \geq 1$ ist natürlich eine wahre Aussage, denn 1 ist ja größer oder gleich 1. Für den Fall, dass $x = -1$ gilt, greift hier übrigens unsere Vereinbarung, dass $0^0 = 1$ sein soll.

- Induktionsschritt ($n \to n + 1$):

$$\begin{aligned}
(1 + x)^{n+1} &= (1 + x)^n \cdot (1 + x) \\
&\overset{\text{I.V.}}{\geq} (1 + nx) \cdot (1 + x) \\
&= 1 + x + nx + nx^2 \\
&\geq 1 + x + nx \\
&= 1 + (n + 1)x. \ \checkmark
\end{aligned}$$

  Hier ist der Induktionsschritt abgeschlossen, denn lassen wir die Zwischenschritte weg, so erhalten wir $(1 + x)^{n+1} \geq 1 + (n + 1)x$, was ja zu zeigen war.

---

[21] Jakob I. Bernoulli (*1654; †1705), schweizerischer Mathematiker und Physiker

Bei Ungleichheitsketten wie im im obigen Beispiel 1.5.8 muss man beachten, dass es immer nur erlaubt ist, zu einem gleichen Ausdruck umzuformen oder den Ausdruck entweder zu verkleinern oder zu vergrößern. „$\leq$" und „$\geq$" (bzw. „$<$" und „$>$") zu mischen führt zu einer falschen Aussage. Die Gesamtaussage erhält man dann durch Ausblenden aller Zwischenschritte.

Übrigens müssen wir in Beispiel 1.5.8 $x \geq -1$ wirklich fordern, da sonst der Ausdruck $x + 1$ negativ wird. Wenn das passiert, können wir den Schritt, an welchem wir die Induktionsvoraussetzung eingesetzt haben, so nicht mehr durchführen. Denn haben wir eine Ungleichung mit ausschließlich positiven Zahlen a, b, c

$$a \geq b \cdot c$$

und ersetzen wir b durch eine Zahl, die noch kleiner aber auch positiv ist, gilt unsere Ungleichung weiterhin. So haben wir es im obigen Beweis ja getan. Sind wir aber in der Situation, dass b positiv ist und a und c negativ, dann wäre dieser Schritt nicht erlaubt.

Abb. 1.12: Das *Bernoullianum* an der Universität Basel. Das von 1872 bis 1874 erbaute Gebäude entstand aus dem Wunsch heraus, auch in Basel eine Sternwarte zu besitzen (vgl. REGENSCHEIT 2011 [51]). Bild: „Basmus", Wikimedia Commons, GFDL & CC BY-SA 3.0

1.5.A Aufgaben

Aufgabe 1: Beweise mittels Induktion.

(a) $\forall\, n \in \mathbb{N} : \sum_{k=0}^{n} 2^k = 2^{n+1} - 1$

(b) $\forall\, n \in \mathbb{N} : \sum_{k=1}^{n} k(k+1) = \dfrac{n(n+1)(n+2)}{3}$

(c) $\forall\, n \in \mathbb{N} : \sum_{k=1}^{n} k^2 = \dfrac{n(n+1)(2n+1)}{6}$

(d) $\forall\, n \in \mathbb{N} : \prod_{k=1}^{n} 4^k = 2^{n(n+1)}$

(e) $\forall\, n \in \mathbb{N}\setminus\{1\} : \prod_{k=2}^{n}\left(1 - \dfrac{1}{k}\right) = \dfrac{1}{n}$

Aufgabe 2: Beweise mittels Induktion.

(a) $\forall\, n \in \mathbb{N} : 3 \mid n^3 + 2n$ (c) $\forall\, n \in \mathbb{N} : 6 \mid n^3 - n$

(b) $\forall\, n \in \mathbb{N} : 3 \mid 4n^3 - n$ (d) $\forall\, n \in \mathbb{N} : 4 \mid 5^n + 7$

Aufgabe 3: Beweise mittels Induktion.

(a) $\forall\, n \in \mathbb{N}\setminus\{1,2\} : n^2 - 2n - 1 > 0$ (c) $\forall\, n \in \mathbb{N}\setminus\{1,2,3,4\} : 2^n > n^2$

(b) $\forall\, n \in \mathbb{N}\setminus\{1\} : 2^n \geq n + 1$ (d) $\forall\, n \in \mathbb{N}\setminus\{1,2,3\} : n! > 2^n$

Aufgabe 4:

(a) Beweise die sog. *geometrische Summenformel*:

$$\forall\, n \in \mathbb{N}_0 : \sum_{k=0}^{n} q^k = \frac{1 - q^{n+1}}{1 - q} \quad \text{mit einer Konstanten } q \neq 1.$$

(b) Welche Formel gilt für die Summe, wenn $q = 1$ ist?
   Tipp: Hier wird keine Induktion benötigt.

Aufgabe 5: Es sei M eine Menge.

(a) Definiere $\mathcal{P}(M)$ <u>ohne</u> nachzuschlagen.

(b) Gib $|\mathcal{P}(M)|$ an, falls $|M| = n \in \mathbb{N}$ gilt.

(c) Gilt $\mathcal{P}(\emptyset) = \emptyset$?

(d) Versuche einen Induktionsbeweis für (b) zu führen.
   Tipp: Diese Aufgabe ist für Ungeübte herausfordernd: Es ist am einfachsten, einen prosaischen Indukti-
   onsbeweis zu führen. Es ist nicht notwendig mit Formeln zu arbeiten.

Aufgabe 6: Wir betrachten das sog. *Collatz-Problem*: Hierbei handelt es sich um ein 1937 von Lothar Collatz[23] formuliertes mathematisches Problem, welches bis heute ungelöst ist (s. LAGARIAS 2010 [41]). Bei dem Problem geht es um Zahlenfolgen, die nach einem gewissen Bildungsgesetz konstruiert werden:

Abb. 1.13: Undatiertes Foto von Lothar Collatz. Bild: Konrad Jacobs, Wikimedia Commons, CC BY-SA 2.0 DE[22]

(1) Wähle eine beliebige Zahl $n \in \mathbb{N}$.

(2) Falls n gerade ist, bestimme $\frac{n}{2}$.

(3) Falls n ungerade ist, bestimme $3n + 1$.

(4) Wiederhole die Vorgehensweise mit der erhaltenen Zahl.

Die bis heute unbewiesene Vermutung lautet, dass man – unabhängig davon, mit welchem $n \in \mathbb{N}$ man startet – immer in den *Zyklus* $4, 2, 1$ läuft und hier „gefangen" bleibt. Selbst Erdős[24], einer der bekanntesten und einflussreichsten Mathematiker des 20. Jahrhunderts, brachte seine Meinung bezüglich dieses Problem wie folgt zum Ausdruck:

"

Hopeless. Absolutely hopeless.

"

– Paul Erdős
(vgl. LAGARIAS 2010 [41], S. v)

Ungeachtet der Frage, ob die Aussage nun wahr oder falsch ist, nehmen wir an, alle Startzahlen n, für welche die Aussage gilt, befinden sich in der Menge $S \subset \mathbb{N}$; dann lautet Collatz' Vermutung also, dass $S = \mathbb{N}$ gilt.

(a) Überprüfe die Behauptung für die Startzahl $n = 19$.

(b) Argumentiere, dass $S \neq \emptyset$ gilt.

(c) Zeige, dass $|S| = \infty$ gilt.
   Tipp: Es gibt eine Teilmenge $S_1 \subset S$ mit $|S_1| = \infty$. Für alle Startzahlen in S_1 ist es ganz einfach zu argumentieren, warum diese in den Zyklus führen.

Wissenswert: Erdős hat mit so vielen anderen Mathematikern weltweit kollaboriert wie vermutlich kein anderer. Aus diesem Grund wurde seine Person als Bezugspunkt für die sog. *Erdős-Zahl* genutzt. Diese gibt an, um wie viele Ecken ein Mathematiker mit Erdős zusammengearbeitet (d.h. gemeinsam eine Veröffentlichung erzielt) hat. Jemand, der mit Erdős direkt zusammenarbeitet hat, hat somit die Erdős-Zahl 1, jemand, der mit dieser Person veröffentlicht, die Erdős-Zahl 2 usw. Die Bildungsministerin Johanna Wanka (sie ist Mathematikerin) hat etwa die Erdős-Zahl 4. Welche Erdős-Zahl der zukünftige Professor im Studium hat, kann man auf http://www.ams.org/mathscinet/collaborationDistance.html herausfinden.
Im Bereich der Schauspielerei gibt es übrigens die *Bacon-Zahl*, die angibt, über wie viele Ecken ein Schauspieler in einem Film gemeinsam mit Kevin Bacon zu sehen war.

Hinweis: Musterlösungen sind auf der Springer-Verlagsseite unter http://www.springer.com/mathematics/book/978-3-658-06595-9 zu finden.

---

[22]Abrufbar unter http://commons.wikimedia.org/wiki/File:Lothar_Collatz.jpg
[23]Lothar Collatz (*1910; †1990), deutscher Mathematiker
[24]Paul Erdős (*1913; †1996), ungarischer Mathematiker

1.6 Abbildungen

Abbildungen sind Objekte, die zwei Mengen miteinander verbinden. Genauer ordnet eine Abbildung jedem Element einer Menge A ein Element aus der Menge B zu, aber nicht unbedingt umgekehrt: In Abbildung 1.14 sehen wir, dass zwar jedes Element aus A einem anderen Element aus B zugeordnet wird (wie gefordert), aber nicht umgekehrt jedes Element in B von einem Element in A getroffen wird. Das Element $x \in B$ hat keinen Partner in A.

Die gezeigte Abbildung – nennen wir sie f – lässt sich, da beide Mengen endliche Kardinalität haben, über die Aufzählung aller Zuordnungen (hier mit Pfeilen) beschreiben:

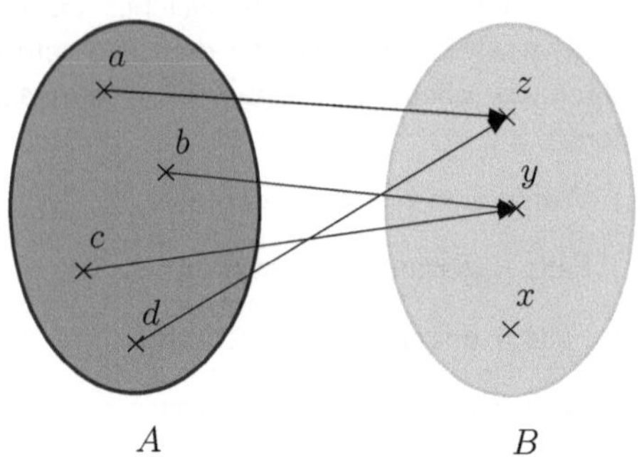

Abb. 1.14: Eine Abbildung von einer Menge A in eine Menge B

$$f : A \to B \quad \text{mit} \quad a \mapsto z, \quad b \mapsto y, \quad c \mapsto y, \quad d \mapsto z,$$

wobei $A = \{a, b, c, d\}$ und $B = \{x, y, z\}$ seien. Wir wollen diesen Grundgedanken zunächst in eine sauberen Definition fassen:

Definition 1.6.1 (Abbildung): Seien A und B nichtleere Mengen.

- Eine *Abbildung* $f : A \to B$ ist ein Objekt, das jedem Element $a \in A$ eindeutig genau ein Element $b \in B$ zuordnet.

- Wir sagen b ist das *Bild* von a und schreiben $a \mapsto b$ (gesprochen „a bildet ab auf b") oder $f(a) = b$ (gesprochen „f von a gleich b").

- Umgekehrt ist in obiger Situation a das *Urbild* von b.

- A heißt *Definitionsbereich* und B heißt *Wertebereich* von f. Die Menge $\mathrm{Bild}(f) = \{f(x) \mid x \in A\} \subset B$ heißt *Bildmenge* oder kurz *Bild* von f.

Beispiel 1.6.2: Bei der oben gezeigten Abbildung ist

- $A = \{a, b, c, d\}$ der Definitionsbereich,

- $B = \{x, y, z\}$ der Wertebereich und

- $\mathrm{Bild}(f) = \{y, z\} \subset B$ das Bild von f, da y und z von Elementen aus A getroffen werden und x nicht.

Bemerkung 1.6.3: Wir haben bisher bewusst unterschiedliche Arten von Pfeilsymbolen benutzt. Sie haben folgende Bedeutung:

- „$\to$": Dieser Pfeil zeigt auf Mengenebene, welche Mengen von unserer Abbildung verbunden werden, d.h. er gibt Definitions- und Wertebereich an. In unserem Beispiel waren das die Mengen A und B; für f gilt also $f : A \to B$.

- „$\mapsto$": Dieser Pfeil zeigt auf Elementebene, welches Element von A mit welchem Element von B in Verbindung steht. Ein Beispiel anhand unserer Abbildung f ist hier $a \mapsto z$.

Warnung: Bei einer Abbildung ist das Bild eines Elementes des Definitionsbereichs eindeutig, d.h. es kann nicht passieren, dass sich beim Abbilden des gleichen Elementes zwei oder mehr Bilder ergeben. Exemplarisch zeigt Abbildung 1.15 einen solchen Fall: Hierbei handelt es sich nicht um eine Abbildung im Sinne von Definition 1.6.1, da das Element des Definitionsbereichs c zwei unterschiedliche Bilder, nämlich x und y besitzt.

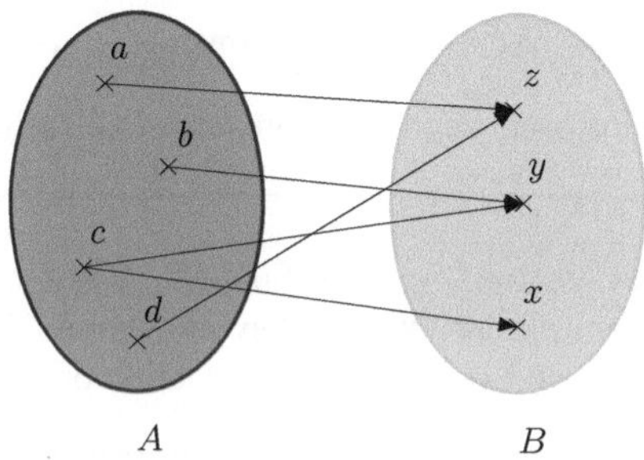

Abb. 1.15: Hier handelt es sich **nicht** um eine Abbildung, da c auf x und y geworfen wird.

1.6.1 Grundlegendes

Definition 1.6.4 (Funktion): Der Begriff *Funktion* wird in der Literatur unterschiedlich benutzt. Im Grunde gibt es zwei bis drei Definitionen des Begriffs „Funktion":

- Eine *Funktion* ist eine Abbildung $f : A \to B$, falls $A \subset \mathbb{R}$ und $B \subset \mathbb{R}$ Intervalle sind.

- Eine *Funktion* ist eine Abbildung $f : A \to B$, falls $A \subset \mathbb{C}$ und $B \subset \mathbb{C}$ gilt.

- Eine *Funktion* ist nichts anderes als eine Abbildung.

Im Folgenden werden wir die letztere Definition nutzen, jedoch die Bezeichnung „Funktion" gehäuft im Kontext von reellen Intervallen A und B, aber auch Teilmengen $A, B \subset \mathbb{C}$, benutzen.

Beispiel 1.6.5: Wie in obiger Definition angedeutet, ordnen Abbildungen oft nicht nur wie in unserem Beispiel endliche Mengen einander zu, sondern auch Mengen unendlicher Kardinalität. Da hier die Angabe, welches Element worauf abbildet, nicht für jedes Element separat erfolgen kann, bedient man sich der folgenden aus der Schule bekannten Schreibweise. Als Beispiel ziehen wir $f : \mathbb{R} \to \mathbb{R}$ mit

$$f(x) = 2x \quad \text{oder} \quad f : x \mapsto 2x$$

heran. Beide Schreibweisen meinen dabei ein und dasselbe, jedoch ist die Definition einer Abbildung erst dann mathematisch präzise, wenn klar ist, zwischen welchen Mengen sie zuordnet und wie die *Abbildungsvorschrift* lautet. Insgesamt ist also

$$f : \mathbb{R} \to \mathbb{R} \text{ mit } f(x) = 2x \quad \text{bzw.} \quad f : \mathbb{R} \to \mathbb{R} \text{ mit } f : x \mapsto 2x$$

zulässig. Die Funktion selbst tut natürlich folgendes: Sie verdoppelt jede Zahl, die abgebildet wird.

Definition 1.6.6: Wir definieren ein paar Arten von Funktionen. Eine Funktion heißt

- *konstant*, falls $f(x) = a$ gilt mit $a \in \mathbb{C}$,

- *linear*, falls $f(x) = ax + b$ gilt mit $a, b \in \mathbb{C}, a \neq 0$,

- *quadratisch*, falls $f(x) = ax^2 + bx + c$ gilt mit $a, b, c \in \mathbb{C}, a \neq 0$,

- *kubisch*, falls $f(x) = ax^3 + bx^2 + cx + d$ gilt mit $a, b, c, d \in \mathbb{C}, a \neq 0$.

Als Nebenfachstudierender wird man aber eher mit dem Fall reeller Werte für a, b, c und d konfrontiert sein.

In der Schule reduziert sich die Vorstellung einer Funktion besonders auf ihren Graphen, d.h. ihr Abbild im Koordinatensystem des $\mathbb{R}^2$. Wir wollen jedoch den Graphen einer Funktion von ihr selbst sauber trennen können und treffen folgende Definition:

Definition 1.6.7 (Graph): Der *Graph* einer Funktion $f : A \to B$ ist definiert als

$$\mathrm{Graph}(f) = \{(x, y) \in A \times B \mid f(x) = y\} = \{(x, f(x)) \mid x \in A\}.$$

Dabei stellt $A \times B$ das kartesische Produkt dar, welches wir bereits aus Definition 1.2.15 kennen. Oft findet man auch G_f, $\mathcal{G}_f$, Γ_f o.Ä. als Bezeichnung für den Graphen.

Beispiel 1.6.8: Als Beispiel betrachten wir die kubische Funktion $f : \mathbb{R} \to \mathbb{R}$ mit $f(x) = x^3 - 2x + 1$. Ein Teil ihres Graphen ist in Abbildung 1.16 dargestellt zu sehen.

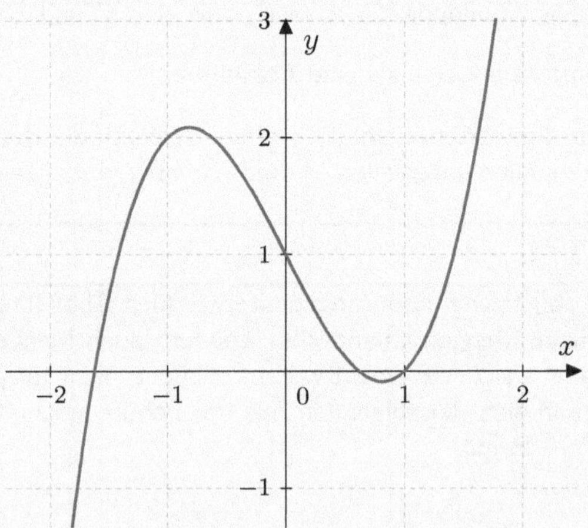

Abb. 1.16: Der Graph von $f : \mathbb{R} \to \mathbb{R}$ mit $f(x) = x^3 - 2x + 1$

Wir sehen, dass $\mathrm{Graph}(f) \subset \mathbb{R} \times \mathbb{R} = \mathbb{R}^2$ gilt. Tatsächlich gilt – wie sich aus der Definition des Graphen ablesen lässt – bei einer Funktion $g : \mathbb{R}^m \to \mathbb{R}^n$ allgemein

$$\mathrm{Graph}(g) \subset \mathbb{R}^{m+n}.$$

Wir definieren nun die sog. Einschränkung einer Funktion auf eine Teilmenge ihres Definitionsbereichs. Diese Begrifflichkeit ist oft notwendig, wenn man eine Aussage über eine Funktion treffen möchte, die nicht auf dem gesamten Definitionsbereich der Funktion gilt, sondern eben nur auf einer Teilmenge von diesem.

Definition 1.6.9 (Einschränkung): Sei $f : A \to B$ eine Abbildung und $C \subset A$. Dann ist die *Einschränkung* $f\big|_C$ (gesprochen „f eingeschränkt auf C") gegeben als

$$f\big|_C : C \to B \text{ mit } f\big|_C(x) = f(x) \ \forall x \in C.$$

Eine Situation, in welcher der Begriff der „Einschränkung" nützlich ist, sehen wir im folgenden Beispiel.

Beispiel 1.6.10: Wir betrachten die Funktion $f : \mathbb{R} \to \mathbb{R}$ mit

$$f(x) = |x| = \begin{cases} x & \text{für } x \in [0, \infty) \\ -x & \text{für } x \in (-\infty, 0) \end{cases},$$

die sog. *Betragsfunktion*, welche eine Zahl unverändert lässt, sollte diese positiv sein, und das Vorzeichen wechselt, sollte diese negativ sein. Die gesamte Funktion f erfüllt keine der Definitionen aus Definition 1.6.6; betrachten wir jedoch eine gewisse Einschränkung, ändert sich dies. Z.B. gilt

$$f\big|_{\mathbb{R}^+} : \mathbb{R}^+ \to \mathbb{R} \text{ mit } f(x) = x,$$

d.h. $f\big|_{\mathbb{R}^+}$ ist linear auf ihrem Definitionsbereich.

Definition 1.6.11 (Komposition): Die *Komposition*, *Verkettung* oder *Hintereinanderausführung* zweier Abbildungen $f : A \to B$ und $g : B \to C$ ist definiert als

$$g \circ f : A \to C \text{ mit } (g \circ f)(x) = g(f(x)).$$

Falls die Bildung von $f \circ f$ erlaubt ist, d.h. falls $B \subset A$, schreibt man auch f^2 hierfür. Entsprechend gilt

$$f^n = \underbrace{f \circ f \circ \ldots \circ f}_{n\text{-mal}}$$

für $n \in \mathbb{N}$.
Warnung: Insbesondere ist diese Schreibweise nicht als Multiplikation zu interpretieren, d.h. es gilt **nicht** $f^n = f \cdot f \cdot \ldots \cdot f$.

Bei der Komposition zweier Abbildungen wird ein Element erst unter der einen Abbildung (im oberen Fall f) und das entsprechende Bild dieses Elements dann unter der zweiten Abbildung (hier g) abgebildet. Daher ist es auch notwendig, dass beide Abbildungen „kompatibel" sind, d.h., dass der Wertebereich der ersten Abbildung Teilmenge des Definitionsbereichs der zweiten Abbildung ist, sonst würden ja unter Umständen Werte entstehen, die gar nicht in die zweite Abbildung eingesetzt werden dürften. Daher ist auch im Fall $f \circ f$ die Bedingung $B \subset A$ notwendig.

Es ist also insbesondere auch auf die Reihenfolge der Abbildungsverkettung zu achten: Es gilt im Allgemeinen $g \circ f \neq f \circ g$, falls überhaupt beide Ausdrücke existieren. Die Hintereinanderausführung zweier Abbildungen ist also nicht kommutativ.

Beispiel 1.6.12: Wir setzen

$$f : A \to B \text{ mit } f(x) = x^2 + 1 \text{ und}$$
$$g : B \to C \text{ mit } g(x) = 2x,$$

wobei $A = [0, 2], B = [1, 5]$ und $C = [2, 10]$ gelte. Dann ist $g \circ f : A \to C$ mit

$$\begin{aligned}
g \circ f(x) &= g(f(x)) \\
&= g(x^2 + 1) \\
&= 2(x^2 + 1) \\
&= 2x^2 + 2.
\end{aligned}$$

Der Ausdruck $f \circ g$ hingegen ist gar nicht erlaubt: g hat Werte in C, aber f benötigt Werte aus A. Hier scheitert es also an der Kompatibilität.

Die folgenden drei Begriffe sind erfahrungsgemäß schwer zu merken, offenbaren doch die eigentlichen Wörter keinen sprachlichen Zusammenhang zu dem, was sie beschreiben wollen.

Definition 1.6.13 (injektiv, surjektiv, bijektiv): Eine Abbildung $f : A \to B$ heißt

- *injektiv*, falls zu jedem $y \in B$ <u>höchstens</u> ein $x \in A$ existiert mit $f(x) = y$.

- *surjektiv*, falls zu jedem $y \in B$ <u>mindestens</u> ein $x \in A$ existiert mit $f(x) = y$.

- *bijektiv* oder veraltend *eineindeutig*, falls zu jedem $y \in B$ <u>genau</u> ein $x \in A$ existiert mit $f(x) = y$.

D.h. es gilt

$$f \text{ ist injektiv und surjektiv} \Leftrightarrow f \text{ ist bijektiv},$$

denn wenn höchstens und mindestens ein $x \in A$ existiert mit $f(x) = y$, dann auch genau eins und umgekehrt.

Satz 1.6.14: Es seien A und B endliche Mengen, d.h. $|A| < \infty$ und $|B| < \infty$ und sei $f : A \to B$ eine Abbildung. Dann gilt folgendes:

- Falls f injektiv ist, folgt $|A| \leq |B|$,

- falls f surjektiv ist, folgt $|A| \geq |B|$ und

- falls f bijektiv ist, folgt $|A| = |B|$.

<u>**Warnung:**</u> In diesem Satz gilt nur „folgt" (also „$\Rightarrow$"). D.h. diese Aussagen sind im Allgemeinen nicht äquivalent.

In Abbildung 1.17 sehen wir eine injektive, surjektive und bijektive Abbildung, wobei wir jeweils annehmen, dass alle Elemente innerhalb der Mengen (die Ellipsen) bereits dargestellt sind und keine weiteren existieren.

Bei der ersten Abbildung soll also $A = \{a, b, c\}$ und $B = \{x, y, z, w\}$ gelten. x, y und z werden jeweils von genau einem Element in A getroffen, w von keinem. Insgesamt existiert also für jedes Element in B höchstens ein Element in A, so dass zwischen diesen abgebildet wird (d.h. es gilt $f(x) = y$, vgl. Definition 1.6.13). Die erste Abbildung ist also injektiv.

In der zweiten Abbildung werden x und z von je genau einem Element in A getroffen. y wird sogar von zwei Elementen in A getroffen, nämlich b und d. Da also insgesamt jedes Element in B von mindestens einem Element in A getroffen wird, ist diese Abbildung surjektiv.

Bei der letzten Abbildung ist jedes Element in A mit genau einem Element in B verbunden. Man kann also auf der einen Seite sagen, dass jedes Element in B von höchstens einem Element in A getroffen wird, aber auch, dass jedes Element in B von mindestens einem Element in A getroffen wird. Die Abbildung ist daher bijektiv.

Insgesamt sollte man sich merken, dass die Eigenschaften Injektivität, Surjektivität und Bijektivität vom Verhalten der Abbildung im Wertebereich geprägt ist. Jedoch können diese Eigenschaften

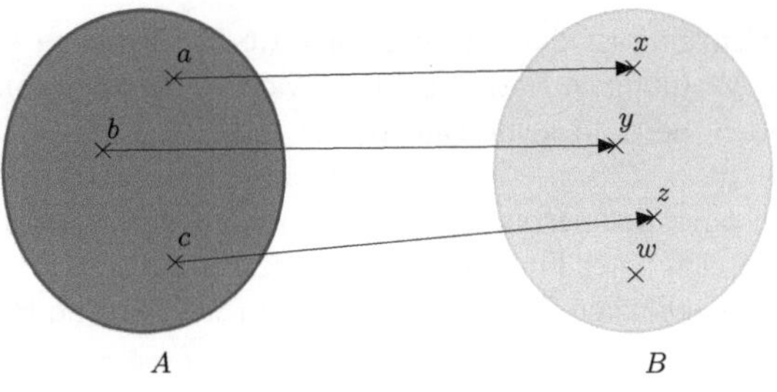

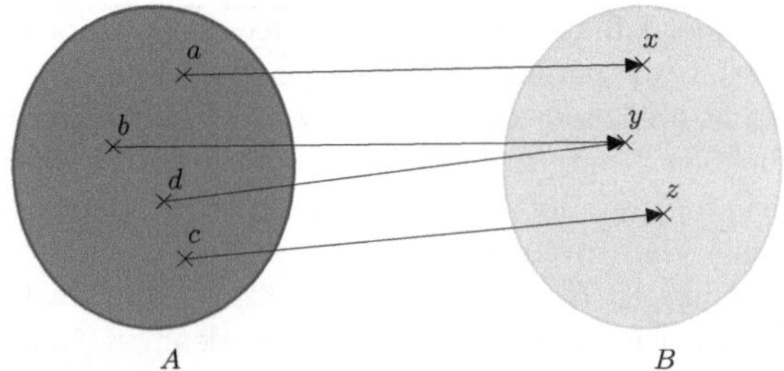

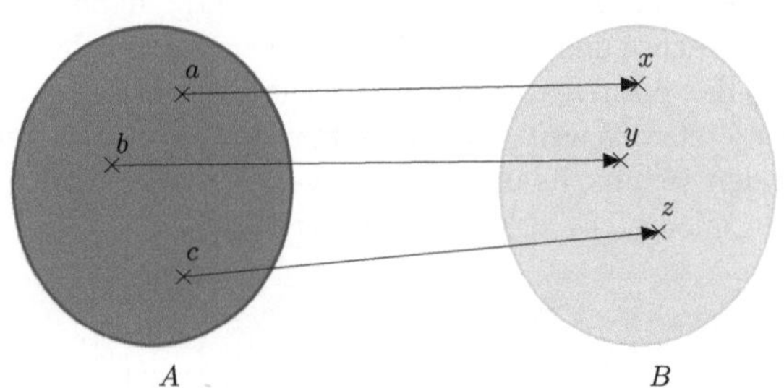

Abb. 1.17: Eine injektive, surjektive und bijektive Abbildung zwischen den Mengen A und B (von oben nach unten)

auch davon beeinflusst werden, dass eventuell nur eine Einschränkung der entsprechenden Abbildung betrachtet wird, was natürlich auch eine Veränderung im Wertebereich nach sich zieht.

Bemerkung 1.6.15: Nicht jede Abbildung ist injektiv, surjektiv oder gar bijektiv. Es gibt natürlich auch Abbildungen, die keine der vorgenannten Definitionen erfüllen. Wir betrachten etwa die Abbildung $f : A \to B$ mit $A = \{a, b, c\}$ und $B = \{x, y, z\}$. Für folgende Konstellation trifft keine der drei Eigenschaften auf f zu:

$$a \mapsto x, \quad b \mapsto x, \quad c \mapsto y.$$

Da x bereits von a und b, also zwei Elementen aus A getroffen wird, kann f nicht mehr injektiv sein. Hier wird schließlich gefordert, dass jedes Element in B von höchstens einem (also genau einem oder keinem) Element aus A getroffen wird. Da f jetzt keinesfalls injektiv ist, ist die Abbildung auch nicht bijektiv. Hierfür wird schließlich gleichzeitige Injektivität und Surjektivität gefordert. Da $z \in B$ von überhaupt keinem Element in A erreicht wird, fällt schließlich auch die Surjektivität aus. Hierfür müsste jedes Element in B von mindestens einem Element in A getroffen werden.

Gleichzeitig ist die in Bemerkung 1.6.15 definierte Abbildung übrigens auch eine Bestätigung der Warnung in Satz 1.6.14: Obwohl Definitions- und Wertebereich die gleiche Kardinalität haben, herrscht keine Bijektivität.

Die oben definierten Begriffe werden vor allem dann interessant, wenn Definitions- und Wertebereich einer Funktion unendliche Kardinalität haben, d.h. etwa im Falle $f : \mathbb{R} \to \mathbb{R}$ bzw. bei unendlichen Teilmengen hiervon (dies wird i.d.R. Intervalle meinen).

Beispiel 1.6.16: Wir betrachten jeweils Funktionen von $A \subset \mathbb{R}$ nach $B \subset \mathbb{R}$, wobei $A = \mathbb{R}$ oder $B = \mathbb{R}$ natürlich nicht ausgeschlossen ist.

Die in Abbildung 1.18 geplottete (so nennt man oft die digitale Darstellung von Graphen) Funktion f mit $f(x) = x^2$ (die sog. *Normalparabel*) ist, falls wir $B = \mathbb{R}^+$ setzen, surjektiv, denn für jeden auf der y-Achse befindlichen Wert, finden wir mindestens einen (genauer sogar zwei!) Wert(e) auf der x-Achse, so dass $f(x) = y$ für die jeweiligen y-Werte gilt. Sollten wir hingegen $B = \mathbb{R}$ setzen, so geht die Surjektivität verloren, da die y-Werte im negativen Bereich gar nicht getroffen werden, denn x^2 kann in $\mathbb{R}$ schließlich nicht negativ werden. Schränken wir bei dieser Funktion den Definitionsbereich ein, z.B. ebenfalls auf $A = \mathbb{R}^+$, dann ist für $B = \mathbb{R}$ die Funktion injektiv, denn jeder Wert wird keinmal (negativer Bereich der y-Achse und $y = 0$) oder genau einmal (positiver Bereich der y-Achse) getroffen, nämlich von den positiven x-Werten, welche ja die Einzigen sind, die wir zugelassen haben. Schränken wir jetzt noch weiter ein und setzen auch $B = \mathbb{R}^+$, dann ist f sogar bijektiv: An der Injektivität ändert sich nichts und jeder y-Wert (da die negativen Werte schließlich wegfallen) wird auch von mindestens einem x-Wert erreicht.

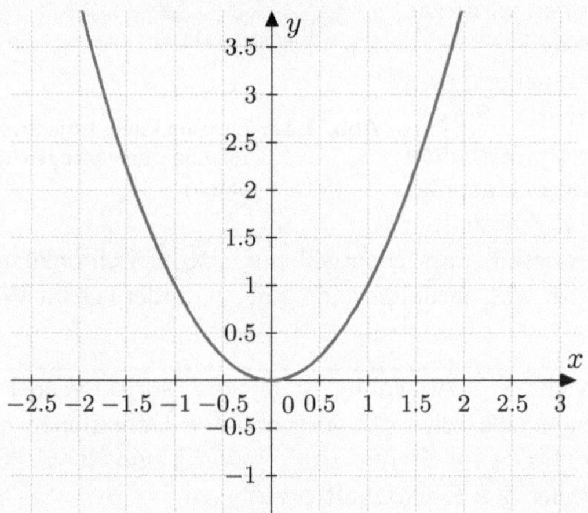

Abb. 1.18: Die Funktion f zum obigen Graphen ist surjektiv, falls $f : \mathbb{R} \to \mathbb{R}^+$, aber nicht injektiv. Falls $f : \mathbb{R} \to \mathbb{R}$ definiert wird, ist sie auch nicht surjektiv. Für $f : \mathbb{R}^+ \to \mathbb{R}$ ist sie injektiv und für $f : \mathbb{R}^+ \to \mathbb{R}^+$ sogar bijektiv.

Als Nächstes definieren wir einen weiteren Begriff, der nur im Kontext von reellen Funktionen zu finden ist und in der Schule bereits benannt wurde – den Begriff der Monotonie. Die Definition ist also explizit nicht für Zahlen aus $\mathbb{C}$ anzuwenden.

Definition 1.6.17 (Monotonie)**:** Eine Funktion $f : A \to B$, wobei $A, B \subset \mathbb{R}$ heißt

- *streng monoton steigend* oder *streng monoton wachsend*, falls

$$\forall\, x, y \in A \text{ mit } x < y \Rightarrow f(x) < f(y),$$

- *monoton steigend* oder *monoton wachsend*, falls

$$\forall\, x, y \in A \text{ mit } x < y \Rightarrow f(x) \leq f(y),$$

- *streng monoton fallend*, falls

$$\forall\, x, y \in A \text{ mit } x < y \Rightarrow f(x) > f(y),$$

- *monoton fallend*, falls

$$\forall\, x, y \in A \text{ mit } x < y \Rightarrow f(x) \geq f(y).$$

Korollar 1.6.18: Jede streng monoton fallende Funktion ist auch monoton fallend, jede streng monoton steigende Funktion ist auch monoton steigend. Diese Aussage ist im Allgemeinen nicht umkehrbar.

Beweis: Der Beweis ist daher klar, da ja aus einer „$<$"-Beziehung unmittelbar die gleiche Aussage als „$\leq$"-Beziehung folgt. Analog gilt dies auch für „$>$" und „$\geq$". $\qquad\square$

Bemerkung 1.6.19: Wir haben gerade einige neue „mathematische" Begriffe genutzt:

- „Korollar": Ein *Korollar* (manchmal *Corollar*, Neutrum) ist ein mathematischer Satz, dessen Beweis unmittelbar aus einer vorangegangenen Definition oder anderen Sätzen und Korollaren folgt. Beim obigen Korollar 1.6.18 lag so eine Situation bezüglich Definition 1.6.17 vor. Der Begriff stammt übrigens vom lateinischen Wort „corollarium" ab und bedeutet „Kränzchen", welches ein Gastgeber dem Gast „einfach so" schenkt (vgl. BEUTELSPACHER 2009 [8], S. 12).

- „analog": Mit *analog* meint der Mathematiker, dass etwas in einer bestimmten Situation genauso funktioniert wie in der vorangegangenen: Man muss meist nur einzelne Zeichen austauschen. Hier ist der Begriff im kurzen Beweis oben genannt, wo man lediglich „$<$" durch „$>$" und „$\leq$" durch „$\geq$" ersetzen muss.

- „$\square$": Dieses im Englischen oft „tombstone" (dt. „Grabstein") genannte Zeichen deutet auf das Ende eines Abschnitts oder Absatzes und ersetzt in der Mathematik häufig den Ausspruch „quod erat demonstrandum", was auf Latein bedeutet „was zu beweisen war". Es hat sich bei Mathematikern also eingebürgert, dass dieses Zeichen gesetzt wird, um das Ende eines Beweises anzuzeigen (auch manch ein Mathematiker hat beim Abschluss der Lektüre eines Beweises schon einmal den Faden verloren und wusste gar nicht, dass der Beweis bereits abgeschlossen war). Es geht auf Paul Halmos[25] zurück, der nach eigener Einschätzung der Erste war, der den gelegentlich auch nach ihm schlicht „Halmos" genannten Grabstein in die Welt der Mathematik gebracht hat (vgl. HALMOS 1985 [34], S. 403).

---

[25]Paul Richard Halmos (*1916; †2006), US-amerikanischer Mathematiker ungarischer Herkunft

---

Definition 1.6.20 (Identität): Eine Abbildung $f : A \to A$ mit

$$f(x) = x$$

heißt *Identität* oder *identische Abbildung*. Sie bewirkt keine Veränderung und bildet jedes Element aus A auf sich selbst ab. Für sie nutzen wir auch das Symbol id.

Definition 1.6.21 (Umkehrabbildung): Sei $f : A \to B$ eine Abbildung. Eine Abbildung $f^{-1} : B \to A$ heißt *Umkehrabbildung* der Abbildung f, falls sie

$$(f \circ f^{-1})(x) = x \ \forall x \in B \text{ sowie } (f^{-1} \circ f)(x) = x \ \forall x \in A$$

erfüllt. D.h. die Komposition von Abbildung und zugehöriger Umkehrabbildung ist die Identität, führt also insgesamt zu keiner Veränderung. Mit anderen Worten macht die Umkehrabbildung alles, was die ursprüngliche Abbildung bewirkt, rückgängig.

Satz 1.6.22: Die Umkehrabbildung einer Abbildung $f : A \to B$ ist, falls sie existiert, eindeutig. D.h. es kann nicht passieren, dass f zwei verschiedene Umkehrabbildungen besitzt.

Beweis: Wir nehmen an, dass $g : B \to A$ und $h : B \to A$ zwei verschiedene Umkehrfunktionen sind, und wollen dies zu einem Widerspruch führen (wir unternehmen also einen Widerspruchsbeweis wie in Abschnitt 1.5.2). Wir wissen, dass (da beide Funktionen schließlich Umkehrabbildungen sein sollen)

$$h(f(x)) \overset{(1)}{=} x \text{ und } f(g(x)) \overset{(1)}{=} x$$

gilt. Insgesamt haben wir also die Gleichung

$$h(x) \overset{(2)}{=} h(f(g(x))) \overset{(1)}{=} g(x)$$

und somit $h(x) = g(x)$, was einen Widerspruch zu unserer Annahme darstellt, dass beide Umkehrfunktionen verschieden sind. Da wir einen Widerspruch zeigen konnten, muss genau das Gegenteil gelten, also, dass h und g nicht verschieden sind, sondern identisch. Die Umkehrabbildung einer allgemeinen Funktion f ist also eindeutig. $\square$

Bemerkung 1.6.23: Wir möchten einige Eigenschaften von Umkehrfunktionen angeben.

- Die Umkehrabbildung einer Umkehrabbildung einer Funktion f ist wieder die ursprüngliche Abbildung f, d.h.

$$(f^{-1})^{-1} = f.$$

  Mit anderen Worten bedeutet dies: f ist die Umkehrabbildung von f^{-1}.

- Nicht jede Abbildung besitzt eine Umkehrabbildung. Zwar gibt es Abbildungen, die auf gewissen Teilmengen ihres Wertebereichs Abbildungen besitzen, die dort alles rückgängig machen, was angerichtet wurde, jedoch haben wir in Definition 1.6.21 die Umkehrabbildung als eine Abbildung eingeführt, die dies auf dem gesamten Wertebereich tut.

- Dass eine Umkehrabbildung von $f : A \to B$ existiert, ist äquivalent dazu, dass f auf A bijektiv ist.

- <u>**Warnung:**</u> Das „$^{-1}$" hat nichts mit dem „hoch -1" zu tun, welches für „1 geteilt durch" steht. f^{-1} bedeutet also **nicht** automatisch $1/f$.

Beispiel 1.6.24: Wir betrachten die Funktionen $f, g : \mathbb{R}^+ \to \mathbb{R}^+$ mit

$$f(x) = x^2,$$
$$g(x) = \sqrt{x}.$$

Die jeweiligen Graphen sind in Abbildung 1.19 dargestellt. Es gilt

$$f(g(x)) = (\sqrt{x})^2 = x \text{ und}$$
$$g(f(x)) = \sqrt{x^2} = |x| \stackrel{\text{auf } \mathbb{R}^+}{=} x,$$

d.h. f und g sind auf dem betrachteten Definitions- und Wertebereich Umkehrabbildungen zueinander. Dies lässt sich geometrisch auch daran erkennen, dass ihre Graphen an jenem der Identität $(\mathrm{id}(x) = x)$, welche man im reellen Koordinatensystem geplottet auch *Winkelhalbierende* nennt, gespiegelt werden.

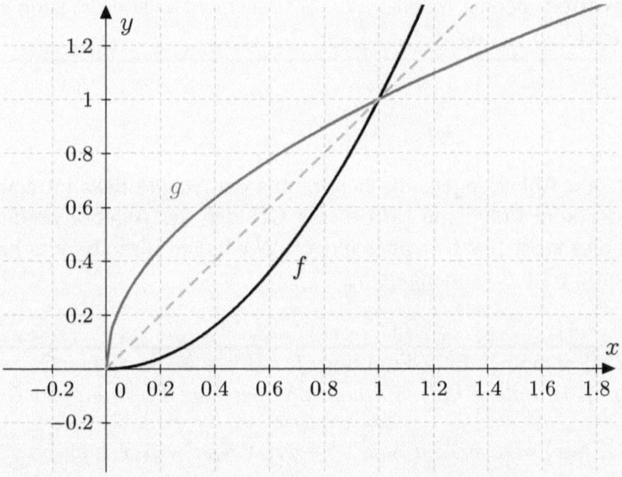

Abb. 1.19: Die Funktion $f(x) = x^2$ und $g(x) = \sqrt{x}$ sind Umkehrfunktionen zueinander und werden daher an der Winkelhalbierenden $h(x) = x$ (gestrichelt) gespiegelt. Dies gilt jedoch nur auf dem Intervall $[0, \infty)$, da auf ganz $\mathbb{R}$ keine Bijektivität für f und g gilt.

Bisher haben wir Bild und Urbild nur auf Elementebene eingeführt. Dies wollen wir nun auf eine Mengenbetrachtung erweitern.

Definition 1.6.25 (Bild und Urbild einer Menge): Sei $f : A \to B$ eine Abbildung. Für $C \subset A$ und $D \subset B$ definieren wir

- das *Bild von C* als

$$f(C) = \{f(x) \in B \mid x \in C\} \subset B \text{ und}$$

- das *Urbild von D* als

$$f^{-1}(D) = \{x \in A \mid f(x) \in D\} \subset A.$$

Insbesondere handelt es sich bei den obig definierten Begriffen um Mengen statt wie bisher um Elemente von Mengen.

Beispiel 1.6.26: Wir betrachten $f : \mathbb{R} \to \mathbb{R}$ mit $x \mapsto 3x$. Dann ist

- das Bild von $[3, 4]$ die Menge $f([3, 4]) = [9, 12]$,

- das Urbild von $[0, 2]$ die Menge $f^{-1}([0, 2]) = [0, \frac{2}{3}]$.

Im Unterschied dazu ist das

- Bild von 3 die Zahl $f(3) = 9$,

- Urbild von 2 die Zahl $f^{-1}(2) = \frac{2}{3}$.

Letzteres darf man nur so schreiben, da hier die Umkehrabbildung $f^{-1} : \mathbb{R} \to \mathbb{R}$ mit $f^{-1}(x) = \frac{1}{3}x$ zufälligerweise existiert, denn f ist bijektiv. Sollte sie nicht existieren, kann man stattdessen sagen: „$\frac{2}{3}$ ist das Urbild von 2, da $f(\frac{2}{3}) = 2$ gilt."

1.6.2 Polynome

Eine besondere Art von Abbildungen, die bereits aus der Schule bekannt sind, sind sog. Polynomfunktionen oder kurz Polynome (in tieferen Gefilden der Algebra werden diese Begriffe oft strikt getrennt, dies stört uns hier aber nicht). Wir haben diese bereits bis zu einem sog. Grad von 3 in Definition 1.6.6 kennengelernt.

Definition 1.6.27 (Polynom): Eine Funktion $f : \mathbb{R} \to \mathbb{R}$ bzw. $f : \mathbb{C} \to \mathbb{C}$ heißt *reelle Polynomfunktion* bzw. *komplexe Polynomfunktion* oder kurz *Polynom* von *Grad n*, falls

$$f(x) = a_n x^n + a_{n-1} x^{n+1} + \ldots + a_2 x^2 + a_1 x + a_0$$

mit sog. *Koeffizienten* $a_k \in \mathbb{R}$ bzw. $a_k \in \mathbb{C}$ für alle $k = 1, \ldots, n$ und $a_n \neq 0$ sowie $n \in \mathbb{N}_0$. Die Zahl a_n heißt *Leit-* oder *Führungskoeffizient*. Die einzelnen Summanden, also beispielsweise $a_n x^n$ oder $a_2 x^2$, nennt man auch *Monome*.

Für ein Polynom f von Grad n schreiben wir auch $\mathrm{grad}(f) = n$. Die aus dem Englischen stammende Abkürzung für „degree" (dt. „Grad") erfreut sich als alternative Notation ebenfalls einiger Beliebtheit: $\deg(f)$ ist gleichbedeutend zu $\mathrm{grad}(f)$.

Die Forderung $a_n \neq 0$ sorgt dabei dafür, dass der Grad auch eindeutig ist, denn andernfalls könnte man immer einen weiteren Summanden $a_{n+1} x^{n+1}$ mit $a_{n+1} = 0$ hinzufügen. Dies würde das Polynom algebraisch nicht verändern, jedoch könnte man dann plötzlich auch $n+1$ den Grad dieses Polynoms nennen.

Es gibt noch ein weiteres Polynom, das wir bisher mit dieser Definition nicht erfasst haben, das sog. *Nullpolynom*. Für dieses gilt

$$f(x) = 0.$$

Für den Grad des Nullpolynoms setzt man oft per Konvention den Wert $-\infty$ (vgl. etwa BEUTELSPACHER 2014 [11], S. 182). Diese hat den Vorteil, dass einige Rechengesetze für den Grad eines Polynoms unverändert gelten (wir sehen diese gleich in Beispiel 1.6.28).

Beispiel 1.6.28 (Rechnen mit Polynomen): Wir betrachten die reellen Polynome $f, g : \mathbb{R} \to \mathbb{R}$ mit

$$f(x) = x^3 + 5x^2 + 9x + 5 \quad \text{und} \quad g(x) = x + 1.$$

Es gilt also $\operatorname{grad}(f) = 3$ sowie $\operatorname{grad}(g) = 1$.

- Möchte man das Produkt zweier Polynome bestimmen, ist jeder Summand (also jedes Monom) mit jedem anderen zu multiplizieren:

$$\begin{aligned}
(f \cdot g)(x) &= f(x) \cdot g(x) \\
&= (x^3 + 5x^2 + 9x + 5) \cdot (x + 1) \\
&= x^3 \cdot x + 5x^2 \cdot x + 9x \cdot x + 5 \cdot x + x^3 \cdot 1 + 5x^2 \cdot 1 + 9x \cdot 1 + 5 \cdot 1 \\
&= x^4 + 5x^3 + 9x^2 + 5x + x^3 + 5x^2 + 9x + 5 \\
&= x^4 + 6x^3 + 14x^2 + 14x + 5.
\end{aligned}$$

Insbesondere werden zwei Polynome also auch addiert, indem jeweils die Koeffizienten potenzgleicher Monome addiert werden. Dass das entstandene Polynom von Grad 4 ist, ist übrigens kein Zufall: Allgemein gilt für zwei Polynome f und g mit $\operatorname{grad}(f) = m$ und $\operatorname{grad}(g) = n$

$$\operatorname{grad}(f \cdot g) = m + n.$$

- Sind zwei Polynome zu teilen (wir nehmen f und g von oben), wendet man die sog. *Polynomdivision* an, welche der schriftlichen Division ähnelt:

$$\begin{array}{rrrrl}
(\quad x^3 & +5x^2 & +9x & +5 \quad) \div (x+1) = x^2 + 4x + 5 \\
-x^3 & -x^2 & & \\
\hline
& 4x^2 & +9x & \\
& -4x^2 & -4x & \\
\hline
& & 5x & +5 \\
& & -5x & -5 \\
\hline
& & & 0
\end{array}$$

Es gilt also $f(x) \div g(x) = \frac{f(x)}{g(x)} = x^2 + 4x + 5$ oder umgestellt $f(x) = (x^2 + 4x + 5)(x + 1)$. In diesem Fall spricht man auch von der *Faktorisierung* von f. Die Null am Ende der Rechnung oben ist der *Rest* der Division. Wenn der Rest 0 ist, sprechen wir auch von einer *restfreien* Division. Ein anderes Beispiel ist die Division von $h(x) = x^3$ durch $i(x) = x^2 + 2$:

$$\begin{array}{rrl}
(\quad x^3 & \quad) \div (x^2 + 2) = x + \frac{-2x}{x^2+2} \\
-x^3 & -2x & \\
\hline
& -2x &
\end{array}$$

Da der letzte Term $-2x$ nicht mehr durch x^2 teilbar ist, ist die Polynomdivision an dieser Stelle beendet und $-2x$ wird zum Rest, der also noch zu teilen bleibt. Insgesamt gilt nun $h(x) \div i(x) = \frac{h(x)}{i(x)} = x + \frac{-2x}{x^2+2}$ oder $h(x) = x^3 = x \cdot i(x) - 2x$. Allgemein erhalten wir für zwei Polynome f und g mit $\operatorname{grad}(f) = m$ und $\operatorname{grad}(g) = n$ (falls die Division restfrei ist) die Formel

$$\operatorname{grad}\left(\frac{f}{g}\right) = m - n.$$

Bemerkung 1.6.29:

- Wir können die Definition des Polynoms natürlich auch mit dem Summenzeichen schreiben, müssen dabei allerdings die Umkehrung der Reihenfolge in Kauf nehmen (was ja keinen Unterschied bedeutet, da die rellen wie auch komplexen Zahlen das Kommutativgesetz erfüllen):

$$f(x) = \sum_{k=0}^{n} a_k x^k.$$

- In Anlehnung an Definition 1.6.6 können wir Polynome vom Grad 0 auch konstant nennen, vom Grad 1 linear, vom Grad 2 quadratisch und vom Grad 3 kubisch.

- Zwei Polynome sind genau dann gleich, wenn ihre Koeffizienten übereinstimmen. Wenn man sich dies speziell zu Nutze macht, spricht man von einem sog. *Koeffizientenvergleich*.

1.6.A Aufgaben

Aufgabe 1: Es seien $A = \{1, 2, 3, 4\}, B = \{1, 2, 3, 4, 5\}, C = \{1, 2, 3, 4, 5, 6\}$.

(a) Entscheide jeweils, ob nachstehend beschriebene Abbildungen injektiv, surjektiv und/oder bijektiv sind. Gib ggfs. die Umkehrabbildung an.

   (i) $a : B \to B$ mit $1 \mapsto 1, 2 \mapsto 2, 3 \mapsto 3, 4 \mapsto 4, 5 \mapsto 5$

   (ii) $b : C \to A$ mit $1 \mapsto 2, 2 \mapsto 2, 3 \mapsto 2, 4 \mapsto 3, 5 \mapsto 1, 6 \mapsto 4$

   (iii) $c : C \to B$ mit $1 \mapsto 2, 2 \mapsto 2, 3 \mapsto 2, 4 \mapsto 3, 5 \mapsto 1, 6 \mapsto 4$

   (iv) $d : A \to C$ mit $1 \mapsto 6, 2 \mapsto 3, 3 \mapsto 1, 4 \mapsto 5$

(b) Schreibe jeweils die Menge $\mathrm{Graph}(f)$ durch Aufzählung ihrer Elemente für alle $f \in \{a, b, c, d\}$.

(c) Welche Abbildung ist monoton? Wenn ja, in welchem Sinne?

(d) Bestimme $f^{\langle}(\{1, 2\})$ für alle $f \in \{a, b, c, d\}$.

(e) Bestimme $f^{-1}(\{1, 2\})$ für alle $f \in \{a, b, c, d\}$.

(f) Warum gilt $a(1) = a(\{1\})$ nicht? Worin liegt der Unterschied?

Aufgabe 2: Es seien $f, g, h : \mathbb{R} \to \mathbb{R}$ mit $f(x) = x^2 + x + 2$, $g(x) = 2\sqrt{2|x|}$ und $h(x) = |2x| - x^3$. Bestimme die folgenden Kompositionen.

(a) $f \circ g$	(c) $g \circ h$	(e) $f \circ f$
(b) $g \circ f$	(d) $h \circ f$	(f) $f \circ h \circ g$

Aufgabe 3: In Abbildung 1.20 sind die Graphen von vier Funktionen f, g, h, i dargestellt. Entscheide, welche der Funktionen im gesamten gezeigten Ausschnitt injektiv, surjektiv und/oder bijektiv ist.

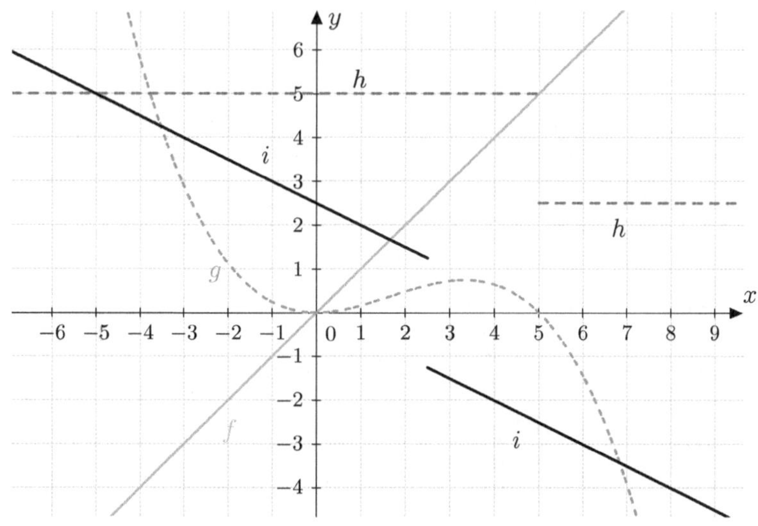

Abb. 1.20: Entscheide: Welche der Funktionen ist injektiv, surjektiv und/oder bijektiv?

Aufgabe 4: Betrachte die Funktion $f : D \to W$ mit der Abbildungsvorschrift

$$f(x) = \frac{x}{x+1} = 1 - \frac{1}{x+1}.$$

Zur Unterstützung ist der Graph von f in Abbildung 1.21 dargestellt.

(a) $D \subset \mathbb{R}$ sei der maximale Definitionsbereich von f. Gib diesen an.

(b) $W \subset \mathbb{R}$ sei der minimale Wertebereich von f. Gib diesen an.

(c) Gib die Bildmenge $\text{Bild}(f)$ an.

(d) Zeige, dass f auf $(-\infty, -1)$ sowie auf $(-1, \infty)$ jeweils streng monoton steigend ist, jedoch auf ganz D nicht.

(e) Zeige, dass f surjektiv ist, dass also jedes $y \in W$ mindestens einmal getroffen wird.
Tipp: Was bedeutet Teil (c) hierfür? Du darfst hierüber begründen!

(f) Zeige, dass f injektiv ist, dass also jedes $y \in W$ höchstens einmal getroffen wird.
Tipp: Nimm an, dass das Gegenteil der Fall ist und es somit ein $y \in W$ mit $f(x_1) = f(x_2) = y$ und $x_1 \neq x_2$ gibt. Führe dies zu einem Widerspruch.

(g) Zeige, dass f bijektiv ist, dass also jedes $y \in W$ genau einmal getroffen wird.
Tipp: Warum ist hier nun nicht wirklich mehr viel zu tun?

(h) Gib die Umkehrabbildung f^{-1} von f an.

(i) Überprüfe das Ergebnis aus Teil (h) durch explizites Nachrechnen von $(f \circ f^{-1})(x) = x$.

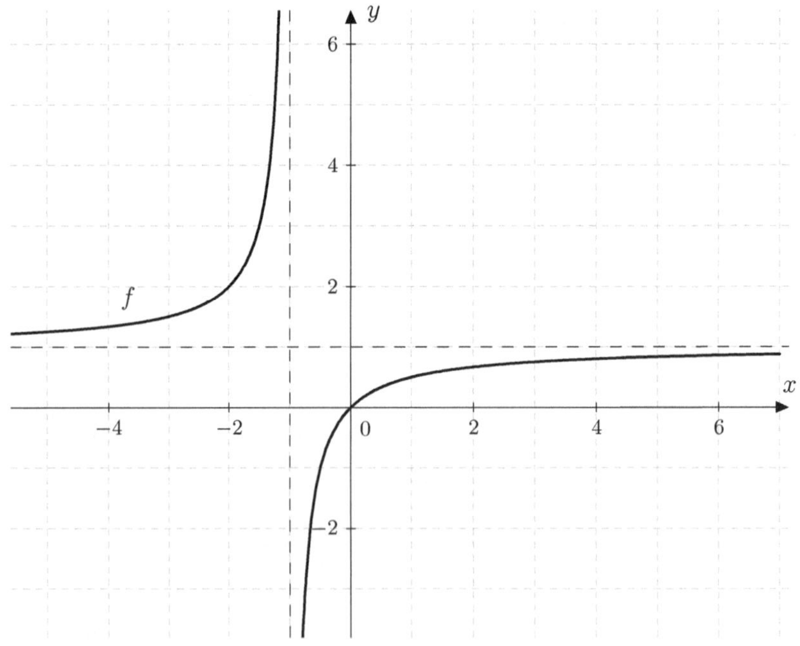

Abb. 1.21: Der Graph der Funktion $f(x) = \frac{x}{x+1} = 1 - \frac{1}{x+1}$

Aufgabe 5: Es seien die Abbildungen $f : \mathbb{R} \to \mathbb{R}^2$ sowie $g : \mathbb{R}^2 \to \mathbb{R}$ mit

$$f(x) = (e^{x^3}, x^2 + x + 7) \quad \text{sowie} \quad g(x,y) = \ln(e \cdot |x|) + y^2$$

gegeben. Bestimme $g \circ f$.

Aufgabe 6: Berechne jeweils durch Polynomdivision. Beispiel 1.6.28 sollte dir eine Hilfe sein.

(a) $(4x^5 - x^4 + 2x^3 + x^2 - 1) \div (x^2 + 1)$

(b) $(x^5 + 3x^4 - 7x^3 - 11x^2 + 6x + 8) \div (x - 2)$

(c) $(x^6 + 3x^5 + 9x^4 + 13x^3 + 18x^2 + 12x + 8) \div (x^2 + x + 2)$

Hinweis: Musterlösungen sind auf der Springer-Verlagsseite unter http://www.springer.com/ mathematics/book/978-3-658-06595-9 zu finden.

1.7 Was fast nie erklärt wird...

Dieser Abschnitt soll einige Dinge auf-
greifen, die in der Hochschulmathematik üblich sind, aber selten bis gar nicht
erklärt werden.

Oft verstehen Studierende die entsprechenden Notationen erst spät im Studium oder überhaupt nicht. Dies ist besonders unglücklich, da diese vielfach
Verwendung finden, teils ohne von den
Dozenten eingeführt zu werden. Wir versuchen dem vorzubeugen.

Die folgenden Begriffe existieren natürlich nicht (nur), um Studierende zu
quälen, sondern insbesondere aus dem
Grund, da sie eine präzise und effizien-

Abb. 1.22: Mathematische Fachsprache und Symbolik ist für Erstsemester meist ein Buch mit sieben Siegeln.

te mathematische Ausdrucksweise ermöglichen. Um die Termini aktiv zu festigen, werden wir
im weiteren Verlauf dieses Werks die folgenden Begriffe daher als bekannt voraussetzen müssen.

1.7.1 Notationen

- „:=" **oder** „=:"**:** Steht ein Doppelpunkt vor oder hinter einem Gleichheitszeichen,
  bedeutet dies „wird definiert als". Dabei steht der Doppelpunkt immer auf der Seite
  des Ausdrucks, welcher neu ist, also durch etwas bereits Bekanntes definiert wird. Dabei
  muss dieses Zeichen nicht benutzt werden; es stellt nur eine zusätzliche Information für
  den Leser bereit: „Nein, das hast du nicht überlesen oder vergessen, ich definiere es
  gerade erst!"
  Beispiel: Wir hätten $\mathbb{N} := \{1, 2, 3, 4, 5, \ldots\}$ schreiben können, als wir erstmalig die
  natürlichen Zahlen definiert haben.

- „:⇔" **oder** „⇔:"**:** Dieses Zeichen wird aus demselben Grund benutzt wie „:=" oder
  „=:". Es soll anzeigen, dass eine gewisse Aussage nicht von Natur aus äquivalent ist,
  sondern dadurch definiert wird.
  Beispiel: Eine Zahl $n \in \mathbb{N}$ ist eine Primzahl $:\Leftrightarrow n \in \mathbb{N}$ hat genau zwei Teiler.

- „$\overset{!}{=}$"**:** Das Ausrufezeichen über dem Gleichheitszeichen bedeutet etwa „was behauptet
  wird". Es dient der Trennung zwischen Gleichheiten, die bereits gezeigt wurden oder klar
  sind, und solchen, die noch zu zeigen sind.
  Beispiel: Wir wollen zeigen, dass die erste binomische Formel $(a + b)^2 = a^2 + 2ab + b^2$
  gilt:

$$
\begin{aligned}
(a + b)^2 &\overset{!}{=} a^2 + 2ab + b^2 \\
\Leftrightarrow \quad (a + b) \cdot (a + b) &\overset{!}{=} a^2 + 2ab + b^2 \\
\Leftrightarrow \quad aa + ab + ba + bb &\overset{!}{=} a^2 + 2ab + b^2 \\
\Leftrightarrow \quad a^2 + 2ab + b^2 &\overset{!}{=} a^2 + 2ab + b^2 \ \checkmark
\end{aligned}
$$

- „□"**:** Dieses Zeichen weist auf das Ende eines Beweises hin. Wir haben es bereits in
  Bemerkung 1.6.19 eingeführt und verweisen an dieser Stelle darauf.

1.7.2 Begriffe

- **„analog":** Dieser Begriff wurde bereits kurz in Bemerkung 1.6.19 erklärt. Er sagt aus, dass etwas genauso funktioniert wie etwas anderes, das bereits bewiesen oder erklärt wurde.
  Beispiel: Der in Bemerkung 1.6.19 erläuterte Sachverhalt ist bereits ein gutes Beispiel.

- **„ausgezeichnet":** Wenn der Mathematiker diesen Begriff in den Mund nimmt, meint er nicht, dass etwas sensationell toll ist. Er meint vielmehr, dass dem mit diesem Adjektiv versehenen Objekt eine besondere Rolle zukommt; es also aus einer Reihe anderer aber ähnlicher Objekte aufgrund seiner besonderen Eigenschaften hervorsticht.
  Beispiel: In der Menge der reellen Zahlen $\mathbb{R}$ kommt der 1 die ausgezeichnete Rolle zu, die einzige Zahl zu sein, die bei Multiplikation mit einer anderen Zahl diese nicht verändert.

- **„Axiom":** Bei einem Axiom handelt es sich um eine grundlegende Voraussetzung. Von dieser werden direkt oder indirekt alle weiteren Erkenntnisse (wie mathematische Sätze) innerhalb dieses *logischen Systems* abgeleitet.
  Beispiel:

  - Im Rahmen dieses Buches sind wir z.B. axiomatisch davon ausgegangen, dass eine Aussage entweder wahr oder falsch ist. Anders ausgedrückt ist zu einer Aussage A die abgeleitete Aussage $A \vee \neg A$ immer wahr. Dies nennt man auch den Satz vom ausgeschlossenen Dritten.

  - Die bekanntesten Axiome in der Mathematik sind wohl die sog. *Peano[26]-Axiome*. Die hier formulierten Grundvoraussetzungen begründen die natürlichen Zahlen $\mathbb{N}$: So wird z.B. vorausgesetzt, dass es eine kleinste natürliche Zahl gibt oder dass jede natürliche Zahl auch eine ihr eindeutig folgende natürliche Zahl besitzt. Eine vollständige Zusammenstellung der Axiome findet sich etwa in einem Lehrbuch von TRETTER (2013 [63], S. 5), welche jedoch entgegen unserer Gewohnheit die natürlichen Zahlen mit $\mathbb{N}_0$ bezeichnet.

- **„disjunkt":** In erster Linie meint dieser Begriff, dass zwei Mengen A und B keine gemeinsamen Elemente besitzen, sie also eine leere Schnittmenge aufweisen: $A \cap B = \emptyset$. Man sagt dann, A und B sind disjunkte Mengen. Mathematiker verallgemeinern diesen Begriff gerne in den tagtäglichen Sprachgebrauch hinein.
  Beispiel: China und Kroatien sind disjunkt. Von Israel und Palästina ist das nicht so einfach zu behaupten, schließlich erheben beide Parteien Anspruch auf sich überlappende Territorien.

- **„echt":** Das Wort „echt" benutzt der Mathematiker, um anzudeuten, dass ein gewisser Begriff genau das trifft, wofür er definiert wurde, anstatt eines „Grenzfalls".
  Beispiel:

  - „Eine Zahl $c \in \mathbb{C}$ sei echt komplex" meint, dass die Zahl nicht aus $\mathbb{R}$ kommen soll, sondern tatsächlich in $\mathbb{C} \setminus \mathbb{R}$ enthalten sein soll, d.h. einen Imaginärteil ungleich 0 aufweisen soll.

  - Wir wissen, dass für den Betrag einer reellen Zahl x

$$|x| \geq 0$$

---

[26]Giuseppe Peano (*1858; †1932), italienischer Mathematiker

gilt. Jetzt könnte die Forderung eines Mathematikers „$|x|$ soll echt größer als 0 sein" lauten. Damit meint er, dass explizit $|x| > 0$ gelten soll, $x = 0$ also ausgeschlossen ist.

- Wir haben bereits den Begriff „echte Teilmenge" auf Seite 9 kennengelernt. Hier verhält es sich genauso: Es soll sich eben nicht um die gleiche Menge, sondern eine Teilmenge handeln, welche sich von der Obermenge unterscheidet.

- **„genau":** Diesen Begriff benutzt der Mathematiker in der Bedeutung „nicht mehr und nicht weniger".
  Beispiel: Es gibt genau eine gerade Primzahl, nämlich 2. Eben nicht mehr und nicht weniger.

- **„genau dann, wenn":** Hierbei handelt es sich nur um eine prosaische Variante von „$\Leftrightarrow$". Man bringt also statt einer Folgerung explizit eine Äquivalenz zum Ausdruck. Wir haben diese Formulierung bereits kurz im Kapitel über Aussagen aufgezeigt.
  Beispiel: Eine natürliche Zahl n ist genau dann gerade, wenn sie durch 2 teilbar ist.

- **„Kalkül":** Bei einem Kalkül handelt es sich um ein gewisses Regelsystem. Dabei kann einerseits ein logisches Kalkül gemeint sein, das Regeln beschreibt, in welcher Art ausgehend von Axiomen Folgerungen angestellt werden können, andererseits bezieht sich der Begriff aber häufig auch auf ein sog. *Rechenkalkül*, welches ein System von Rechenregeln für bestimmte Objekte bereitstellt.
  Beispiel: Wir werden den Begriff vor allem im letzteren Sinn benutzen. Beispiele sind hier etwa das *Matrizenkalkül* (s. Abschnitt 2.5) oder das *Ableitungskalkül* (s. Abschnitt 3.4).

- **„kanonisch":** Dieses Adjektiv bedeutet so etwas wie „am naheliegendsten" oder „am einfachsten". Es kommt besonders dann zum Einsatz, wenn man zwischen vielen Möglichkeiten wählen kann und nur einen Kandidaten benötigt. In diesem Fall ist es natürlich naheliegend, die einfachste Wahl zu treffen. Diese nennt man dann *kanonisch*.

- **„Korollar":** Ein Korollar ist ein mathematischer Satz, der direkt aus einer Definition, einem Satz oder einem anderen Korollar folgt. Dieser Begriff wurde bereits in Bemerkung 1.6.19 thematisiert.
  Beispiel: Praktischerweise haben wir hier bereits ein Korollar kennengelernt, nämlich Korollar 1.6.18.

- **„Lemma":** Ein Lemma (oder manchmal auch Hilfssatz) ist ein sehr technischer Satz, den man eher formuliert, um einen Satz, an dem man eigentlich interessiert ist, zu beweisen. Man verlagert so oft die Beweisarbeit eines großen Satzes in viele vorgelagerte Lemmata. Der Beweis des eigentlich interessanten Satzes ist dann manchmal nur ein Korollar der Lemmata.

- **„o.B.d.A." (oder „o.E."):** Diese Abkürzung steht für „ohne Beschränkung der Allgemeinheit" (kurz auch oft „o.E." oder „Œ" für „ohne Einschränkungen") und wird zu Beginn von Beweisen oder Beweisabschnitten genutzt. Es zeigt an, dass der Autor des Beweises nun eine Einschränkung vornehmen wird, die die Anzahl der zu berücksichtigen Fälle reduziert. Dies macht er nur dann, wenn aus den verbleibenden Fällen alle insgesamt zu beweisenden Situationen unmittelbar folgen. Intention ist die Vereinfachung des Beweisprozedere.
  Beispiel: Wir gehen davon aus, dass die Aussage

> „Die Anzahl bijektiver Abbildungen zwischen einer Menge A
> und einer Menge B mit $|A| = |B| = n \in \mathbb{N}$ ist $n!$"

zu beweisen ist. Der Beweis könnte wie folgt lauten: O.B.d.A. handele es sich bei den Mengen A und B um die ersten n natürlichen Zahlen, d.h.

$$A := B := \{1, 2, \ldots, n\}.$$

Dann gibt es für das erste Element, die Eins, in A genau n Möglichkeiten, worauf dieses abbilden könnte (nämlich die Zahlen 1 bis n). Das zweite Element, die 2, kann nun nur noch auf eines von $n - 1$ verschiedenen Elemente abbilden, nämlich auf alle Zahlen von 1 bis n, außer auf jene, auf welche 1 bereits abbildet. Sonst wäre die Bijektivität verletzt. Setzen wir dies nun fort, erhalten wir

$$n \cdot (n - 1) \cdot \ldots \cdot 1 = n!$$

Möglichkeiten. Damit ist der Beweis abgeschlossen.
Die mit „o.b.d.A." eingeleitete Einschränkung hat die grundlegende Struktur der Mengen nicht beeinflusst und war daher legitim. Sie hat uns außerdem ermöglicht, die Mengen zu konkretisieren und eine Vorstellung von ihnen zu entwickeln, so dass der Beweis möglich wurde.
Das Beispiel haben wir dem Werk „Das ist o. B. d. A. trivial!" von BEUTELSPACHER entlehnt (2009 [8], S. 70). Hier werden auch weitere mathematische Begrifflichkeiten und Eigenheiten erläutert, u.a. auch die beiden nachstehenden Vokabeln.

- **„trivial"**: Dieser Begriff bedeutet im allgemeinen Sprachgebrauch so etwas wie „einfach" oder „unbedeutend". Im strengen mathematischen Sinn ist er quasi das zum Korollar gehörende Adjektiv: Es bedeutet soviel wie „direkt aus einer Definition (oder Satz, Korollar o.Ä.) folgend". Tatsächlich benutzen viele Mathematiker den Begriff allerdings selbst nicht korrekt und verwenden ihn im alltäglichen Sinn.

- **„wohldefiniert"**: Dieser Begriff ist sicherlich einer der Schwierigsten zu Beginn des Studiums. Er wird in mehreren Kontexten aktiv genutzt, steht aber immer in Zusammenhang mit einer Definition: Zum einen zielt er darauf ab, dass etwas nicht nur direkt, d.h. *explizit*, definiert werden kann (so sind wir bisher praktisch immer vorgegangen), sondern auch *implizit* durch Beschreibung einer charakteristischen Eigenschaft. Zum anderen fordert er einfach eine gewisse Vollständigkeit und Widerspruchsfreiheit einer Definition. Das folgende Zitat beschreibt die Situation geeignet.

„
Das Problem mit der Wohldefiniertheit ist, dass sie nicht wohldefiniert ist.
"

– Unbekannt

1.7.3 Griechisches Alphabet

In der Mathematik hat sich eingebürgert, dass häufig griechische Buchstaben zur Deklaration von Variablennamen herangezogen werden. Dies macht man, da manchmal lateinische Buchstaben nicht ausreichen bzw. bereits vorbelegt sind. In den seltensten Fällen wird ein Mathematiker etwa den Buchstaben e für etwas anderes nutzen als die eulersche Zahl.

GROSS	HÄUFIG.	VERW.	KLEIN	HÄUFIG.	VERW.	NAME
A			α		Winkel	Alpha
B			β		Winkel	Beta
Γ			γ		Winkel	Gamma
Δ		Differenzen	δ		Winkel, Differenzen	Delta
E			ϵ, ε		Sehr kleine positive Zahlen	Epsilon
Z			ζ			Zeta
H			η			Eta
Θ			θ, ϑ			Theta
I			ι			Iota
K			κ			Kappa
Λ			λ		Wellenlänge (Physik), Eigenwerte	Lambda
M			μ			My
N			ν			Ny
Ξ			ξ			Xi
O		Landau-Symbol	o		Landau-Symbol	Omikron
Π		Produktzeichen	π		Kreiszahl, Permutationen	Pi
P			ρ			Rho
Σ		Summenzeichen	σ		Standardabweichung (Statistik)	Sigma
T			τ			Tau
Υ			υ			Ypsilon
Φ		Normalverteilung (Statistik)	ϕ, φ		Winkel, speziell Argument einer komplexen Zahl	Phi
X			χ			Chi
Ψ			ψ			Psi
Ω		Ergebnismenge (Statistik)	ω		Elementarereignis (Statistik)	Omega

Natürlich führen wir die in der Tabelle gelisteten Begrifflichkeiten nicht alle ein. Wir werden ab jetzt aber gelegentlich von griechischen Buchstaben Gebrauch machen. Die Häufigkeiten entsprechen der subjektiven Einschätzung des Autors. Buchstaben, die im Deutschen genauso aussehen wie im Griechischen, erhalten dabei automatisch einen leeren Balken (Ausnahme: O und o).

1.7.4 Englisches Fachvokabular

Gerade in höheren Studiensemestern ist es oft notwendig, auf englischsprachige Fachliteratur zurückzugreifen. Aus diesem Grund möchten wir zumindest kurz einen Teil des bisher entwickelten Vokabulars seinem englischsprachigen Pendant gegenüberstellen.

DEUTSCH	ENGLISCH	DEUTSCH	ENGLISCH
Abbildung	map	Intervall	interval
Abstand	distance	Kommutativgesetz	commutative law
Achse	axis	Komposition	composition
Äquivalenz	equivalence	Korollar	corollary
Assoziativgesetz	associative law	Menge	set
Betrag	absolute value	Monotonie	monotony
bijektiv	bijective	natürliche Zahl	natural number
Bruch	fraction	Nenner	denominator
Bildmenge	image set	Nullstelle	root
Binomialkoeffizient (n über k)	binomial coefficient (n choose k)	notwendig	necessary
Definitionsbereich	domain	Obermenge	superset
Fakultät	factorial	Parabel	parabola
Distributivgesetz	distributive law	x hoch n	x to the power of n
Durchschnitt (von Mengen)	intersection	Primzahl	prime number
eindeutig	unique	Quadrant	quadrant
Einschränkung	restriction	Quadratwurzel	square root
Element	element	rationale Zahl	rational number
endlich	finite	reelle Zahl	real number
Folgerung	conclusion	Satz	theorem
Funktion	function	Summe	sum
ganze Zahl	integer	surjektiv	surjective
Polynom	polynomial	Teiler	factor
gerade	even	Teilmenge	subset
gleich	equal	Tupel	tuple
Gleichung	equation	Umkehrfunktion	inverse function
Gleichungssystem	system of equations	Unendlichkeit	infinity
Graph	graph	ungerade	odd
hinreichend	sufficient	Ungleichung	inequality
Identität	identity	Vereinigung (von Mengen)	union
Induktion	induction	Wertebereich	co-domain
injektiv	injective	Wurzel	root
		Zähler	numerator

1.8 Ausblick

Jedes der drei Kapitel dieses Buches möchten wir mit einem Ausblick beenden. Hier möchten wir angeben, was wir ausgespart haben (denn schließlich können wir in einem Vorkurs-Buch auch nicht alles behandeln), aber auch einen Blick nach vorn werfen auf das, was man im Studium unter Umständen noch erwarten kann. Dazu werden wir viele Literaturverweise angeben und versuchen einige motivierende Beispiele zu skizzieren.

Beginnen wir doch mit unserem Ausflug in die Mengenlehre. Hier haben wir mit unserer Definition einer Menge nach Cantor gearbeitet (s. Definition 1.2.1). Auf der einen Seite ist diese Definition äußerst intuitiv (verschiedene Objekte unseres Denkens und unserer Anschauung, die man voneinander unterscheiden kann, werden zu einem Ganzen zusammengefasst). Auf der anderen Seite birgt diese Definition logische Widersprüche, die man leicht provozieren kann:

Abb. 1.23: Bertrand Russell. Bild: Wikimedia Commons, gemeinfrei

Mengen stellen offensichtlich selbst „Objekte unserer Anschauung und unseres Denkens" dar, nicht zuletzt da wir gerade über sie reden und wir sie uns somit wohl vorstellen. Folglich können wir (wie wir es ja bereits auch gehandhabt haben) Mengen wieder zu neuen Mengen zusammenfassen. Man könnte also auf die Idee kommen, die Menge zu bilden, die alle Mengen enthält, welche mindestens zwei Elemente haben. Diese Menge würde dann etwa die Menge $\{\pi, 42\}$, aber auch die Menge $\{\text{Hund}, \text{Katze}, \text{Maus}\}$ enthalten. Sie würde aber auch noch eine weitere Menge enthalten, nämlich sich selbst, denn sie selbst enthält ja mehr als zwei Elemente (nämlich mindestens die beiden genannten zweielementigen Mengen). Das Ganze mag nun etwas kompliziert wirken, da wir von Mengen reden, die sich selbst beinhalten, jedoch weist die Überlegung bis hierher noch keinen fundamentalen logischen Knick auf. Betrachtet man jedoch etwa die Menge aller Mengen, die sich **nicht** selbst beinhalten, also

$$\{x \mid x \notin x\},$$

geht unser hübsches Mengenkalkül kaputt, denn diese Menge beinhaltet sich genau dann selbst, wenn sie sich nicht selbst enthält. Dieses Paradoxon ist in der Literatur als *Russellsche Antinomie*[27] (s. Abbildung 1.23) bekannt.

Um die Mengenlehre wieder vollständig zu reparieren, muss man sich schließlich in die sog. *Kategorientheorie* begeben. Aber keine Sorge, dies ist im Rahmen eines Nebenfach-Studiums eher nicht notwendig. Hier reicht für unseren täglichen Bedarf jene Definition, die wir bereits kennen, als Arbeitsdefinition völlig aus.[28]

Einen Begriff, der manchmal im Elementarbereich der Mengenlehre eingeführt wird, ist jener der *Relation*. Hierbei handelt es sich um eine Teilmenge R des kartesischen Produktes einer Menge A mit sich selbst, d.h.

$$R \subset A \times A.$$

Ein Beispiel für eine Relation ist etwa jene der „Teilbarkeit" auf der Menge der ganzen Zahlen $\mathbb{Z}$ (wir setzen also $A = \mathbb{Z}$). Dann könnte man R definieren als

$$R := \{(x,y) \in \mathbb{Z} \times \mathbb{Z} \mid x \text{ teilt } y\}.$$

---

[27]Bertrand Arthur William Russell, 3. Earl Russell (*1872; †1970), britischer Philosoph, Mathematiker und Logiker

[28]Diesen Absatz haben wir stark an das Werk von FRIED angelehnt (2014 [30], S. 29 f.).

Diese Menge würde also beispielsweise $(2, 4)$, nicht aber $(3, 5)$ beinhalten. Eine weitere Spezialisierung der Relation durch das Hinzufügen weiterer struktureller Forderungen resultiert schließlich in der sog. *Äquivalenzrelation*. Mehr dazu kann man etwa im Lehrbuch von MODLER & KREH nachlesen (2014 [48], Kapitel 3).

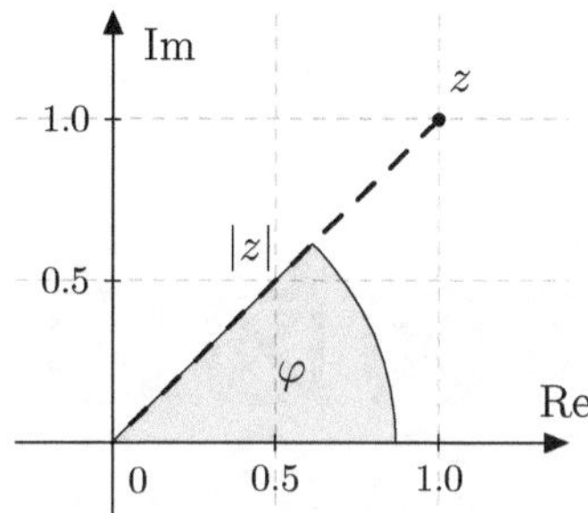

Abb. 1.24: Darstellung komplexer Zahlen über Polarkoordinaten

Auch im Bereich komplexer Zahlen haben wir längst noch nicht alles abgegrast, was dort betrachtet werden könnte. Bisher haben wir z.B. alle Punkte der komplexen Ebene (also alle komplexen Zahlen) immer über Angabe ihres Realteils sowie ihres Imaginärteils (in sog. *kartesischen Koordinaten*) beschrieben. Eine Alternative bietet die Darstellung über sog. *Polarkoordinaten*. Die Idee ist naheliegend: Betrachten wir den Betrag $|z|$ einer komplexen Zahl z und bezeichnen wir zusätzlich den Winkel, den die Betragsstrecke mit der positiven Realteilachse einnimmt, mit dem griechischen Buchstaben φ (das sog. *Argument* einer komplexen Zahl), so ist anschaulich klar, dass auch über diese beiden Informationen jede Zahl in der Gauß'schen Ebene eindeutig[29] beschrieben werden kann (vgl. Abbildung 1.24). An dieser Stelle gibt es nun zwei Formeln, mit deren Hilfe bei Kenntnis von $|z|$ und φ die gewohnte Form $z = x + yi$ errechnet werden kann:

$$z = x + yi = |z|(\cos(\varphi) + i\sin(\varphi))$$
$$= |z|e^{i\varphi}.$$

Beide Varianten enthalten natürlich Begriffe, die wir im Rahmen dieses Buches noch nicht eingeführt haben. An dieser Stelle sei auf die noch folgenden Abschnitte 3.6.3 und 3.6.4 verwiesen. Näheres zu Polarkoordinaten kann außerdem dem Werk „Mathematik zum Studienbeginn" von KEMNITZ entnommen werden (2014 [38], Kapitel 1.12).
Polarkoordinaten selbst machen das Rechnen mit komplexen Zahlen in vielerlei Hinsicht einfacher: Z.B. sind sie essentiell für das Errechnen hoher Potenzen (also z.B. z^{42}, sog. *Formel von Moivre*[30]) oder das Ziehen von Wurzeln komplexer Zahlen. Auch hierzu findet man einige Informationen im Buch von KEMNITZ. Einige interessante Anwendungsmöglichkeiten komplexer Zahlen in der Physik zeigt hingegen PAPULA auf (2014 [50], S. 683–701).

Ein weiteres Teilgebiet der Mathematik, auf welches man im Verlaufe des Studiums vermutlich treffen wird, ist die sog. *diskrete Mathematik*, welche oft in direktem Zusammenhang zur *Kombinatorik* steht. Bei Ersterer bedeutet das Wort „diskret" jedoch nicht etwa „geheim", sondern soviel wie „abzählbar", bei Letzterer geht es schließlich um genau jenes Abzählen einer Anzahl von Möglichkeiten. Nehmen wir etwa einmal an,

Abb. 1.25: Dieses Essener Kennzeichen hätte Einstein wohl gefallen.

eine deutsche (kreisfreie) Stadt möchte bestimmen, wie viele Fahrzeuge überhaupt zugelassen werden können: Hier ist die Antwort dann relativ naheliegend: Es gibt 26 Buchstaben im Alphabet und alle Zahlen von 1 bis 9999 sind erlaubt (vgl. Abbildung 1.25). Das sind also $26 \cdot 26$ Möglichkeiten, wie man zwei Buchstaben hintereinander ordnen kann. Hinzu kommen 26 Möglichkeiten, die nur aus einem Buchstaben bestehen. Insgesamt sind also

$$(26 \cdot 26 + 26) \cdot 9999 = 7019298$$

---

[29]Wir ignorieren dabei einmal die Null, welche einen kleinen Sonderfall darstellt.
[30]Abraham de Moivre (*1667; †1754), französischer Mathematiker

Fahrzeuge möglich. Bisher stoßen wir also selbst in den größten deutschen Städten noch nicht an Kapazitätsgrenzen[31].

Eng verwandt zu den kurz skizzierten Themenfeldern ist die sog. *Graphentheorie*. Hier geht es etwa um die Modellierung von Netzwerken (Computernetzwerke, Versorgungsnetzwerke, Kommunikationsnetzwerke, und, und, und...). Ein besonderer Graph[32], den jeder kennt, ist das sog. Haus vom Nikolaus[33]. Hierbei geht es bekanntlich darum, das Haus des Geistlichen ohne Absetzen des Stiftes zu zeichnen. Insgesamt gibt es 44 Möglichkeiten, setzt man voraus unten links zu beginnen (s. Abbildung 1.26).

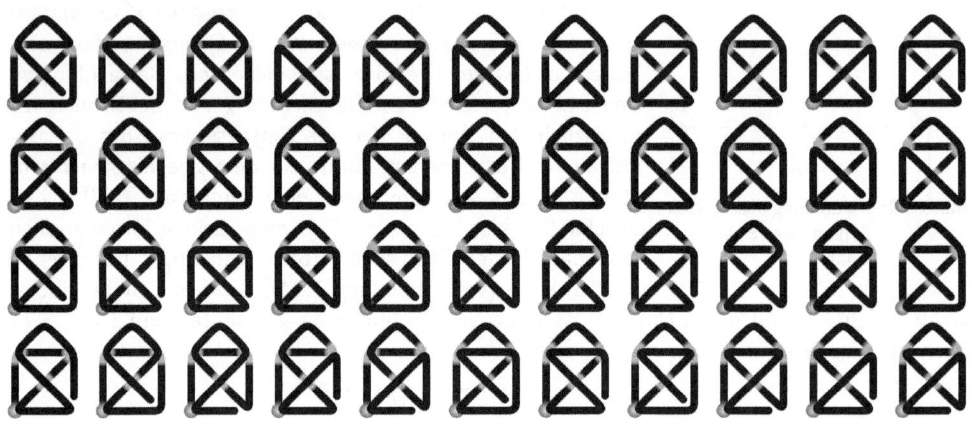

Abb. 1.26: „Das ist das Haus vom Ni-ko-laus." Bild: Wikimedia Commons, gemeinfrei

Im mathematischen Sinn besteht ein Graph aus einer sog. *Knotenmenge* (meist V für engl. „vertices") sowie einer *Kantenmenge* (meist E für engl. „edges"), welche die Knoten verbinden, d.h. es soll $E \subset V \times V$ gelten[34].

Mehr zur Graphentheorie kann man etwa in einem Abschnitt des Lehrwerkes von SCHUBERT lesen (2012 [58], Kapitel 15 und 16). NITZSCHE widmet der Erläuterung der Graphentheorie aber auch ein ganzes, recht unkonventionell geschriebenes Buch (2009 [49]).

Ferner stehen auch noch genauere Exkurse in die *Planimetrie* (Geometrie der zweidimensionalen Ebene) sowie in die *Stereometrie* (Geometrie des Raumes) aus. In Letzterer gibt es Gebilde wie den *Dodekaeder* zu entdecken. Sein Name stammt vom altgriechischen Wort „$\delta\omega\delta\varepsilon\kappa\alpha$" (transkribiert „dódeka"), welches sich auf die **zwölf** regelmäßigen Fünfecke bezieht, welche seine Oberfläche bilden. Sein Volumen wird bei Kantenlänge $a \in \mathbb{R}^+$ durch die vergleichsweise komplizierte Formel

$$\frac{a^3}{4}\left(15 + 7\sqrt{5}\right)$$

---

[31] Tatsächlich haben wir das Modell stark vereinfacht. Hinzu kommen eigentlich noch Kennzeichen für die Gemeinde selbst (diese beinhalten keine Buchstaben, sondern nur eine Zahl) und ferner sind manche Kombinationen verboten. Hierbei handelt es sich meist um durch den Nationalsozialismus negativ konnotierte Kombinationen, etwa „SS" (vgl. BMJV 2012 [12], § 8).

[32] Entgegen des gleichlautenden Begriffs ist hier nicht der Graph einer Abbildung im Sinne von Abschnitt 1.6 gemeint.

[33] Nikolaus von Myra (*≈280; †≈350), Heiliger und Star aller Kinder

[34] Manchmal wird dies auch etwas anders definiert.

beschrieben. Weiteres zu diesen Gebieten kann wieder dem Werk von Kemnitz entnommen werden (2014 [38], Kapitel 3 bzw. 4).

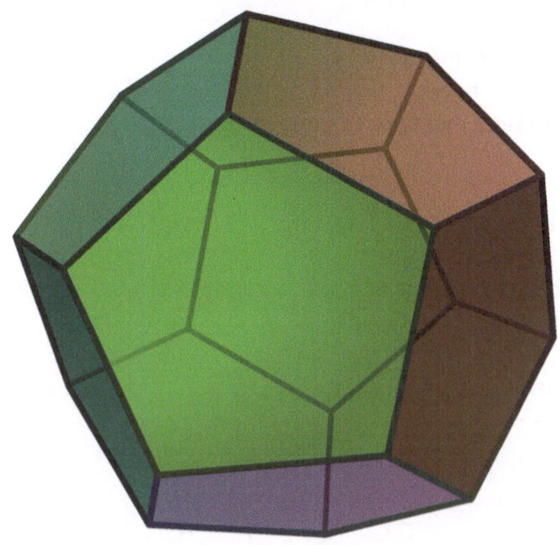

Abb. 1.27: Ein Dodekaeder besteht aus zwölf regelmäßigen Fünfecksflächen, hat 20 Ecken und 30 gleich lange Kanten. Bild: „DTR", Wikimedia Commons, GFDL & CC BY-SA 3.0

Wer bereits jetzt sehr grundlegende Probleme bezüglich seiner mathematischen Fähigkeiten befürchtet (Punkt-vor-Strichrechnung, Bruchrechnung, etc.), dem sei an dieser Stelle noch etwa ein Blick in das Grundlagenwerk von Zegarelli empfohlen (2008 [67]).

Abschließen möchten wir diesen ersten Ausblick mit der Wiedergabe des Beweises der Irrationalität von $\sqrt{2}$ nach Euklid (2010 [26], S. 313 f.). Dabei stellen wir der klassischen Variante eine lyrische von Lutz Büch gegenüber. Hier meint $\mathrm{ggT}(a, b)$ den *größten gemeinsamen Teiler* zweier Zahlen $a, b \in \mathbb{Z}$. Insbesondere bedeutet $\mathrm{ggT}(a, b) = 1$, dass der Bruch $\frac{a}{b}$ nicht weiter gekürzt werden kann.

Ein p aus $\mathbb{N}$ sei existent	$p \in \mathbb{Z}$
und q aus $\mathbb{Z}$, das nicht verschwinde,	$q \in \mathbb{Z} \setminus \{0\}$
so dass sich p als Dividend	
mit q zu einem Bruch verbinde.	$\frac{p}{q}$
Nicht genug der Forderungen,	
eines vorher noch erwäge:	
Dann erst sei der Bruch gelungen,	$\left(\frac{p}{q}\right)^2 \overset{!}{=} 2$
wenn im Quadrat sich 2 ergäbe.	
Doch dieses führt zum Widerspruch.	
„Warum nur?", fragst du - ganz zurecht.	
Dazu betrachte unser'n Bruch –	$\frac{\ell}{\ell}$
unmöglich wird er dem gerecht.	

Es bleibt, das ist schnell nachgedacht, die Allgemeinheit unbeschränkt, wenn der Bruch grad so gemacht, dass als gekürzt man ihn erkennt.	O.B.d.A. $\mathrm{ggT}(p,q) = 1$
Der Bruch, quadriert, muss 2 erreichen. Das Doppelte von q hoch 2 der zweiten p-Potenz muss gleichen. Beides, klar, ist einerlei.	$\left(\dfrac{p}{q}\right)^2 = 2$ $\Leftrightarrow 2q^2 = p^2$
Daraus folgt, dass p gerade. Als 2 mal k man denk' es sich. Kürzt man die Gleichung, sieht man – schade! – der Widerspruch zeigt sein Gesicht.	$\Rightarrow 2 \mid p$ $\Leftrightarrow \exists k \in \mathbb{N} : p = 2k$ $\Rightarrow q^2 = 2k^2$ $\Rightarrow 2 \mid q$
Denn 2 teilt niemals q und p, da haben wir es – q.e.d.!	$\mathrm{ggT}(p,q) = 1$ $\lightning$

$$\Rightarrow \sqrt{2} \notin \mathbb{Q}$$

$\square$

Der prosaisch ausformulierte Beweis findet sich zum Vergleich etwa im Lehrbuch von KOCH & STÄMPFLE (2013 [40], S 50 f.). Weitere Beweise zur Irrationalität einiger Zahlen kann man zudem dem „Buch der Beweise" von AIGNER & ZIEGLER entnehmen (2010 [2], S. 41–47).

2 Algebra

Algebra ist eine Teildisziplin der Mathematik, die aus dem Lösen von Gleichungen und der Erforschung sowie der Verallgemeinerung der Rechenoperationen entstand. Ein gewisser Zusammenhang (oft aus der realen Welt) wurde in einer Gleichung mit einer Unbekannten x formuliert und schließlich nach dieser zwecks Lösung durch *Äquivalenzumformungen* (natürlich hießen diese nicht immer so) umgeformt. Gehen wir einmal von der folgenden bäuerlich-ökonomischen Situation aus: Gustav hat 82 Rinder, Heinrich hat 50. Wir benötigen aber 200 Rinder und Balthasar ist gerade unterwegs zum Viehmarkt. Wie viele muss er also kaufen?

Abb. 2.1: Gustavs, Heinrichs und Balthasars Bauernhof, eigentlich aber ein Gemälde von Edward Hicks. Bild: Wikimedia Commons, gemeinfrei

$$200 = 82 + 50 + x$$
$$\Leftrightarrow x = 68,$$

was heißt, dass Balthasar 68 Rinder mitbringen sollte.

Das Wort „Algebra" stammt aus der arabischen Sprache („al-jabr") und bedeutet von seinem Ursprung her etwa „ausgleichen" oder „gegenüberstellen", womit beispielsweise das Hinzuaddieren oder Subtrahieren auf beiden Seiten einer Gleichung gemeint ist (vgl. STILLWELL 2010 [62], S. 88). Eine Theorie, warum „x" heute das populärste Symbol für eine Unbekannte ist, wird ebenfalls auf die arabische Sprache zurückgeführt: Zu Beginn der Mathematik waren alle Texte ausschließlich in Fließtext formuliert. Zu dieser Zeit nutzte insbesondere al-Chwarizmi, den wir bereits kennen, das arabische Wort „shai'", welches ungefähr Ding bedeutet, um auf etwas Unbekanntes zu referieren. Vermutlich wurde dies später als „xei" notiert, bis man schließlich nur noch den Anfangsbuchstaben „x" nutzte, um etwas Unbekanntest zu bezeichnen (vgl. FAROUKI 2008 [27], S. 25). Durch die Reihenfolge des Alphabets hat sich dann der unmittelbare Nachbar als ebenfalls sehr beliebt erwiesen:

> „
> I'm still not very good at algebra... I just can't figure out y.
> "
>
> – Unbekannt

In der modernen Algebra gibt es erstaunenswert simpel anmutende Probleme, die aber u.U. extrem schwer zu beweisen sind. Betrachten wir etwa die Gleichung

$$x^n + y^n = z^n$$

für $n \in \mathbb{N}$. Die Frage ist nun, für welche Exponenten n es natürliche Zahlen $x, y, z \in \mathbb{N}$ gibt, so dass diese Gleichung erfüllt ist. Für $n = 1$ ist die Sache klar, z.B. gilt $1^1 + 1^1 = 2^1$. Für $n = 2$ finden wir auch noch nach etwas Überlegen eine Lösung: Hier gilt beispielsweise $3^2 + 4^2 = 5^2$. Im Fall $n = 3$ wird die Sache – optimistisch gesprochen – etwas komplizierter. Tatsächlich beschäftigte die Suche nach Lösungen dieser Gleichung bzw. die Suche nach einem Beweis, dass es solche nicht geben kann, für Exponenten $n > 2$ die mathematische Gemeinde über Jahrhunderte: Es handelt sich um den *Großen Fermatschen[1] Satz* oder auf Englisch *Fermat's Last Theorem*:

Satz 2.0.1 (Großer Fermatscher Satz): Die Gleichung

$$x^n + y^n = z^n$$

hat für $x, y, z, n \in \mathbb{N}$ mit $n > 2$ keine Lösung.

Im 17. Jahrhundert schrieb Fermat an den Rand neben das Problem 8 seiner Ausgabe der *Arithmetica* des Diophantos von Alexandria[2] (z.B. HEATH 1910 [35], engl.) den oben formulierten Satz. Bezüglich des ausstehenden Beweises konnte man hier lediglich lesen:

> „
>
> Ich habe hierfür einen wahrhaft wunderbaren Beweis,
> doch ist dieser Rand hier zu schmal, um ihn zu fassen.
>
> "

– Pierre de Fermat
(s. SINGH 1998 [60], S. 87)

Im Kontext dessen, dass Heerscharen von Mathematikern sich über 300 Jahre an diesem „wahrhaft wunderbaren Beweis" die Zähne ausgebissen haben, klingt dies fast arrogant. Erst 1994 gelang es Wiles[3] schließlich den Großen Fermatschen Satz zu beweisen. Bei dem Beweis, welcher ohne Anhang und Literaturverzeichnis 98 Seiten Länge aufweist (vgl. WILES 1995 [66]), handelt es sich sicher nicht um jenen, welchen Fermat geführt haben will – falls dieser nicht überhaupt gelogen hat.

Natürlich werden wir uns nicht derartigen Problemen zuwenden. Unsere Mathematik wird im Vergleich zu Sphären, in denen die Produktion eines korrekten Beweises 98 Seiten und über 300 Jahre benötigt, erschreckend simpel sein. Wir beginnen mit den wundervollen *linearen Gleichungssystemen*:

2.1 Lineare Gleichungssysteme

2.1.1 Grundlegendes

In obiger Einführung haben wir bereits erste Gleichungen gesehen. Bereits aus Schulzeiten wissen wir, dass es auch Situationen gibt, in welchen eine einzige Gleichung nicht ausreichend ist, um einen Sachverhalt zu modellieren. In diesem Fall benötigen wir ein *System* von Gleichungen. Wir steigen also direkt richtig ein und wollen uns nicht mit einzelnen Gleichungen beschäftigen, sondern gehen von n Gleichungen mit m Unbekannten aus.

Wir beschränken uns jedoch auf *potenzfreie* Unbekannte. Das bedeutet, dass etwas der Art x^2, $\sqrt{x}$ o.Ä. genauso wenig auftreten soll wie xy oder xy^2. Dies formalisieren wir mit folgender Definition:

---

[1] Pierre de Fermat (*1607; †1665), französischer Mathematiker

[2] Diophantos von Alexandria (zwischen -100 und 350), griechischer Mathematiker und vermutlich bedeutendster Algebraiker der Antiker

[3] Andrew Wiles (*1953), britischer Mathematiker

Definition 2.1.1 (Lineares Gleichungssystem): Ein System linearer Gleichungen (d.h. potenzenfreier Gleichungen) der Art

$$
\begin{aligned}
a_{1,1}x_1 + a_{1,2}x_2 + \;\cdots\; + a_{1,m}x_m &= b_1 \\
a_{2,1}x_1 + a_{2,2}x_2 + \;\cdots\; + a_{2,m}x_m &= b_2 \\
&\;\;\vdots \\
a_{n,1}x_1 + a_{n,2}x_2 + \;\cdots\; + a_{n,m}x_m &= b_n
\end{aligned}
$$

heißt *lineares Gleichungssystem* (kurz *LGS*) aus n Gleichungen (auch *Zeilen*) mit je m Unbekannten $x_1, \ldots, x_m$. Die Zahlen $a_{i,j} \in \mathbb{C}$ ($i = 1, \ldots, n$, $j = 1, \ldots, m$) heißen *Koeffizienten* des Gleichungssystems. Alle übereinanderstehenden, d.h. zur gleichen Unbekannten gehörenden Koeffizienten, nennen wir auch – je nach Unbekannter x_j – j-te Spalte. Die Zahlen $a_{1,2}, a_{2,2}, \ldots, a_{n,2}$ wären also beispielsweise hier die zweite Spalte. Die Zahlen $b_1, \ldots, b_n$ heißen zusammen *rechte Seite* des linearen Gleichungssystems.

Beispiel 2.1.2: Das folgende LGS besteht aus drei Gleichungen mit drei Unbekannten. Es gilt also $n = m = 3$.

$$
\begin{aligned}
2x_1 \;\; -4x_2 \;\; +x_3 \;\; &= \;\; 1 \\
-2x_2 \;\; +3x_3 \;\; &= \;\; 2 \\
x_1 \;\; -4x_2 \;\;\;\;\;\;\; &= \;\; -1
\end{aligned}
$$

Koeffizienten, welche gleich 0 sind, sorgen dafür, dass in der entsprechenden Zeile diese Variable vollständig entfällt. Wenn Koeffizienten gleich 1 sind, ist es nicht notwendig diese auszuschreiben.

Natürlich werden uns LGS nicht immer so ordentlich wie oben auf dem Silbertablett präsentiert werden. Oft müssen Unbekannte zusammengefasst und in der Reihenfolge sortiert werden, um die allgemeine Form zu erhalten, die wir in Definition 2.1.1 eingeführt haben.

Definition 2.1.3 (Lösungsmenge): Die Lösungsmenge $\mathbb{L}$ eines linearen Gleichungssystems ist die Menge aller m-Tupel $(x_1, \ldots, x_m) \in \mathbb{R}^m$, für welche das lineare Gleichungssystem eine wahre Aussage liefert. Dabei müssen natürlich alle Gleichungen, d.h. alle Zeilen des Systems, gleichzeitig erfüllt sein.

Bemerkung 2.1.4: Für die Lösungsmenge $\mathbb{L}$ eines linearen Gleichungssystems können folgende Situationen eintreten:

- Das LGS hat keine Lösung, d.h. $|\mathbb{L}| = 0$ bzw. $\mathbb{L} = \emptyset$.

- Das LGS hat genau eine Lösung, d.h. $|\mathbb{L}| = 1$.

- Das LGS hat unendlich viele Lösungen, d.h. $|\mathbb{L}| = \infty$.

Definition 2.1.5: Ein lineares Gleichungssystem mit n Gleichungen (= Anzahl der Zeilen) und m Unbekannten (= Anzahl der Spalten) heißt

- *überbestimmt*, falls $n > m$ gilt,

- *unterbestimmt*, falls $n < m$ gilt.

Die Definition richtet sich also danach, ob das LGS mehr Gleichungen als Unbekannte hat oder umgekehrt.

2.1.2 Anwendungen

Lineare Gleichungssysteme spielen eine sehr wichtige Rolle in der Wissenschaft und der In-
dustrie. Hier bewegen sich die Anzahl der Gleichungen und Unbekannten allerdings in einer
anderen Größenordnung: Schnell erreichen solche Gleichungssysteme 10000 und mehr Unbekannte.

Diverse Problemstellungen werden immer wieder auf lineare Gleichungssysteme zurückgeführt,
etwa die Simulation eines Autos im virtuellen Windkanal, eine Strömungssimulation für eine
künstliche Herzklappe oder die Simulation von plattentektonischen Aktivitäten an der Erd-
oberfläche.

Zum schnellen Lösen solcher Gleichungssysteme werden oft Supercomputer herangezogen, gerade dann, wenn das Lösen eine zeitkritische Aufgabe ist, etwa bei einer Tsunamisimulation.
Einer der größten Supercomputer der Welt ist etwa der Titan am Oak Ridge National Laboratory in Tennessee in den Vereinigten Statten (s. Abbildung 2.2). Ein großer Teil dieses
Rechners wurde nebenbei bemerkt maßgeblich von der NSA finanziert (vgl. BAMFORD 2012
[6], S. 124).

Welcher Supercomputer gerade der Schnellste – und energetisch Gefräßigste – ist, kann der
TOP500-Liste[4] der Supercomputer entnommen werden.

Abb. 2.2: Der Supercomputer Titan des Oak Ridge National Laboratory in Tennessee (USA) war von Novem-
ber 2012 bis Juni 2013 mit $17,59$ PetaFLOPS ($= 17,59$ Billiarden Multiplikationen oder Additionen
in der Sekunde) der schnellste Computer der Welt. Abgelöst wurde er vom Tianhe-2 in China mit
$33,86$ PetaFLOPS, allerdings gibt es von diesem nicht so ein hübsches Bild (vgl. TOP500-Liste).
Bild: Courtesy of Oak Ridge National Laboratory, U.S. Dept. of Energy

2.1.3 Lösungsverfahren

Wir haben nun LGS eingeführt und wissen bisher nur, dass es sie gibt. Wie aber gelangt man
eigentlich systematisch an eine Lösung bzw. die gesamte Lösungsmenge? Genau darauf werden
wir nun hinarbeiten.

Dabei sei bemerkt, dass wir zunächst auf matrixbasierte Schreibweisen verzichten, schließlich
haben wir diese noch nicht eingeführt. Wir greifen aber, um eine angenehm kompakte Schreibweise zu ermöglichen, auf den Begriff des *Tableaus* zurück, was im Grunde nichts anderes ist.
Der formale Unterschied liegt lediglich darin, dass unsere Tableaus nicht mit einem zugehörigen Rechenkalkül vernetzt sind. Notationen für lineare Gleichungssysteme und deren Lösung,
welche auf Matrizen basieren, führen wir dann in Abschnitt 2.5.3 ein.

---

[4]http://www.top500.org/

Definition 2.1.6 (Elementare Zeilenumformungen)**:** Sog. *elementare Zeilenumformungen* beeinflussen die Lösungsmenge eines linearen Gleichungssystems nicht. Unter diesen verstehen wir

- das Addieren einer Zeile des LGS auf eine andere,

- das Multiplizieren einer Zeile mit einer Zahl ungleich 0 (auch *Skalieren*),

- das Multiplizieren einer Zeile mit einer Zahl ungleich 0 und anschließendes Addieren dieser Zeile auf eine andere, also die Kombination der ersten beiden Punkte sowie

- den Austausch zweier Zeilen des LGS.

Definition 2.1.7 (Diagonale eines LGS)**:** Die *Diagonale* eines linearen Gleichungssystems sind die Koeffizienten der Unbekannten x_1 in der ersten Zeile, der Unbekannten x_2 in der zweiten Zeile, ..., der Unbekannten x_n in der n-ten Zeile. Man beachte, dass diese Aufzählung nur bis n (Anzahl der Zeilen) reicht, die Koeffizienten der Unbekannten $x_{n+1}, \ldots, x_m$ also unerheblich sind. Wenn wir von Koeffizienten *oberhalb* der Diagonalen sprechen, meinen wir alle Koeffizienten von Unbekannten, welche sich in den jeweiligen Zeilen rechts von jenen der Diagonale befinden.

Beispiel 2.1.8: Wir betrachten das Gleichungssystem

$$
\begin{array}{rrrrrl}
\boxed{2}\,x_1 & +3x_2 & -1x_3 & +6x_4 & -4x_5 & = 1 \\
-4x_1 & +\boxed{8}\,x_2 & -3x_3 & +2x_4 & -2x_5 & = 1 \;. \\
2x_1 & +3x_2 & \boxed{-7}\,x_3 & +2x_4 & -12x_5 & = 1
\end{array}
$$

Die Diagonale dieses linearen Gleichungssystems ist hier in den Kästchen dargestellt. Es handelt sich also um die Werte $2, 8, -7$. Koeffizienten der Unbekannten x_4 und x_5 gehören hier also nicht dazu. Die Gesamtheit aller Koeffizienten rechts der Diagonalkoeffizienten in den jeweiligen Zeilen ist nun mit „oberhalb der Diagnonalen" gemeint.
Warnung: Mit der Diagonalen bezeichnen wir also nur die entsprechenden Koeffizienten, nicht die Unbekannten selbst.

Viele Autoren definieren die Diagonale eines LGS (oder später einer Matrix) nur für den quadratischen Fall, d.h. wenn es genau so viele Unbekannte wie Gleichungen gibt (in Definition 2.1.1 also $n = m$ gilt).

Satz 2.1.9: Mit Hilfe elementarer Zeilenumformungen kann jedes lineare Gleichungssystem in die sog. *Zeilenstufenform* überführt werden. Diese zeichnet sich dadurch aus, dass nur oberhalb der Gleichungssystemdiagonalen sowie auf dieser selbst Einträge ungleich 0 vorhanden sind und keine Gleichung mehr durch weitere elementare Zeilenumformungen zu einer Nullzeile eliminiert werden kann.

Aufbauend auf den eingeführten elementaren Zeilenumformungen und dem Wissen, dass diese die Lösungsmenge des LGS nicht beeinträchtigen, kann man ein Verfahren konstruieren, welches jedes LGS derart umformt, dass die Lösungsmenge erkennbar wird. Es handelt sich um den sog. *Gauß-Algorithmus*.

Es gestaltet sich als äußerst unangenehm, den Gauß-Algorithmus in allgemeiner Form einzuführen, da dies zwangsweise in einer unverständlichen „Indexschlacht" resultiert. Daher bedienen wir uns verschiedener Beispiele und erklären viel. Zunächst führen wir aber noch eine kurzfassende Schreibweise ein.

Definition 2.1.10 (Gauß-Tableau)**:** Wir schreiben ein lineares Gleichungssystem auch abkürzend in einem sog. *Gauß-Tableau*, welches wir später auch *erweiterte Koeffizienten-matrix* nennen werden. Dabei würde das allgemeine lineare Gleichungssystem aus Definition 2.1.1 dargestellt als

$$\left(\begin{array}{cccc|c} a_{1,1} & a_{1,2} & \cdots & a_{1,m} & b_1 \\ a_{2,1} & a_{2,2} & \cdots & a_{2,m} & b_2 \\ \vdots & \vdots & & \vdots & \vdots \\ a_{n,1} & a_{n,2} & \cdots & a_{n,m} & b_n \end{array}\right).$$

Beispiel 2.1.11: Das Tableau aus Beispiel 2.1.8 würde beispielsweise so aussehen:

$$\left(\begin{array}{ccccc|c} 2 & 3 & -1 & 6 & -4 & 1 \\ -4 & 8 & -3 & 2 & -2 & 1 \\ 2 & 3 & -7 & 2 & -12 & 1 \end{array}\right).$$

Bemerkung 2.1.12: Es gibt auch einige elementare Spaltenumformungen, die die Lösungs-menge des LGS nicht beeinflussen. Z.B. ist das Vertauschen zweier Spalten erlaubt. Da dies aber das Risiko birgt, dass beim anschließenden Rückübersetzen in das ursprüngliche LGS vergessen wird, auch die Reihenfolge der Unbekannten entsprechend zu behandeln, und es nicht notwendig ist (man kann alles auch mit Zeilenumformungen erledigen), gehen wir hier nicht weiter auf diese Möglichkeit ein.

Beispiel 2.1.13 (Gauß-Algorithmus)**:** Wir bringen mit Hilfe des sog. *Gauß-Algorithmus* ein LGS in Zeilenstufenform:

$$\left(\begin{array}{ccc|c} 2 & 3 & 1 & 1 \\ 1 & 1 & 1 & -1 \\ -1 & 2 & 2 & 2 \end{array}\right)$$

Wir betrachten das LGS auf der linken Seite. Unser erstes Ziel ist es, unterhalb des obersten Eintrages in der ersten Spalte jeweils eine 0 zu generieren. Dafür dürfen wir elementare Zeilenumformungen verwenden.

$$\Leftrightarrow \left(\begin{array}{ccc|c} 2 & 3 & 1 & 1 \\ 1 & 1 & 1 & -1 \\ -1 & 2 & 2 & 2 \end{array}\right)$$

Wir multiplizieren die erste Zeile (im Kopf) mit $-\frac{1}{2}$ bzw. $\frac{1}{2}$. Dies hat zum Resultat, dass sich die zu Beginn der ersten Zeile stehende 2 in eine -1 bzw. 1 abändert, welche nun die am Anfang der zweiten Zeile stehende 1 bzw. am Anfang der dritten Zeile stehende -1 bei Addition der entsprechend multiplizierten ersten Zeile zu einer 0 aufhebt.

$$\Leftrightarrow \left(\begin{array}{ccc|c} 2 & 3 & 1 & 1 \\ 0 & -1/2 & 1/2 & -3/2 \\ 0 & 7/2 & 5/2 & 5/2 \end{array}\right)$$

Da die erste Spalte – bis auf die erste Zeile – nun nur noch Nullen enthält, versuchen wir nach dem Gleichen Prinzip Vielfache der zweiten Zeile zu nutzen, um unterhalb des zweiten Eintrags der zweiten Spalte alle Werte zu eliminieren. Dies ist hier nur der Bruch $7/2$. Dazu multiplizieren wir wieder im Kopf die zweite Zeile mit 7 und addieren.

$$\Leftrightarrow \left(\begin{array}{ccc|c} 2 & 3 & 1 & 1 \\ 0 & -1/2 & 1/2 & -3/2 \\ 0 & 0 & 6 & -8 \end{array}\right)$$

Es entsteht wie gewünscht eine 0. Insgesamt haben wir nun die bereits definierte Zeilenstufenform (Satz 2.1.9) erreicht: Nur noch auf und oberhalb der Diagonalen stehen Einträge ungleich 0.

Beispiel 2.1.14 (Auflösen der Zeilenstufenform): Bisher haben wir mit Hilfe des Gauß-Algorithmus das gegebene LGS in die Zeilenstufenform überführt. Diese wollen wir nun auflösen, um die eigentliche Lösung bzw. Lösungsmenge zu erhalten. Dazu besinnen wir uns zunächst darauf zurück, welches LGS das zuletzt gezeigte Gauß-Tableau in Beispiel 2.1.13 repräsentiert:

$$
\begin{array}{rrrcr}
2x_1 & +3x_2 & +x_3 & = & 1 \\
& -\frac{1}{2}x_2 & +\frac{1}{2}x_3 & = & -\frac{3}{2} \\
& & 6x_3 & = & -8
\end{array}
$$

Den Vorteil der Zeilenstufenform erkennt man nun spätestens: Die letzte Zeile lässt sich direkt zu x_3 freistellen: Hier folgt, dass

$$
x_3 = -\frac{8}{6} = -\frac{4}{3}
$$

ist. Durch Einsetzen dieser Information in die zweite Zeile erhalten wir

$$
-\frac{1}{2}x_2 + \frac{1}{2}x_3 = -\frac{1}{2}x_2 + \frac{1}{2}\left(-\frac{4}{3}\right) = -\frac{1}{2}x_2 - \frac{2}{3} = -\frac{3}{2}
$$

und dadurch schließlich

$$
x_2 = -2\left(-\frac{3}{2} + \frac{2}{3}\right) = -2\left(-\frac{9}{6} + \frac{4}{6}\right) = -2\left(-\frac{5}{6}\right) = \frac{5}{3}.
$$

Zu guter Letzt fehlt uns noch ein Wert für x_1. Dazu betrachten wir die erste Zeile des LGS und setzen ein:

$$
2x_1 + 3x_2 + x_3 = 2x_1 + 3 \cdot \frac{5}{3} - \frac{3}{2} = 2x_1 + \frac{7}{2} = 1.
$$

Durch Freistellen zu x_1 folgt schließlich

$$
x_1 = -\frac{5}{4}.
$$

Das von uns hier angewendete Vorgehen, aus der Zeilenstufenform auf die Lösung des LGS zu schließen, nennt man auch *Rückwärtseinsetzen*.
Es hat sich also gezeigt, dass das gegebene Gleichungssystem unter die Kategorie der eindeutig lösbaren fällt, da wir für jede unbekannte nur genau eine Lösung erhalten haben. Insgesamt lautet die Lösungsmenge somit

$$
\mathbb{L} = \left\{\left(-\frac{5}{4}, \frac{3}{2}, -\frac{4}{3}\right)\right\} \subset \mathbb{R}^3.
$$

Bemerkung 2.1.15 (Matrix): Wir haben nun bereits implizit mit einer sog. *Matrix* gearbeitet, nämlich mit der Spezialform des Gauß-Tableaus. Formal werden wir Matrizen jedoch erst in Kapitel 2.5 einführen. Dennoch wird der Begriff der „Matrix" in den nun folgenden Definitionen enthalten sein – schlicht aus dem Grund, damit wir die Definitionen nicht später umbenennen müssen und jetzt vorerst gar Phantasienamen benutzen. Wem eine Matrix noch überhaupt nichts sagt, der sollte sich daher an dieser Stelle nicht verunsichern lassen. Es ist nicht notwendig etwas über Matrizen zu wissen.

Definition 2.1.16 (Rang eines LGS): Wir betrachten ein lineares Gleichungssystem, von welchem wir annehmen, dass dieses bereits mittels elementarer Zeilenumformungen in die Zeilenstufenform überführt wurde. Dann heißt

- die Anzahl der Zeilen, welche **ohne** Berücksichtigung der rechten Seite nicht vollständig gleich 0 sind, *Rang* des lineares Gleichungssystems,

- die Anzahl der Zeilen, welche **mit** Berücksichtigung der rechten Seite nicht vollständig gleich 0 sind, *Rang der erweiterten Koeffizientenmatrix* oder *erweiterter Rang* des linearen Gleichungssystems.

Für beide Werte gilt offenbar, dass diese nicht größer werden können als die Anzahl der Zeilen des LGS insgesamt. Wenn ein LGS einen bestimmten Rang hat, so auch alle zu diesem System äqzuvalente LGS, insbesondere jenes, von welchem die Zeilenstufenform abgeleitet wurde. Hierbei handelt es sich um eine Konvention, nicht um einen Satz.

Beispiel 2.1.17: Wir betrachten einige LGS, die sich bereits in Zeilenstufenform befinden.

(a) $\left(\begin{array}{cc|c} 1 & 5 & 4 \\ 0 & 2 & 3 \end{array} \right)$
(c) $\left(\begin{array}{ccc|c} 1 & 5 & 3 & 4 \\ 0 & 2 & 3 & 1 \\ 0 & 0 & 0 & 0 \end{array} \right)$

(b) $\left(\begin{array}{ccc|c} 1 & 5 & 3 & 4 \\ 0 & 2 & 3 & 1 \\ 0 & 0 & 0 & 1 \end{array} \right)$
(d) $\left(\begin{array}{cccc|c} 1 & 5 & 3 & 1 & 4 \\ 0 & 2 & 3 & 1 & 1 \\ 0 & 0 & 3 & 2 & 0 \end{array} \right)$

Für die gezeigten Systeme gilt nun:

LGS	Rang	erweiterter Rang
(a)	2	2
(b)	2	3
(c)	2	2
(d)	3	3

Man kann sich schnell erklären, dass der Rang eines LGS immer kleiner gleich dem erweiterten Rang desselben LGS sein muss, da beim letzteren Begriff ja mehr potentielle Werte ungleich 0 hinzukommen.

Satz 2.1.18 (Lösbarkeitskriterien für LGS): Wir betrachten ein lineares Gleichungssystem mit n Gleichungen und m Unbekannten. Dann gilt für die Lösbarkeit dieses LGS:

- Das LGS ist genau dann lösbar, d.h. $\mathbb{L} \neq \emptyset$, wenn der Rang des LGS gleich dem erweiterten Rang ist.

  - Entspricht der Rang zusätzlich der Anzahl der Unbekannten m, so ist das LGS eindeutig lösbar.

  - Ist der Rang kleiner als die Anzahl der Unbekannten m, so hat das LGS unendlich viele Lösungen.

- Das LGS ist genau dann unlösbar, d.h. $\mathbb{L} = \emptyset$, wenn der Rang des LGS kleiner ist als der erweiterte Rang.

Wir verzichten auf die Angabe eines formal korrekten Beweises des obigen Satzes, werden aber gleich anhand von Beispielen die Gelegenheit haben uns klarzumachen, warum er gilt.

Beispiel 2.1.19: Wir betrachten erneut die LGS (b) und (c) aus Beispiel 2.1.17.

(b) Das LGS

$$\begin{pmatrix} 1 & 5 & 3 & \bigm| & 4 \\ 0 & 2 & 3 & \bigm| & 1 \\ 0 & 0 & 0 & \bigm| & 1 \end{pmatrix}$$

hat – wie bereits in der abgebildeten Tabelle gezeigt – den Rang 2, aber den erweiterten Rang 3. In Satz 2.1.18 gilt also der zweite Spiegelpunkt, da natürlich $2 \neq 3$ gilt und das LGS somit keine Lösung hat. Übersetzen wir die dritte Zeile zurück aus dem Gauß-Tableau, erhalten wir

$$\begin{aligned} 0x_1 + 0x_2 + 0x_3 &= 1 \\ \Leftrightarrow \qquad\qquad 0 &= 1, \end{aligned}$$

was natürlich einen Widerspruch darstellt. Und natürlich ist es auch bei LGS so, dass aus einem Widerspruch eine leere Lösungsmenge $\mathbb{L} = \emptyset$ folgt.

(c) Sowohl der Rang als auch der erweiterte Rang des LGS

$$\begin{pmatrix} 1 & 5 & 3 & \bigm| & 4 \\ 0 & 2 & 3 & \bigm| & 1 \\ 0 & 0 & 0 & \bigm| & 0 \end{pmatrix}$$

hat den Wert 2. Nach Satz 2.1.18 hat das LGS nun unendlich viele Lösungen, da für beide Rangbegriffe Gleichheit gilt und zudem 2 kleiner ist als die Anzahl der Unbekannten (nämlich 3). In diesem Fall kann eine Unbekannte frei gewählt werden; sie kann also jede beliebige reelle Zahl annehmen. Es bietet sich an, immer die Variable frei zu wählen, deren Koeffizient in der Zeilenstufenform am Ende einer „verlängerten Stufe" steht. In unserem Beispiel handelt es sich hierbei um die 3 in der zweiten Zeile und dritten Spalte. D.h. wir werden x_3 frei wählen und schreiben $x_3 := \lambda \in \mathbb{R}$. Übersetzen wir nun die Zeilen des Tableaus in das eigentliche LGS (hierbei ignorieren wir die Nullzeile(n)), erhalten wir

$$2x_2 + 3x_3 = 2x_2 + 3\lambda = 1$$

und hieraus

$$x_2 = \frac{1 - 3\lambda}{2} = \frac{1}{2} - \frac{3}{2}\lambda.$$

Eingesetzt in die erste Zeile ergibt sich mit Hilfe unseres bisherigen Wissens

$$x_1 = 4 - 5x_2 + -3x_3 = 4 - 5\left(\frac{1}{2} - \frac{3}{2}\lambda\right) - 3\lambda = 4 - 5 \cdot \frac{1}{2} + 5 \cdot \frac{3}{2}\lambda - 3\lambda = \frac{3}{2} + \frac{9}{2}\lambda.$$

Insgesamt haben wir nun alle Unbekannten in Abhängigkeit einer frei wählbaren Variable $\lambda \in \mathbb{R}$ bestimmt und können die Lösungsmenge, welche unendlich viele Elemente enthält, angeben als

$$\mathbb{L} = \left\{ \left(\frac{3}{2} + \frac{9}{2}\lambda, \frac{1}{2} - \frac{3}{2}\lambda, \lambda \right) \;\middle|\; \lambda \in \mathbb{R} \right\} \subset \mathbb{R}^3.$$

Im Falle eines LGS mit unendlich vielen Lösungen, gibt der folgende Satz einen Anhaltspunkt dafür, wie viele Unbekannte frei gewählt werden dürfen, d.h. so wie in Beispiel 2.1.17 mit „griechischen Buchstaben belegt" werden dürfen.

Satz 2.1.20: Sollte ein LGS unendlich viele Lösungen aufweisen, entspricht die Anzahl der frei wählbaren Unbekannten der Differenz zwischen der gesamten Anzahl der Unbekannten und dem Rang des LGS.

In Beispiel 2.1.17 (c) ist dies deutlich geworden: Das LGS hatte Rang 2 und wies insgesamt drei Unbekannte auf. Daher hatten wir die Möglichkeit $3 - 2 = 1$ Unbekannte frei zu wählen.

2.1.A Aufgaben

Aufgabe 1: Gib den Rang, den erweiterten Rang sowie die Lösungsmenge $\mathbb{L}$ der folgenden linearen Gleichungssysteme an.

(a) $\left(\begin{array}{rrrr|r} 1 & 2 & -1 & 2 & 0 \\ 2 & 4 & 0 & 8 & 0 \\ -1 & 2 & -4 & -4 & 0 \\ 1 & -2 & 2 & 0 & 0 \end{array} \right)$
(c) $\left(\begin{array}{rrrr|r} 1 & 2 & -1 & 2 & 0 \\ 2 & 4 & 0 & 8 & -4 \\ -1 & 2 & -4 & -4 & -6 \\ 1 & -2 & 2 & 0 & 6 \end{array} \right)$

(b) $\left(\begin{array}{rrrr|r} 1 & 2 & -1 & 2 & -2 \\ 2 & 4 & 0 & 8 & -4 \\ -1 & 2 & -4 & -4 & -6 \\ 1 & -2 & 2 & 0 & 6 \end{array} \right)$

Aufgabe 2: Es sei für $\alpha, \beta \in \mathbb{R}$ das folgende lineare Gleichungssystem gegeben:

$$\begin{array}{rclcrcl} 3x_1 & +x_2 & & +4\alpha x_3 & = & 11\beta + 3 \\ 3x_1 & +x_2 & +(5\alpha - 3)x_3 & & = & 12\beta + 4 \\ 4x_1 & +x_2 & +(4\alpha + 3)x_3 & & = & 12\beta + 3 \end{array}$$

Bestimme alle 2-Tupel $(\alpha, \beta) \in \mathbb{R} \times \mathbb{R}$, für die das LGS

(a) nicht lösbar,

(b) eindeutig lösbar sowie

(c) lösbar, aber nicht eindeutig lösbar ist.

Gib auch jeweils die Lösungsmenge des LGS für den jeweiligen Fall an.

Aufgabe 3: Wir gehen nun davon aus, dass das gleiche LGS für drei verschiedene rechte Seiten gelöst werden soll. In einem solchen Fall muss natürlich nicht dreimal der Gauß-Algorithmus durchgeführt werden: Man kann ihn einmal mit allen drei rechten Seiten durchlaufen. Versuche dies mit dem folgenden Gauß-Tableau, hinter dem sich implizit drei LGS verbergen:

$$\left(\begin{array}{rrr|rrr} 3 & 2 & -4 & 0 & 0 & -2 \\ 4 & -5 & 3 & 0 & 9 & 1 \\ 8 & 7 & -9 & 0 & 1 & 13 \end{array} \right).$$

Die drei Spalten rechts symbolisieren also die drei verschiedenen rechten Seiten. Am Ende muss natürlich für jede Seite noch ein Rückwärtseinsetzen stattfinden. Man spricht übrigens auch vom *synchronen Gauß-Algorithmus*.

Hinweis: Musterlösungen sind auf der Springer-Verlagsseite unter http://www.springer.com/mathematics/book/978-3-658-06595-9 zu finden.

2.2 Gruppen

Wir möchten diesen Abschnitt mit einer Bemerkung bzgl. der Relevanz der folgenden Themen im Studium beginnen.

Bemerkung 2.2.1: Die Themen in den Abschnitten 2.2, 2.3 und dem Anfang von Abschnitt 2.4 sind nicht unbedingt für jeden Studierenden curricular und somit in seinem Studienverlauf gefordert. Wer jedoch Mathematik im Ein-Fach-Studium oder für das gymnasiale Lehramt belegt hat, wird sich dem nicht verwehren können. Ob dieses Thema für angehende Ingenieure, Informatiker, usw. relevant ist, gestaltet sich von Hochschule zu Hochschule unterschiedlich. Jedoch handelt es sich ohne Zweifel um eine sinnvolle Sache, einmal hinter die üblichen Rechenoperationen zu schauen und zu begreifen, auf welcher Struktur eigentlich unser tägliches Rechnen basiert. Ein gutes Training zum tieferen Verständnis von Abbildungen (und die sind für alle Studiengänge mit Mathematikteilen obligatorisch) sowie für eine breitere Grundvorstellung von Vektorräumen ist es allemal.

Wer sich jedoch dazu entscheidet, diese Themen lieber zu überspringen, kann getrost auf Seite 89 zu Beginn des Abschnitts 2.4.2 fortsetzen. Sollte man jedoch bisher gar nicht oder nur sehr rudimentär mit Vektoren und dem $\mathbb{R}^2$ oder $\mathbb{R}^3$ in Kontakt gekommen sein, raten wir vom Auslassen der folgenden Passagen ab.

Gut, dann legen wir los: Eine Gruppe ist eine Menge, die mit einer gewissen Struktur in Form einer Rechenoperation (auch Verknüpfung) ausgestattet ist. Bis wir sie definieren können, müssen wir jedoch diese Vokabel einführen.

2.2.1 Verknüpfungen

Der Begriff, den wir jetzt anbahnen wollen, ist für den Begriff der „Gruppe" unerlässlich. Es handelt sich um eine Formalisierung der für uns tagtäglich genutzten Rechenoperationen „+", „·" usw.

Definition 2.2.2 ((innere) Verknüpfung)**:** Eine *(innere) Verknüpfung* v einer Menge M ist eine Abbildung vom kartesischen Produkt $M \times M$ dieser Menge in die Menge selbst, d.h.

$$v : M \times M \to M.$$

Diese Abbildung ordnet also jedem geordneten Paar $(x, y) \in M \times M$ ein Element $z \in M$ zu. Dabei heißen x und y *Operanden* der Verknüpfung, z ist das *Resultat* der Verknüpfung. Statt $v(x, y)$ schreibt man auch xvy, jedoch werden in diesem Fall zumeist andere Symbole statt Buchstaben verwendet, etwa „∘", „·", „+" oder „∗", was wohl eher unserer Vorstellung der Symbolik einer Rechenoperation genügt.

Beispiel 2.2.3: Es sei $M := \{0, 1\}$. Dann ist „·" (als Multiplikation wie wir sie aus der Schule kennen) eine Verknüpfung mit

$$(0,0) \mapsto 0 \cdot 0 = 0 \in M, \quad (0,1) \mapsto 0 \cdot 1 = 0 \in M,$$
$$(1,0) \mapsto 1 \cdot 0 = 0 \in M, \quad (1,1) \mapsto 1 \cdot 1 = 1 \in M.$$

Genauer schreiben wir dann $\cdot : M \times M \to M$. Dies mag zunächst ungewohnt sein, aber der Malpunkt nimmt hier gewissermaßen zwei Rollen ein: Er ist für uns einmal Zeichen einer alltäglichen Rechenoperation, bei welcher es sich strukturell jedoch um eine Abbildung handelt. Diese wird dann ebenfalls mit „·" markiert.

Beispiel 2.2.4: Die übliche Addition $+ : \mathbb{R} \times \mathbb{R} \to \mathbb{R}$ auf den reellen Zahlen ist eine Verknüpfung. Es gilt beispielsweise

$$(0, 2) \mapsto 0 + 2 = 2 \in \mathbb{R},$$
$$(12, 10) \mapsto 12 + 10 = 22 \in \mathbb{R}.$$

Definition 2.2.5 (Kommutative Verknüpfung)**:** Eine (innere) Verknüpfung $v : M \times M \to M$ heißt *kommutativ*, falls

$$v(x, y) = v(y, x) \ \forall \ x, y \in M$$

gilt. D.h. wenn die Vertauschung der Operanden das Resultat nicht beeinträchtigt. Das muss nicht so sein: Man denke etwa an die Subtraktion.

Beispiel 2.2.6: Die in Beispiel 2.2.3 bzw. 2.2.4 definierten Verknüpfungen sind kommutativ, da die Multiplikation bzw. Addition reeller Zahlen „$\cdot$" bereits kommutativ ist und sich dieser Umstand sofort vererbt. Für ein außermathematischeres Beispiel betrachten wir erneut die Menge

$$M := \{\text{Schere}, \text{Stein}, \text{Papier}\}.$$

aus Beispiel 1.2.2.

Wir konstruieren nun eine innere Verknüpfung, die für zwei Kontrahenten $a, b \in M$ jeweils den Gewinner angibt. Wir verstehen unter Kontrahenten dabei, die im Spiel Schere-Stein-Papier gezeigten Symbole selbst (also z.B. Stein oder Papier), identifizieren die eigentlichen Kontrahenten (also die Menschen, die spielen) also mit dem Symbol, welches sie im Spiel gewählt haben. Da Schere von Stein geschlagen wird und Stein von Papier und schließlich Schere Papier schlägt und dies alles auch umgekehrt gilt, muss die Verknüpfung kommutativ sein. Sollten zwei Spieler das gleiche Element zeigen, wird im Alltag wiederholt. In unserem Fall muss aber – sonst würde keine Verknüpfung entstehen – ein Element aus M entstehen. Wir betrachten daher in einem solchen Fall beide Spieler als Sieger und demzufolge gewinnt etwa bei Stein gegen Stein der Stein. Es sei vs. $: M \times M \to M$ (für „versus", vs. ist also der Name bzw. das Symbol unserer inneren Verknüpfung) mit

$$
\begin{aligned}
\text{vs.}(\text{Schere}, \text{Stein}) &= \text{vs.}(\text{Stein}, \text{Schere}) &= \text{Stein}, \\
\text{vs.}(\text{Schere}, \text{Papier}) &= \text{vs.}(\text{Papier}, \text{Schere}) &= \text{Schere}, \\
\text{vs.}(\text{Stein}, \text{Papier}) &= \text{vs.}(\text{Papier}, \text{Stein}) &= \text{Papier}, \\
&\ \ \text{vs.}(\text{Schere}, \text{Schere}) &= \text{Schere}, \\
&\ \ \text{vs.}(\text{Stein}, \text{Stein}) &= \text{Stein}, \\
&\ \ \text{vs.}(\text{Papier}, \text{Papier}) &= \text{Papier}
\end{aligned}
$$

gegeben. Hierbei handelt es sich nun um eine innere Verknüpfung der Menge M.

2.2.2 Grundlegendes

Nun, da wir uns etwas mit dem Hilfsbegriff der inneren Verknüpfung auskennen, können wir den Begriff der Gruppe einführen. Dies wird ein erster Schritt sein, Mengen mit zusätzlicher Struktur auszustatten, sie nämlich mit einer gewissen Regeln unterliegenden Operation, welche zwischen Elementen zu verstehen ist, zu versehen.

Definition 2.2.7 (Gruppe): Eine *Gruppe* ist ein Paar $(M, *)$ bestehend aus einer Menge M und einer Verknüpfung $* : M \times M \to M$, welches folgenden Axiomen genügt:

(1) Für alle $x, y, z \in M$ gilt das sog. *Assoziativgesetz*, d.h.

$$(x * y) * z = x * (y * z) =: x * y * z.$$

(2) Es existiert ein sog. *neutrales Element* $e \in M$, für welches für alle $x \in M$ gilt

$$x * e = e * x = x.$$

Warnung: Das neutrale Element einer Gruppe ist für alle Elemente gleich. Man sollte hier also nicht die Fehlvorstellung entwickeln, dass es unterschiedliche neutrale Elemente in ein und derselben Gruppe gibt.

(3) Zu jedem Element $x \in M$ existiert ein *inverses Element* $x^{-1} \in M$ mit

$$x * x^{-1} = x^{-1} * x = e.$$

Warnung: x^{-1} ist erneut nur ein Symbol und hat nicht notwendigerweise Gemeinsamkeiten mit $1/x$!

Exemplarisch betrachten wir den folgenden Satz sowie den entsprechenden Beweis, um die Gruppenstruktur konkret zu veranschaulichen:

Satz 2.2.8: $(\mathbb{Z}, +)$ ist mit der üblichen Addition eine Gruppe.

Beweis: $+ : \mathbb{Z} \to \mathbb{Z}$ ist offenbar eine innere Verknüpfung, da die Summe zweier ganzer Zahlen $x + y$ wieder eine ganze Zahl $z \in \mathbb{Z}$ ergibt. Wir überprüfen außerdem die drei geforderten Axiome:

(1) Für drei ganze Zahlen $x, y, z \in \mathbb{Z}$ gilt natürlich das Assoziativgesetz, da schließlich seit Schultagen bekannt ist, dass

$$(x + y) + z = x + (y + z)$$

gilt.

(2) Das neutrale Element ist 0, denn für alle Elemente $x \in \mathbb{Z}$ gilt

$$x + 0 = 0 + x = x.$$

(3) Wenn $x \in \mathbb{Z}$ ein beliebiges Element ist, dann ist sein Inverses die Zahl $-x \in \mathbb{Z}$, also $x^{-1} := -x$ (jetzt ist x^{-1} – wie bereits betont – nur ein Symbol, $-x$ hingegen ist wie üblich die um ihr Vorzeichen variierte Zahl x), denn es gilt

$$x + x^{-1} = x + (-x) = x - x = 0 \text{ und } x^{-1} + x = -x + x = 0.$$

Damit ist $(\mathbb{Z}, +)$ eine Gruppe im Sinne der Algebra. $\square$

Wir definieren nun noch den Fall einer sog. abelschen Gruppe, welche zu Ehren des gleichnamigen norwegischen Mathematikers[5] so getauft wurde. Leider wurde Abel lediglich 26 Jahre alt und starb früh an Lungentuberkulose.

---

[5]Niels Henrik Abel (*1802; †1829), norwegischer Mathematiker

“

> [...] dass er der größte Mathematiker der Welt werden kann,
> wenn er lange genug lebt.

”

– Abels Lehrer über Abel
(s. MERZ & WÜTHRICH 2013 [47])

Definition 2.2.9 (Abelsche Gruppe): Eine Gruppe $(M, *)$ heißt *abelsch* oder *kommutativ*, falls zu den drei Axiomen zusätzlich gilt:

(4) Für alle $x, y \in M$ gilt das sog. *Kommutativgesetz*, d.h.

$$x * y = y * x.$$

Mit anderen Worten muss die Verknüpfung $* : M \times M \to M$ kommutativ sein.

Man kann auch viele alltägliche Dinge gruppentheoretisch auffassen, etwa den in Abbildung 2.3 dargestellten *Zauberwürfel* (oder engl. *Rubik's Cube*). Dazu betrachtet man das Achtzigerjahre-Kultobjekt zunächst in der Grundstellung, d.h. die Stellung, in welcher jede Seite des Würfels noch in einer einheitlichen Farbe ist.

Abb. 2.3: Der von Ernő Rubik erfundene Zauberwürfel stellt mit seinen unterschiedlichen Stellungen und den Bewegungen, die diese ineinander überführen, eine Gruppe im Sinne der Algebra dar. Bild: Chris Martin, Wikimedia Commons, GFDL & CC BY-SA 3.0

Jetzt kann man jede der sechs Würfelseiten in eine von zwei Richtungen drehen (in der Aufsicht auf die jeweilige Seite im oder gegen den Uhrzeigersinn), wobei jede Drehung um genau

90 Grad stattfindet (sollte der Leser einen Zauberwürfel besitzen, ist es ratsam, parallel zur Lektüre dieser Passage daran herumzufummeln). Es reicht aber auch aus, wenn wir uns auf Drehungen um 90 Grad im Uhrzeigersinn beschränken, denn jede Drehung einer Würfelseite gegen den Uhrzeigersinn entspricht ja drei Drehungen der entsprechenden Seite im Uhrzeigersinn. Drehwinkel, die keine Vielfache von 90 Grad sind, sind zudem für uns nicht von Interesse: Schließlich wäre der Würfel am Ende der Drehung sonst kein Würfel mehr. Naheliegend ist also, dass jede mögliche Stellung des Zauberwürfels von der Grundstellung aus erreicht werden kann, indem man nur eine gewisse Kombination der sog. *Basisdrehungen* ausführt (also Drehungen einer der sechs Würfelseiten um 90 Grad im Uhrzeigersinn).

Wir nehmen uns nun vor, den Würfel aus einer immer gleichbleibenden Perspektive zu betrachten. Dann gibt es eine vordere, hintere, rechte, linke, obere und untere Seite, welche wir nun mit den entsprechenden Anfangsgroßbuchstaben betiteln, also V, H, R, L, O und U, und die natürlich jeweils mit einer unserer Basisdrehungen korrespondieren (nämlich mit der Drehung genau dieser entsprechenden Würfelseite um 90 Grad im Uhrzeigersinn). Bezeichnen wir ferner die Hintereinanderausführung zweier Basisdrehungen mit dem (im gleichen Kontext für Abbildungen) bereits genutzten Symbol „$\circ$" lässt sich jede mögliche Stellung des Rubik's Cube ausgehend von der Grundstellung als Verkettung von Basisdrehungen schreiben. Ein Beispiel wäre

$$V \circ O \circ L \circ L.$$

Dies lesen wir, wie wir es von der Komposition von Abbildungen bereits gewohnt sind, von rechts nach links. D.h. es ist die Stellung des Zauberwürfels gemeint, die man erhält, wenn man von der Grundstellung ausgehend zweimal die linke, einmal die obere und schließlich einmal die vordere Würfelseite um 90 Grad im Uhrzeigersinn dreht.

Tatsächlich handelt es sich bei der so beschriebenen Struktur um eine Gruppe im Sinne von Definition 2.2.7. Beispielsweise ist das neutrale Element der Gruppe die Grundstellung, was bedeutet gar keine Drehung auszuführen (Definition 2.2.7 (2)). Das inverse Element einer jeden Stellung ist zudem in dieser Gruppe als die Kombination von Basisdrehungen, die diese wieder in die Grundstellung überführt, erklärt. Die Stellung $V \circ O$ (also die Würfelstellung, bei der einmal vorn und einmal oben gedreht wurde) beispielsweise lässt sich durch die Drehungen

$$O \circ O \circ O \circ V \circ V \circ V$$

(also entsprechenden Drehungen um 90 Grad **gegen** den Uhrzeigersinn) zurück zum Ausgang bringen (Definition 2.2.7 (3)).

Die entstandene Gruppe, in der Literatur oft als *Cubegroup* referiert, ist nicht abelsch: Beispielsweise liefert $R \circ H$ ein anderes Resultat als $H \circ R$ (man probiere es aus).

Insgesamt sind übrigens

$$43.252.003.274.489.856.000$$

verschiedene Stellungen möglich und erstaunlicherweise handelt es sich bei dem um 1 Verringerten dieser Zahl um eine Primzahl. Die Anzahl der durch den Zauberwürfel stellbaren Rätsel (also die Anzahl Stellungen, die zur Ausgangsstellung zurückgeführt werden können) ist somit prim (vgl. WEINGARTEN 2010 [65], S. 112).

Erst 2010 konnten ROKICKI et al. ihren Beweis abschließen, dass man jeden Zauberwürfel — und mag er noch so verstellt sein — in 20 oder weniger Zügen in die Grundstellung zurückführen — also lösen — kann. Um dies nachzuweisen, benutzten die Autoren Teile der Google-Rechenzentren und arbeiteten hier jeden einzelnen Fall ab. Ein handelsüblicher Desktop-Computer hätte für diese Rechnungen 34,75 Jahre benötigt (vgl. ROKICKI et al. 2013 [55]).

Auf einer von den Wissenschaftlern eingerichteten Website[6] finden sich weitere Informationen zu dem Thema. Ein umfassendes Kompendium zur *Cubologie*, einschließlich einer umfassenden Einführung in die Würfelgruppe auf Anfängerniveau, bietet BANDELOW in seinem Buch (1981 [7]). Ebenfalls interessant ist das Buchkapitel von WEINGARTEN (2010 [65]), jedoch setzt dieses etwas mehr algebraische Vorkenntnisse voraus.

---

[6]http://www.cube20.org/

2.2.A Aufgaben

Aufgabe 1: Es sei die Menge $M_n := \{1, 2, 3, \ldots, n\}$ für $n \in \mathbb{N}$ gegeben. Eine bijektive Abbildung $p : M_n \to M_n$ nennt man auch *Permutation*. Es ist üblich, solche Abbildungen in einer Art Wertetabelle zu notieren:

$$\begin{pmatrix} 1 & 2 & 3 & \ldots & n \\ p(1) & p(2) & p(3) & \ldots & p(n) \end{pmatrix}.$$

Hierbei stehen in der ersten Zeile also jeweils die Elemente des Definitionsbereichs M_n, in der zweiten Zeile die jeweiligen Bilder. Man kann eine Permutation auch als Umordnung oder Vertauschung von n Objekten (hier den ersten n natürlichen Zahlen) verstehen. Wir bezeichnen die Menge, die alle Permutationen der Menge M_n enthält mit S_n. Es gilt also

$$S_n := \{p : M_n \to M_n \mid p \text{ ist bijektiv}\}.$$

(a) Wir betrachten exemplarisch zunächst S_4 genauer. Bestimme

$$\begin{pmatrix} 1 & 2 & 3 & 4 \\ 1 & 4 & 2 & 3 \end{pmatrix} \circ \begin{pmatrix} 1 & 2 & 3 & 4 \\ 1 & 3 & 4 & 2 \end{pmatrix}.$$

Hierbei stellt „$\circ$" die bereits bekannte Hintereinanderausführung von Abbildungen (Definition 1.6.11) dar.

(b) Bestimme ein $p \in S_4$, so dass

$$\begin{pmatrix} 1 & 2 & 3 & 4 \\ 4 & 2 & 3 & 1 \end{pmatrix} \circ p = \begin{pmatrix} 1 & 2 & 3 & 4 \\ 1 & 2 & 3 & 4 \end{pmatrix}.$$

(c) Bestimme $|S_4|$. D.h. auf wie viele Weisen kann man vier Objekte vertauschen?

(d) Finde eine Formel für $|S_n|$ (durch Experimentieren und Grübeln).

(e) Zeige, dass $(S_n, \circ)$ eine Gruppe ist. Man nennt diese Gruppe auch *symmetrische Gruppe*.
Tipp: Hierfür müssen die Gruppenaxiome aus Definition 2.2.7 überprüft werden.

(f) Zeige, dass $(S_2, \circ)$ abelsch ist.

(g) Zeige, dass $(S_n, \circ)$ für $n > 2$ nicht abelsch ist.
Tipp: Versuche dies durch Angabe eines Gegenbeispiels zu beweisen, welches du für beliebige $n > 2$ heranziehen kannst.

Hinweis: Musterlösungen sind auf der Springer-Verlagsseite unter http://www.springer.com/ mathematics/book/978-3-658-06595-9 zu finden.

2.3 Körper

Wir wollen nun noch einen Schritt weitergehen und einer Menge noch mehr Struktur auferlegen und daraus einen sog. Körper konstruieren.

Definition 2.3.1 (Körper): Ein *Körper* (im Sinne der Algebra) ist ein Tripel $(M, *_a, *_m)$ bestehend aus einer Menge M und zwei Verknüpfungen $+ := *_a : M \times M \to M$ (genannt *Addition*) und $\cdot := *_m : M \times M \to M$ (genannt *Multiplikation*), welches folgenden Axiomen genügt:

(1) $(M, +)$ ist eine abelsche Gruppe (das neutrale Element heiße 0).

(2) $(M \setminus \{0\}, \cdot)$ ist eine abelsche Gruppe (das neutrale Element heiße 1)

(3) Für alle $x, y, z \in M$ gilt das sog. *Distributivgesetz*, d.h.

$$x \cdot (y + z) = x \cdot y + x \cdot z \text{ und } (x + y) \cdot z = x \cdot z + y \cdot z.$$

Ein Körper verallgemeinert im Grunde die für uns alltäglichen Regeln, wie in der Menge der reellen Zahlen zu rechnen ist. Dies geschieht, indem jede wichtige Rechenregel, die wir aus den reellen Zahlen kennen, abstrahiert wird. D.h. jeder Körper weist eine gewisse Ähnlichkeit zu den reellen Zahlen auf. Der Grundgedanke hinter der obigen Definition hätte also sein Ziel verfehlt, würde folgender Satz nicht gelten.

Satz 2.3.2: $(\mathbb{R}, +, \cdot)$ ist mit der üblichen Addition und Multiplikation ein Körper.

Beweis: Da die Addition bzw. Multiplikation reeller Zahlen wieder eine reelle Zahl ergibt, handelt es sich bei beiden Operationen offenbar um Verknüpfungen. Wir prüfen nun wieder die Axiome.

(1) Wir haben bereits gezeigt, dass $(\mathbb{Z}, +)$ eine Gruppe ist. In analoger Weise lässt sich zeigen, dass es sich auch bei $(\mathbb{R}, +)$ um eine Gruppe handelt. Da allgemein bekannt ist, dass $x + y = y + x$ für zwei reelle Zahlen x und y gilt, handelt es sich, wie gefordert, auch um eine abelsche Gruppe.

(2) Wir machen uns klar, dass es sich bei $(M \setminus \{0\}, \cdot)$ um eine abelsche Gruppe handelt.

   (2.1) Dass das Assoziativgesetz

   $$(x \cdot y) \cdot z = x \cdot (y \cdot z)$$

   für $x, y, z \in \mathbb{R}$ gilt, wissen wir aus der Schule.

   (2.2) Das neutrale Element ist die „normale" 1, denn für alle $x \in \mathbb{R}$ gilt

   $$x \cdot 1 = 1 \cdot x = x.$$

   (2.3) Das inverse Element $x^{-1} \in \mathbb{R}$ zu einem Element $x \in \mathbb{R}$ ist $\frac{1}{x}$, denn es gilt

   $$x \cdot \frac{1}{x} = \frac{1}{x} \cdot x = \frac{x}{x} = 1$$

   (hier passt es ausnahmsweise einmal: x^{-1} ist gleichbedeutend zu $\frac{1}{x}$).

Also ist $(\mathbb{R}\setminus\{0\},\cdot)$ eine Gruppe. Diese ist auch abelsch, da bekannterweise für alle $x,y \in \mathbb{R}\setminus\{0\}$ gilt

$$x \cdot y = y \cdot x.$$

(3) Für alle $x,y,z \in M$ gilt das Distributivgesetz

$$x \cdot (y + z) = x \cdot y + x \cdot z \text{ und } (x + y) \cdot z = x \cdot z + y \cdot z,$$

was ebenfalls aus der Schule bekannt ist.

Somit ist $(\mathbb{R},+,\cdot)$ ein Körper. $\square$

Bemerkung 2.3.3: Warum in der Definition eines Körpers in Axiom (2) für die Überprüfung der Gruppeneigenschaft gefordert wird, dass 0 (das neutrale Element der Addition) aus M genommen wird (das bedeutet das „$\setminus\{0\}$"), haben wir in Abschnitt (2.3) des obigen Beweises gesehen: Hier müsste sonst durch 0 geteilt werden, was bedeutet, dass $(\mathbb{R},\cdot)$, also inklusive der 0, keine Gruppe wäre, denn 0 hätte kein Inverses.

Beispiel 2.3.4: Im Folgenden sei mit „$+$" bzw. „$\cdot$" jeweils wieder die übliche Addition bzw. Multiplikation bezeichnet.

- $(\mathbb{Q},+,\cdot)$ ist ein Körper.

- $(\mathbb{C},+,\cdot)$ ist ein Körper.

- $(\mathbb{Z},+,\cdot)$ ist **kein** Körper. Zwar ist $(\mathbb{Z},+)$ eine Gruppe mit neutralem Element 0 (haben wir bereits in Satz 2.2.8 nachgewiesen), die zudem sogar abelsch ist, jedoch ist $(\mathbb{Z}\setminus\{0\},\cdot)$ keine Gruppe: Hier macht die Existenz der jeweiligen Inversen Probleme: Z.B. gilt $3 \in \mathbb{Z}$, jedoch gilt dies nicht für das Inverse: $\frac{1}{3} \notin \mathbb{Z}$. Die einzigen Zahlen in $\mathbb{Z}$, deren multiplikatives Inverses ebenfalls enthalten ist, sind -1 und 1, das reicht aber natürlich nicht.

2.3.A Aufgaben

<u>Aufgabe 1</u>: Zeige, dass $(\mathbb{C}, +, \cdot)$ mit den bereits erklärten Verknüpfungen „$+$" und „$\cdot$" ein Körper ist.
Tipp: Hierfür müssen die Körperaxiome aus Definition 2.3.1 überprüft werden.

Hinweis: Musterlösungen sind auf der Springer-Verlagsseite unter http://www.springer.com/mathematics/book/978-3-658-06595-9 zu finden.

2.4 Vektorräume

Wir erweitern unsere algebraischen Strukturen letztmalig, um ein Konstrukt zu generieren, mit dem etwa unser dreidimensionaler Lebensraum modellierbar wird. Dazu müssen wir zunächst neben dem bereits bekannten Begriff der inneren Verknüpfung, welche wir im Zusammenhang mit Gruppen und Körpern bisher schlicht Verknüpfung genannt haben, einen ähnlichen Begriff hinzufügen.

Definition 2.4.1 ((äußere) Verknüpfung): Eine *(äußere) Verknüpfung* v einer Menge M bezüglich der Menge F ist eine Abbildung vom kartesischen Produkt $F \times M$ dieser Mengen in die Menge M, d.h.

$$v : F \times M \to M.$$

Genau genommen ist nun jede innere Verknüpfung auch eine äußere Verknüpfung, nämlich falls wir $F := M$ für eine innere Verknüpfung $v : M \times M \to M$ setzen. Wir werden hiervon aber keinen speziellen Gebrauch machen.

2.4.1 Definition

Jetzt haben wir alles zusammen, um den Vektorraum-Begriff einzuführen. Diesen führen wir deutlich abstrakter als die Schule ein, wovon man sich aber nicht abschrecken lassen sollte.

Definition 2.4.2 (Vektorraum): Ein 4-Tupel aus einer Menge V, einem Körper $(K, +, \cdot)$, einer inneren Verknüpfung $\oplus : V \times V \to V$ (die sog. *Vektoraddition*) und einer äußeren Verknüpfung $\odot : K \times V \to V$ (die sog. *skalare Multiplikation* oder *Skalarmultiplikation*), also insgesamt

$$(V, (K, +, \cdot), \oplus, \odot),$$

heißt *Vektorraum* über den Körper K oder *K-Vektorraum*, falls für alle $u, v, w \in V$ sowie $\lambda, \mu \in K$ folgendes gilt:

(1) $(V, \oplus)$ ist eine abelsche Gruppe, d.h.

    (1.1) $u \oplus (v \oplus w) = (u \oplus v) \oplus w$,   *(Assoziativgesetz)*

    (1.2) $\exists\, 0_V \in V$ mit $v \oplus 0_V = 0_V \oplus v = v$,   *(Existenz neutrales Element)*

    (1.3) $\exists\, {-v} \in V$ mit $v \oplus (-v) = (-v) \oplus v = 0_V$,   *(Existenz inverses Element)*

    (1.4) $v \oplus u = u \oplus v$,   *(Kommutativgesetz)*

(2) sowie

    (2.1) $\lambda \odot (u \oplus v) = (\lambda \odot u) \oplus (\lambda \odot v)$,

    (2.2) $(\lambda + \mu) \odot v = (\lambda \odot v) \oplus (\mu \odot v)$,

    (2.3) $(\lambda \cdot \mu) \odot v = \lambda \odot (\mu \odot v)$,

    (2.4) $1_K \odot v = v$.

Dabei sei $0_V \in V$ das neutrale Element der Gruppe $(V, \oplus)$ und $1_K \in K$ das neutrale Element der Gruppe $(K \setminus \{0\}, \cdot)$ (welche es ja gibt, da $(K, +, \cdot)$ nach Voraussetzung ein Körper ist). Die Elemente der Menge V heißen *Vektoren*. Die Elemente des beteiligten Körpers K nennen wir auch *Skalare*. Wir sagen kurz, dass V ein Vektorraum ist (behalten aber im Hinterkopf, welches Ausmaß an Strukturen zusätzlich dazugehört).

Insgesamt haben wir nun also im Verlauf der vorangegangenen Abschnitte die folgende verschachtelte Konstruktion etabliert:

$$\text{Vektorraum} \xrightarrow{\text{benutzt}} \text{Körper} \xrightarrow{\text{benutzt}} \text{Gruppe} \xrightarrow{\text{benutzt}} \text{(innere) Verknüpfung}$$

Vektorraum Def. 2.4.2 $\xrightarrow{\text{benutzt}}$ Körper Def. 2.3.1 $\xrightarrow{\text{benutzt}}$ Gruppe Def. 2.2.7 $\xrightarrow{\text{benutzt}}$ *(innere) Verknüpfung* Def. 2.2.2

$\Big\downarrow$ benutzt

(äußere) Verknüpfung
Def. 2.4.1

Abb. 2.4: Illustration der Zusammenhänge der Definitionen Vektorraum, Körper, Gruppe und Verknüpfung

2.4.2 Der $\mathbb{R}^n$

Wir betrachten die Menge

$$\mathbb{R}^2 = \mathbb{R} \times \mathbb{R} = \left\{ \begin{pmatrix} x_1 \\ x_2 \end{pmatrix} \;\middle|\; x_1, x_2 \in \mathbb{R} \right\},$$

d.h. im Unterschied zur bisherigen Notation schreiben wir die 2-Tupel nun aufrecht und ohne sie durch ein Komma zu trennen. Ansonsten handelt es sich aber um nichts anderes. Dies macht man besonders deshalb, um eine gewisse Kompatibilität zum Matrizenkalkül zu gewährleisten, welches wir erst in Abschnitt 2.5 einführen werden. Auf der Menge $\mathbb{R}^2$ definieren wir die innere Verknüpfung[7] $\oplus : \mathbb{R}^2 \times \mathbb{R}^2 \to \mathbb{R}^2$ mit

$$\begin{pmatrix} x_1 \\ x_2 \end{pmatrix} \oplus \begin{pmatrix} y_1 \\ y_2 \end{pmatrix} := \oplus \left(\begin{pmatrix} x_1 \\ x_2 \end{pmatrix}, \begin{pmatrix} y_1 \\ y_2 \end{pmatrix} \right) := \begin{pmatrix} x_1 + y_1 \\ x_2 + y_2 \end{pmatrix} \in \mathbb{R}^2$$

für alle $\begin{pmatrix} x_1 \\ x_2 \end{pmatrix}, \begin{pmatrix} y_1 \\ y_2 \end{pmatrix} \in \mathbb{R}^2$ sowie die äußere Verknüpfung[8] $\odot : \mathbb{R} \times \mathbb{R}^2 \to \mathbb{R}^2$ mit

$$\lambda \odot \begin{pmatrix} x_1 \\ x_2 \end{pmatrix} := \odot \left(\lambda, \begin{pmatrix} x_1 \\ x_2 \end{pmatrix} \right) := \begin{pmatrix} \lambda \cdot x_1 \\ \lambda \cdot x_2 \end{pmatrix} \in \mathbb{R}^2$$

für alle $\lambda \in \mathbb{R}$ und $\begin{pmatrix} x_1 \\ x_2 \end{pmatrix} \in \mathbb{R}^2$. Dann gilt der folgende Satz.

---

[7]Dieser Begriff wurde mit Definition 2.2.2 eingeführt. Für jene Leser, die diese Abschnitte ausgelassen haben, sei in aller Kürze zusammengefasst, dass es sich bei einer inneren Verknüpfung um eine Abbildung $v : M \times M \to M$ für eine beliebige Menge M handelt, wir diese Abbildung in der Regel aber nicht in der gewohnten Schreibweise (z.B. $v(x, y)$) darstellen, sondern als xvy. Der Grund hierfür liegt darin, dass wir mit dieser Definition „Rechenoperationen" darstellen wollen, die normalerweise Zeichen wie „+" oder „·" (hier „$\oplus$") nutzen.

[8]Vgl. Definition 2.4.1. Hier verhält es sich ähnlich wie bei der inneren Verknüpfung.

Satz 2.4.3: Das 4-Tupel

$$(\mathbb{R}^2, (\mathbb{R}, +, \cdot), \oplus, \odot)$$

mit den vorstehend definierten Verknüpfungen $\oplus$ und $\odot$ ist ein $\mathbb{R}$-Vektorraum. Wir bezeichnen ihn schlicht auch als $\mathbb{R}^2$ und verwenden statt der Symbole „$\oplus$" und „$\odot$" die gleichen Symbole wie jene des beteiligten Körpers $(\mathbb{R}, +, \cdot)$, also „$+$" und „$\cdot$". Dies führt nicht zu Problemen, da den beteiligten Operanden zu entnehmen ist, welche der jeweiligen Verknüpfungen gemeint ist.

Hier geben wir keinen Beweis an. Etwas Vorarbeit ist aber auch bereits getan, etwa haben wir schon geklärt, dass $(\mathbb{R}, +, \cdot)$ ein Körper ist. Den Rest rechnet man schlicht nach.

Hervorzuheben ist noch, dass der in Definition 2.4.2 genannte Nullvektor gerade der Vektor

$$\vec{o} := \vec{0} := \begin{pmatrix} 0 \\ 0 \end{pmatrix}$$

ist. Außerdem ist zu einem beliebigen Vektor

$$\vec{v} := \begin{pmatrix} v_1 \\ v_2 \end{pmatrix} \in \mathbb{R}^2$$

der Vektor $-\vec{v} := -1 \cdot \vec{v}$, also

$$-\vec{v} = \begin{pmatrix} -v_1 \\ -v_2 \end{pmatrix} \in \mathbb{R}^2,$$

jener, der mit $\vec{v}$ addiert – wie in Punkt (1.3) der Definition gefordert – den Nullvektor $\vec{o}$ ergibt:

$$\vec{v} - \vec{v} := \vec{v} + (-\vec{v}) = \begin{pmatrix} v_1 \\ v_2 \end{pmatrix} + \begin{pmatrix} -v_1 \\ -v_2 \end{pmatrix} = \begin{pmatrix} v_1 - v_1 \\ v_2 - v_2 \end{pmatrix} = \begin{pmatrix} 0 \\ 0 \end{pmatrix} = \vec{o}.$$

Insgesamt haben wir nun also den – vermutlich aus der Schule bekannten – $\mathbb{R}^2$ implementiert. Wir können hier Vektoren addieren und subtrahieren sowie diese *skalieren* (vielleicht bekannt als Strecken und Stauchen), also etwa

$$\begin{pmatrix} 3 \\ -2 \end{pmatrix} + \begin{pmatrix} -1 \\ 4 \end{pmatrix} = \begin{pmatrix} 2 \\ 2 \end{pmatrix} \quad \text{bzw.} \quad 4 \cdot \begin{pmatrix} -3 \\ 1 \end{pmatrix} = \begin{pmatrix} -12 \\ 4 \end{pmatrix}.$$

Es kostet uns nun natürlich keinen großen Aufwand diese Rechenoperationen auf den Fall beliebig vieler sog. *Komponenten* (also Einträge) in jedem Vektor zu erweitern. Wir definieren also – analog zu oben – für zwei Vektoren und eine reelle Zahl

$$\begin{pmatrix} x_1 \\ \vdots \\ x_n \end{pmatrix}, \begin{pmatrix} y_1 \\ \vdots \\ y_n \end{pmatrix} \in \mathbb{R}^n, \lambda \in \mathbb{R}$$

die Verknüpfungen

$$\begin{pmatrix} x_1 \\ \vdots \\ x_n \end{pmatrix} + \begin{pmatrix} y_1 \\ \vdots \\ y_n \end{pmatrix} = \begin{pmatrix} x_1 + y_1 \\ \vdots \\ x_n + y_n \end{pmatrix} \text{ und } \lambda \cdot \begin{pmatrix} x_1 \\ \vdots \\ x_n \end{pmatrix} = \begin{pmatrix} \lambda x_1 \\ \vdots \\ \lambda x_n \end{pmatrix}.$$

Mit diesen gilt dann der folgende Satz.

> **Satz 2.4.4:** Mit den vorgenannten Verknüpfungen ist der $\mathbb{R}^n$ für ein beliebiges $n \in \mathbb{N}$ ein Vektorraum. Genauer ist das 4-Tupel
>
> $$(\mathbb{R}^n, (\mathbb{R}, +, \cdot), +, \cdot)$$
>
> ein $\mathbb{R}$-Vektorraum. Wir nennen dabei n auch die *Dimension* des Vektorraums.
> **Warnung:** Hierbei sollte man sich erneut bewusst sein, dass die im Körper $(\mathbb{R}, +, \cdot)$ verwendeten Verknüpfungen $+$ und $\cdot$ andere Verknüpfungen meinen als jene im Vektorraum, diese jedoch mit denselben Symbolen $+$ und $\cdot$ gekennzeichnet werden. Erneut ergibt sich aus dem Kontext, welche Verknüpfung gemeint ist.

Aus der Schule mag die Darstellung des Vektorraums mit Hilfe von Pfeilen im zweidimensionalen Koordinatensystem ($\mathbb{R}^2$) oder im dreidimensionalen Koordinatensystem ($\mathbb{R}^3$) in Erinnerung sein. Ab der vierten Dimension wird es schließlich schwierig, den entstehenden Vektorraum kognitiv oder visuell greifbar zu machen.

Zunächst bleiben wir aber im $\mathbb{R}^2$: In Abbildung 2.5 sind mehrere Vektoren und Punkte innerhalb des Koordinatensystems des $\mathbb{R}^2$ dargestellt. Hierbei stellen wir die Vektoren

$$\vec{a} = \begin{pmatrix} 4 \\ 3 \end{pmatrix}, \quad \vec{b} = \begin{pmatrix} -6 \\ 2 \end{pmatrix}, \quad \vec{c} = \begin{pmatrix} -4 \\ -3 \end{pmatrix}, \quad \vec{d} = \begin{pmatrix} 6 \\ -2 \end{pmatrix}$$

jeweils als Pfeile dar, die im *Nullpunkt*, oder synonym *Ursprung*, beginnen. Dieser hat die Koordinaten $x = 0$ und $y = 0$ und wird mit O bezeichnet (geläufig ist auch 0 oder o). Wir schreiben für einen solchen Punkt dann auch direkt $O = (0, 0)$. Außerdem haben wir die Punkte

$$A = (4, 3), \quad B = (-6, 2), \quad C = (-4, -3), \quad D = (6, -2)$$

abgebildet. Im Unterschied zu Punkten sind Vektoren eigentlich keinem festen Ort im Koordinatensystem zugeordnet. Sie beschreiben geometrisch eher eine Bewegung entlang ihrer Koordinaten. Nun mussten wir in der Grafik die Vektoren $\vec{a}, \vec{b}, \vec{c}, \vec{d}$ natürlich irgendwo verankern und haben den Ursprung O gewählt. In dieser Situation, also bei Vektoren, die speziell im Ursprung ansetzen, spricht man auch von *Ortsvektoren*. Allgemeiner ist der Vektor

$$\vec{v} := \begin{pmatrix} v_1 \\ \vdots \\ v_n \end{pmatrix} \in \mathbb{R}^n$$

Ortsvektor des Punktes $V = (v_1, \dots, v_n)$ im n-dimensionalen Koordinatensystem, wenn $\vec{v}$ im Ursprung O ansetzend betrachtet wird.

In Abbildung 2.5 ist also $\vec{a}$ der Ortsvektor von Punkt A, $\vec{b}$ der Ortsvektor von Punkt B, $\vec{c}$ der Ortsvektor von Punkt C und $\vec{d}$ der Ortsvektor von Punkt D. Die Konvention, nach welcher dem Ortsvektor der Kleinbuchstabe des entsprechenden mit einem Großbuchstaben benannten Punktes zugeordnet wird, ist übrigens üblich.

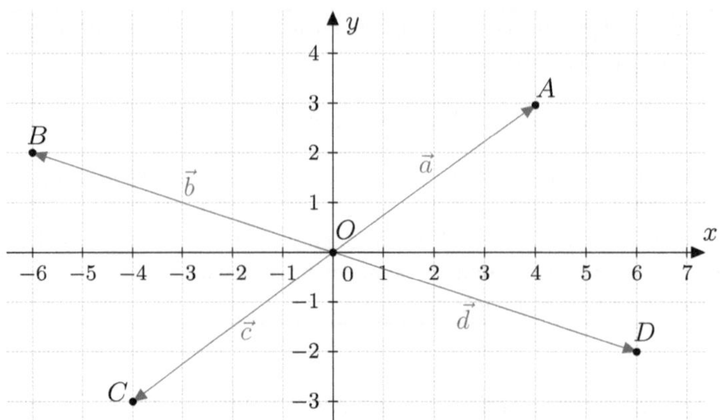

Abb. 2.5: Die vier Vektoren $\vec{a}, \vec{b}, \vec{c}, \vec{d}$ im $\mathbb{R}^2$

Aus der Schulzeit könnte ebenfalls noch jene Schreibweise bekannt sein, bei der der Verbindungsvektor zweier Punkte des Koordinatensystems durch Angabe dieser Punkte angesprochen wird. In unserem Fall würde man

$$\vec{a} = \overrightarrow{OA}, \quad \vec{b} = \overrightarrow{OB}, \quad \vec{c} = \overrightarrow{OC}, \quad \vec{d} = \overrightarrow{OD}$$

schreiben. Im Allgemeinen kann man den Vektor $\overrightarrow{AB} \in \mathbb{R}^n$ zwischen zwei Punkten $A = (a_1, \ldots, a_n)$ und $B = (b_1, \ldots, b_n)$ des n-dimensionalen Koordinatensystems berechnen als

$$\overrightarrow{AB} := \begin{pmatrix} b_1 - a_1 \\ \vdots \\ b_n - a_n \end{pmatrix}.$$

Bei Ortsvektoren, die naturgemäß im Ursprung $O = (0, \ldots, 0)$ ansetzen sollen, erhält man damit also genau die Koordinaten des Zielpunktes als Einträge des Vektors (wie wir auch bereits oben gesehen haben).

Bemerkung 2.4.5: Die vier Viertel des zweidimensionalen Koordinatensystems heißen *Quadranten*. In Abbildung 2.5 liegt A im ersten Quadranten, B im zweiten Quadranten, C im dritten Quadranten und D im vierten Quadranten. Allgemein schreibt man die vier Quadranten häufig in großen römischen Zahlen und nummeriert sie gegen den Uhrzeigersinn:

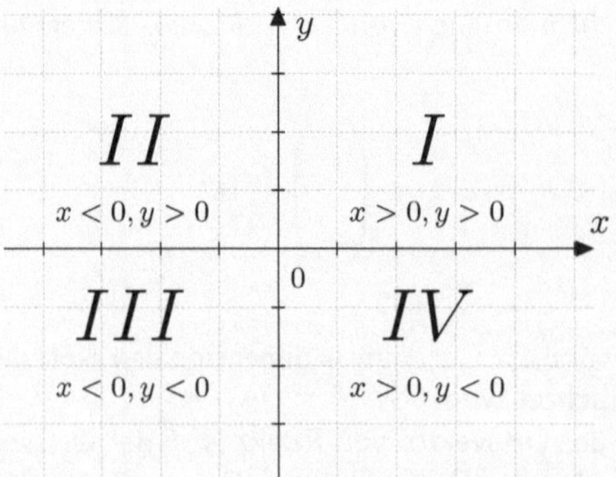

Abb. 2.6: Übersicht über die vier Quadranten des zweidimensionalen Koordinatensystems

Eine nennenswerte Eigenschaft der Vektoraddition ist jene, dass sie immer „den kürzesten Weg" nimmt. Abbildung 2.7 verdeutlicht dies: Alle durchgehend gezeichneten Vektoren aufsummiert ergeben genau den gestrichelt dargestellten Vektor. Um dies zu testen, muss zunächst jeder beteiligte Vektor bestimmt werden. Entweder mit der oben angegebenen Formel oder direkt durch Ablesen der Verschiebung vom Fußpunkt des Pfeils bis zu seiner Spitze in x- und y-Richtung:

$$\overrightarrow{AB} = \begin{pmatrix} 4 \\ 4 \end{pmatrix}, \quad \overrightarrow{BC} = \begin{pmatrix} 4 \\ -2 \end{pmatrix}, \quad \overrightarrow{CD} = \begin{pmatrix} 6 \\ 6 \end{pmatrix}, \quad \overrightarrow{DE} = \begin{pmatrix} -12 \\ 2 \end{pmatrix},$$

$$\overrightarrow{AE} = \begin{pmatrix} 2 \\ 10 \end{pmatrix}.$$

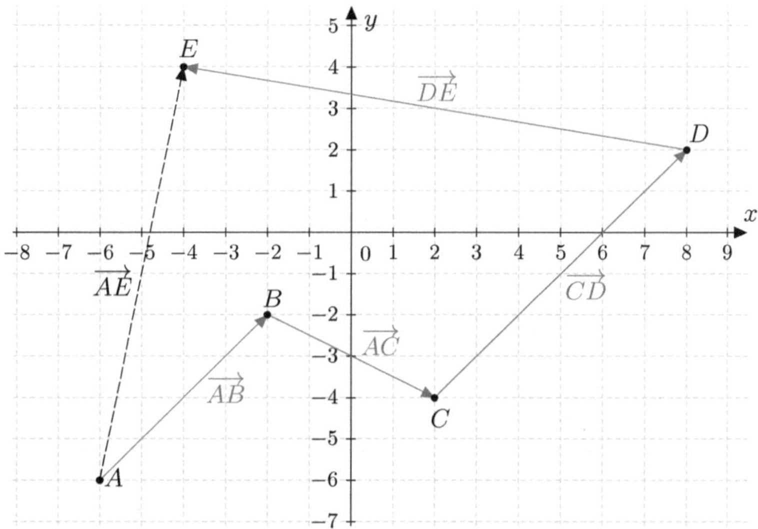

Abb. 2.7: Die Vektoraddition bedeutet „den kürzesten Weg nehmen". Das Aufsummieren aller durchgehend gezeichneten Vektoren ergibt den gestrichelten Vektor $\overrightarrow{AE}$.

Betrachten wir nun die Summe aller durchgehend dargestellten Vektoren, ergibt sich genau der gestrichelte Vektor $\overrightarrow{AE}$:

$$\overrightarrow{AB} + \overrightarrow{BC} + \overrightarrow{CD} + \overrightarrow{DE} = \begin{pmatrix} 4 \\ 4 \end{pmatrix} + \begin{pmatrix} 4 \\ -2 \end{pmatrix} + \begin{pmatrix} 6 \\ 6 \end{pmatrix} + \begin{pmatrix} -12 \\ 2 \end{pmatrix}$$

$$= \begin{pmatrix} 4 + 4 + 6 - 12 \\ 4 - 2 + 6 + 2 \end{pmatrix}$$

$$= \begin{pmatrix} 2 \\ 10 \end{pmatrix} = \overrightarrow{AE}.$$

Anders ausgedrückt ist

$$\left(\overrightarrow{AB} + \overrightarrow{BC} + \overrightarrow{CD} + \overrightarrow{DE} \right) - \overrightarrow{AE} = \vec{o}.$$

Der Vektor $-\overrightarrow{AE}$ beschreibt eine Verschiebung genau entgegengesetzt zu $\overrightarrow{AE}$ bzw. geometrisch meint $-\overrightarrow{AE}$ den gleichen Pfeil wie $\overrightarrow{AE}$, nur dass die Spitze in die entgegengesetzte

Richtung zeigt, also am Ende von $\overrightarrow{AE}$ sitzt. Von dieser Seite aus betrachtet, ist es kein Zufall, dass in obiger Gleichung der Nullvektor $\vec{o}$ entsteht, denn tatsächlich ist es so, dass jeder geschlossene Weg (Mathematiker sagen auch *geschlossene Kurve*) im $\mathbb{R}^n$ (d.h. eine Summe von Vektoren, die eine zusammenhängende Strecke bilden und bei denen der Fußpunkt des ersten Vektors mit der Pfeilspitze des letzten übereinstimmt) den entsprechenden Nullvektor $\vec{o}$ erzeugt.

Beispiel 2.4.6 (Der $\mathbb{R}^3$): Bisher haben wir in Form von Beispielen nur den $\mathbb{R}^n$ für den Fall $n = 2$ betrachtet. Ein weiterer möglicherweise aus der Schule bekannter Vektorraum ist der $\mathbb{R}^3$. Da Papier naturgemäß nur zweidimensionale Objekte darstellen kann, müssen wir uns zur Illustration einer Projektion bedienen:

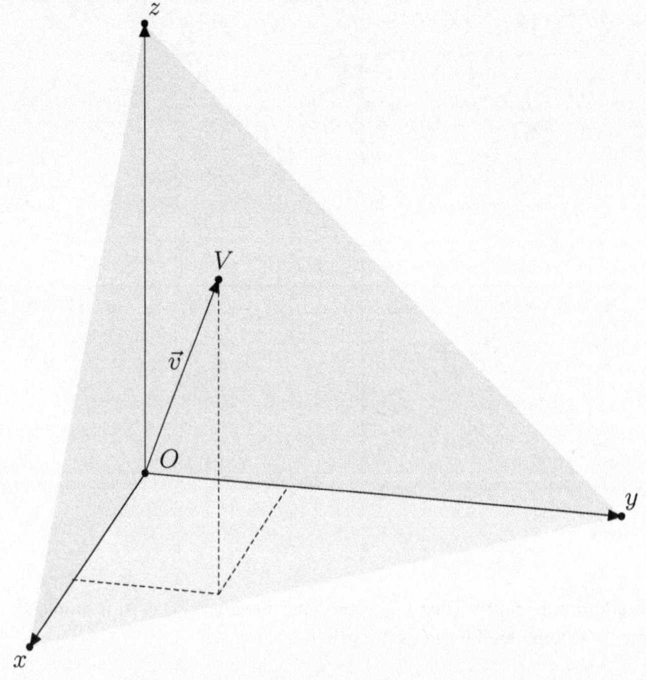

Abb. 2.8: Ein Punkt V mit zugehörigem Ortsvektor $\vec{v}$ im $\mathbb{R}^3$

Es ist üblich, den $\mathbb{R}^3$ wie oben gezeigt zu illustrieren. Natürlich können die Koordinatenachsen auch ins Negative fortgeführt werden.

Bemerkung 2.4.7 („Vektorpfeile"): Ein ewiger Diskussionspunkt bei der Formulierung von Anfängerliteratur im hochschulmathematischen Bereich ist die Frage, ob über Vektoren Pfeile stehen sollen oder nicht, ob also

$$\vec{v} \in \mathbb{R}^n \ \text{ oder } \ v \in \mathbb{R}^n$$

geschrieben werden soll. Denn tatsächlich ist es in vielen Bereichen der Mathematik üblich, diese entfallen zu lassen. Wir haben uns dazu entschieden, die Vektorpfeile im (zumeist geometrischen) Kontext des $\mathbb{R}^n$ zu setzen. Betrachten wir Vektoren allgemeiner, also den abstrakten Vektorraum, wie wir ihn in Definition 2.4.2 eingeführt haben, setzen wir keine Pfeile über die Symbole. Befragt man zwei unterschiedliche Mathematikprofessoren zu diesem Thema, wird man mindestens fünf verschiedene Standpunkte erklärt bekommen.

Nun ist es an der Zeit, einige weitere Begrifflichkeiten einzuführen, die mitunter aus der Schule bekannt sein könnten.

Zunächst aber treffen wir eine Konvention, die sich platzsparend auswirken soll:

Bemerkung 2.4.8: Immer, wenn wir im Folgenden einen Vektor des $\mathbb{R}^n$ mit einem Kleinbuchstaben bezeichnen, sollen seine entsprechenden Einträge – sofern nichts anderes erwähnt wird – mit dem gleichen Kleinbuchstaben, indiziert mit den natürlichen Zahlen von 1 bis n, benannt sein. Für den Vektor $\vec{v}$ gilt also automatisch

$$\vec{v} = \begin{pmatrix} v_1 \\ \vdots \\ v_n \end{pmatrix} \in \mathbb{R}^n.$$

Bei den einzelnen Komponenten des Vektors setzen wir aber natürlich keinen Vektorpfeil.

Definition 2.4.9 (Skalarprodukt): Das *Skalarprodukt* zweier Vektoren $\vec{v}, \vec{w} \in \mathbb{R}^n$ ist definiert als die Abbildung

$$* : \mathbb{R}^n \times \mathbb{R}^n \to \mathbb{R}$$

mit

$$*(\vec{v}, \vec{w}) := \vec{v} * \vec{w}$$

$$:= \begin{pmatrix} v_1 \\ \vdots \\ v_n \end{pmatrix} * \begin{pmatrix} w_1 \\ \vdots \\ w_n \end{pmatrix}$$

$$:= v_1 w_1 + \ldots + v_n w_n$$

$$= \sum_{i=1}^{n} v_i w_i.$$

Falls

$$\vec{v} * \vec{w} = 0$$

gilt, nennen wir $\vec{v}$ und $\vec{w}$ *senkrecht* oder *orthogonal* und schreiben kurz $\vec{v} \perp \vec{w}$. Der Nullvektor $\vec{o}$ ist also z.B. zu beliebigen anderen Vektoren senkrecht.

Warnung: Zu diesem Zeitpunkt handelt es sich nur um eine Definition. Dass die Vektoren unserem geometrischem Verständnis von „senkrecht" auch tatsächlich genügen, sehen wir erst später.

Je nach Autor wird das Skalarprodukt auch gelegentlich geschrieben als $\vec{v} \cdot \vec{w}$, $(\vec{v}, \vec{w})$ oder $\langle \vec{v}, \vec{w} \rangle$. Gerade die Formulierung mittels „$\cdot$" finden wir aufgrund der Verwechslungsgefahr zur skalaren oder Matrizenmultiplikation (s. Kapitel 2.5) unglücklich, wenngleich aus dem Kontext hervorgehen sollte, was gemeint ist.

Warnung: Das Skalarprodukt ist nicht mit der skalaren Multiplikation (auch Skalarmultiplikation) zu verwechseln, welche wir im Rahmen von Definition 2.4.2 eingeführt haben. Es handelt sich beim Skalarprodukt tatsächlich auch nicht um eine Verknüpfung im Sinne unserer Definitionen 2.2.2 und 2.4.1, da das Resultat selbst nicht im $\mathbb{R}^n$ liegt (sofern wir uns nicht im Spezialfall $n = 1$ befinden).

Definition 2.4.10 (parallel): Zwei Vektoren $\vec{v}, \vec{w} \in \mathbb{R}^n$ heißen *parallel* oder *kollinear*, falls ein $\lambda \in \mathbb{R} \setminus \{0\}$ existiert, so dass

$$\vec{v} = \lambda \cdot \vec{w}$$

gilt. Die Null mussten wir dabei für λ ausschließen, da sonst der Nullvektor $\vec{o}$ zu jedem Vektor parallel wäre. Parallelität ist unserer Anschauung entsprechend natürlich eine symmetrische Beziehung, denn wenn $\vec{v}$ parallel zu $\vec{w}$ mit einem $\lambda \in \mathbb{R}$ ist, dann ist $\vec{w}$ auch parallel zu $\vec{w}$ mit Faktor $\frac{1}{\lambda}$. Wir schreiben daher für zwei parallele Vektoren $\vec{v}$ und $\vec{w}$ auch kurz

$$\vec{v} \parallel \vec{w} \Leftrightarrow \vec{w} \parallel \vec{v}.$$

Für $\neg(\vec{v} \parallel \vec{w})$ schreiben wir auch $\vec{v} \nparallel \vec{w}$.

Definition 2.4.11 (Länge, Betrag oder Norm): Die *Länge*, der *Betrag* oder die *Norm* eines Vektors $\vec{v} \in \mathbb{R}^n$ ist definiert als

$$|\vec{v}| := ||\vec{v}|| := \sqrt{v_1^2 + \ldots + v_n^2} \geq 0.$$

Wir können sie auffassen als Abbildung von $\mathbb{R}^n \times \mathbb{R}^n$ nach $\mathbb{R}_0^+$ mit $\vec{v} \mapsto |\vec{v}|$.

Satz 2.4.12 (Eigenschaften von Skalarprodukt und Betrag): Einige wichtige Eigenschaften und Zusammenhänge von Skalarprodukt und Betrag fassen wir hier zusammen. Es seien dazu $\vec{u}, \vec{v}, \vec{w} \in \mathbb{R}^n$ sowie $\lambda \in \mathbb{R}$.

(1) Eigenschaften des Skalarproduktes:

    (1.1) $\vec{u} * \vec{v} = \vec{v} * \vec{u}$,   (Kommutativgesetz)

    (1.2) $\vec{u} * \vec{u} > 0$ für $\vec{u} \neq \vec{o}$,   (positive Definitheit[9])

    (1.3) $(\lambda \cdot \vec{u}) * \vec{v} = \lambda(\vec{u} * \vec{v}) = \vec{u} * (\lambda \cdot \vec{v})$,   (gemischtes Assoziativgesetz)

    (1.4) $(\vec{u} + \vec{v}) * \vec{w} = \vec{u} * \vec{w} + \vec{v} * \vec{w}$ und   (Distributivgesetz)

           $\vec{u} * (\vec{v} + \vec{w}) = \vec{u} * \vec{v} + \vec{u} * \vec{w}$.

(2) Eigenschaften des Betrages:

    (2.1) $||\lambda \cdot \vec{u}|| = |\lambda| \cdot ||\vec{u}||$,   (Definitheit)

    (2.2) $||\vec{u}|| = 0 \Rightarrow \vec{u} = \vec{o}$,   (absolute Homogenität)

    (2.3) $||\vec{u} + \vec{v}|| \leq ||\vec{u}|| + ||\vec{v}||$,   (Dreiecksungleichung)

    (2.4) $||\vec{u} + \vec{v}||^2 + ||\vec{u} - \vec{v}||^2 = 2(||\vec{u}||^2 + ||\vec{v}||^2)$.   (Parallelogrammgleichung)

(3) Zusammenhänge von Skalarprodukt und Betrag:

    (3.1) $||\vec{u}|| = \sqrt{\vec{u} * \vec{u}}$,

    (3.2) $|\vec{u} * \vec{v}| = ||\vec{u}|| \cdot ||\vec{v}||$, falls $\vec{u} \parallel \vec{v}$,

    (3.3) $|\vec{u} * \vec{v}| \leq ||\vec{u}|| \cdot ||\vec{v}||$.   (Cauchy[10]-Schwarzsche[11] Ungleichung)

---

[9]Nein, das ist kein Tippfehler und heißt auch nicht „Definiertheit".
[10]Augustin-Louis Cauchy (*1789; †1857), französischer Mathematiker
[11]Hermann Amandus Schwarz (*1843; †1921), deutscher Mathematiker

Bemerkung 2.4.13 (Abstand): Insbesondere können wir also den Abstand zweier Punkte A und B bzw. zweier zugehöriger Ortsvektoren $\vec{a}$ und $\vec{b}$ im $\mathbb{R}^n$ berechnen als Länge des die beiden Punkte verbindenden Vektors $\overrightarrow{AB}$ bzw. der Länge des Differenzvektors $\vec{b} - \vec{a}$ (oder alternativ $\vec{a} - \vec{b}$):

$$\mathrm{dist}(A, B) := \left\| \overrightarrow{AB} \right\| = \|\vec{b} - \vec{a}\| = \left\| \begin{pmatrix} b_1 - a_1 \\ \vdots \\ b_n - a_n \end{pmatrix} \right\| = \sqrt{(b_1 - a_1)^2 + \ldots + (b_n - a_n)^2}.$$

Beispiel 2.4.14: Wir versuchen die neu hinzugewonnenen Begriffe in einem Beispiel zu festigen und ziehen dazu die Vektoren

$$\vec{u} := \begin{pmatrix} -3 \\ 1 \end{pmatrix}, \quad \vec{v} := \begin{pmatrix} 6 \\ -2 \end{pmatrix}, \quad \vec{w} := \begin{pmatrix} 1 \\ 3 \end{pmatrix}$$

heran. Die Vektoren $\vec{u}$ und $\vec{v}$ sind parallel, denn es gilt

$$\vec{u} = -\frac{1}{2} \cdot \vec{v} \Leftrightarrow \begin{pmatrix} -3 \\ 1 \end{pmatrix} = -\frac{1}{2} \cdot \begin{pmatrix} 6 \\ -2 \end{pmatrix}. \; \checkmark$$

Die Vektoren $\vec{u}$ und $\vec{w}$ stehen senkrecht zueinander, denn es gilt

$$\vec{u} * \vec{w} = \begin{pmatrix} -3 \\ 1 \end{pmatrix} * \begin{pmatrix} 1 \\ 3 \end{pmatrix} = -3 \cdot 1 + 1 \cdot 3 = 0.$$

Ferner sind auch $\vec{v}$ und $\vec{w}$ senkrecht zueinander:

$$\vec{v} * \vec{w} = \begin{pmatrix} 6 \\ -2 \end{pmatrix} * \begin{pmatrix} 1 \\ 3 \end{pmatrix} = 6 \cdot 1 + (-2) \cdot 3 = 0.$$

Dies erscheint sinnvoll, da intuitiv natürlich zwei parallele Vektoren auf den gleichen Vektoren senkrecht stehen sollten.

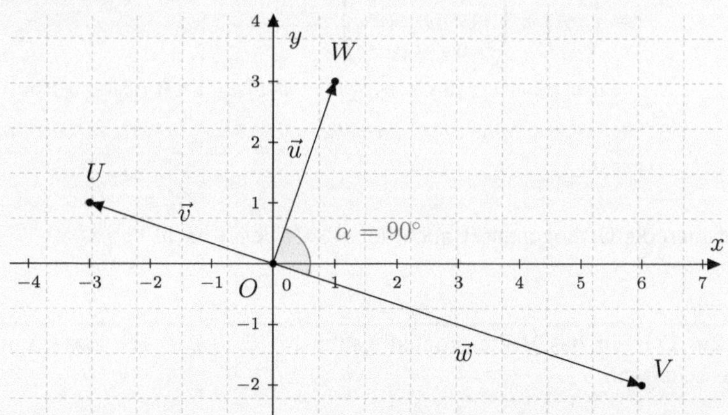

Abb. 2.9: Die drei Vektoren $\vec{u}, \vec{v}, \vec{w}$ als Ortsvektoren der Punkte U, V, W im Koordinatensystem des $\mathbb{R}^2$

Speziell sehen wir in Abbildung 2.9, dass die Vektoren $\vec{v}$ und $\vec{w}$ zwar auf einer Geraden liegen, aber entgegen einander gerichtet sind. So etwas verstehen wir also auch unter Parallelität. Außerdem scheint unsere Definition von „senkrecht" gerechtfertig: Tatsächlich weisen $\vec{v}$ und $\vec{w}$ mit dem Vektor $\vec{u}$ einen Schnittwinkel von 90 Grad auf. Dies ist auch verallgemeinerbar, d.h. alle Vektoren, die senkrecht sind, haben einen Schnittwinkel von 90 Grad.

Im $\mathbb{R}^3$ gibt es eine eine weitere Abbildung die den Namen „Produkt"trägt. Dieses ist speziell dem $\mathbb{R}^3$ vorbehalten. Es ist für Vektoren des $\mathbb{R}^n$ mit $n \neq 3$ also nicht definiert.

Definition 2.4.15: Das *Vektorprodukt* oder *Kreuzprodukt* ist eine Abbildung $\times$, die zwei Vektoren des $\mathbb{R}^3$ wieder einen Vektor des $\mathbb{R}^3$ zuordnet, d.h.

$$\times : \mathbb{R}^3 \times \mathbb{R}^3 \to \mathbb{R}^3 .$$

Für zwei Vektoren $\vec{v}, \vec{w} \in \mathbb{R}^n$ lautet die Abbildungsvorschrift

$$\times(\vec{v}, \vec{w}) = \vec{v} \times \vec{w} = \begin{pmatrix} v_1 \\ v_2 \\ v_3 \end{pmatrix} \times \begin{pmatrix} w_1 \\ w_2 \\ w_3 \end{pmatrix} = \begin{pmatrix} v_2 w_3 - v_3 w_2 \\ v_3 w_1 - v_1 w_3 \\ v_1 w_2 - v_2 w_1 \end{pmatrix} .$$

Satz 2.4.16: Für zwei Vektoren $\vec{v}, \vec{w} \in \mathbb{R}^3$ gilt

$$\vec{v} \perp (\vec{v} \times \vec{w}) \text{ und } \vec{w} \perp (\vec{v} \times \vec{w}),$$

d.h. $\vec{v} \times \vec{w}$ ist ein Vektor, der sowohl auf $\vec{v}$ als auch auf $\vec{w}$ senkrecht steht.

Beweis: Es gilt

$$\begin{aligned}
\vec{v} * (\vec{v} \times \vec{w}) &= \begin{pmatrix} v_1 \\ v_2 \\ v_3 \end{pmatrix} * \left(\begin{pmatrix} v_1 \\ v_2 \\ v_3 \end{pmatrix} \times \begin{pmatrix} w_1 \\ w_2 \\ w_3 \end{pmatrix} \right) \\
&= \begin{pmatrix} v_1 \\ v_2 \\ v_3 \end{pmatrix} * \begin{pmatrix} v_2 w_3 - v_3 w_2 \\ v_3 w_1 - v_1 w_3 \\ v_1 w_2 - v_2 w_1 \end{pmatrix} \\
&= v_1 v_2 w_3 - v_1 v_3 w_2 + v_2 v_3 w_1 - v_2 v_1 w_3 + v_3 v_1 w_2 - v_3 v_2 w_1 \\
&= v_1 v_2 w_3 - v_1 v_2 w_3 + v_1 v_3 w_2 - v_1 v_3 w_2 + v_2 v_3 w_1 - v_2 v_3 w_1 \\
&= 0.
\end{aligned}$$

Analog rechnet man die Orthogonalität auch für $\vec{w} \perp (\vec{v} \times \vec{w})$ nach. $\qquad\qquad\square$

Bemerkung 2.4.17: Für das Vektorprodukt gelten für $\vec{u}, \vec{v}, \vec{w} \in \mathbb{R}^3$ sowie $\lambda, \mu \in \mathbb{R}$ die folgenden Eigenschaften.

- $\vec{u} \times (\lambda \vec{v} + \mu \vec{w}) = \lambda (\vec{u} \times \vec{v}) + \mu (\vec{u} \times \vec{w})$
  $(\lambda \vec{u} + \mu \vec{v}) \times \vec{w} = \lambda (\vec{u} \times \vec{w}) + \mu (\vec{v} \times \vec{w})$

- $\vec{u} \times \lambda \vec{u} = \vec{o}$, d.h. das Vektorprodukt paralleler Vektoren ist $\vec{o}$.

- $\vec{u} \times v = -\vec{v} \times \vec{u}$, d.h. das Vektorprodukt ist *antikommutativ*. Man kann beide Operanden also vertauschen, muss aber berücksichtigen, dass das Vorzeichen wechselt.

Bemerkung 2.4.18: Der Betrag $\|\vec{u} \times \vec{v}\|$ des Kreuzproduktes zweier Vektoren $\vec{u}$ und $\vec{v}$ ist der Flächeninhalt des Parallelogramms, welches von diesen *aufgespannt* wird. Dies setzt anschaulich voraus, dass $\vec{u}$ und $\vec{v}$ nicht-parallel zueinander sind, denn sonst würden sie kein Parallelogramm erzeugen, wenngleich rechnerisch der Flächeninhalt in diesem Fall 0 wäre (vgl. den zweiten Spiegelpunkt in Bemerkung 2.4.17). Gemeint ist also das (zweidimensionale) Parallelogramm (s. Abbildung 2.10), welches $\vec{u}$ und $\vec{v}$ als Seiten besitzt: Es handelt sich hier zwar um Vektoren des $\mathbb{R}^3$, aber auch zwei (nicht-parallele) Vektoren des dreidimensionalen Raums liegen in einer zweidimensionalen Ebene (und legen diese sogar eindeutig fest).

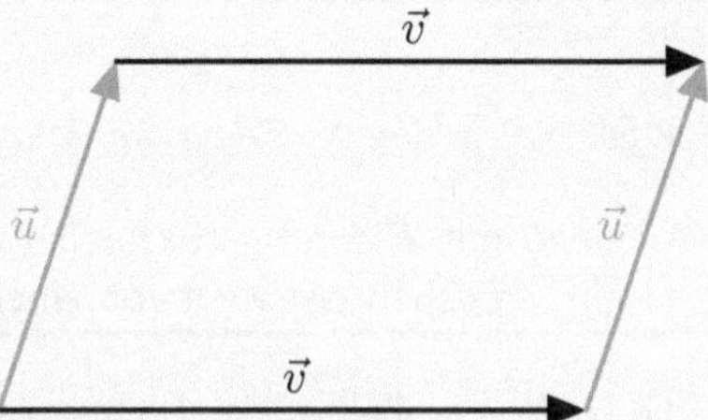

Abb. 2.10: Auch Paare dreidimensionaler Vektoren $\vec{u}, \vec{v} \in \mathbb{R}^3$ liegen in einer zweidimensionalen Ebene. Dort kann man sie, sofern $\vec{u} \nparallel \vec{v}$ gilt, als Kanten eines Parallelogramms interpretieren.

Definition 2.4.19 (Kanonische Einheitsvektoren): Wir nennen die n Vektoren $\vec{e}_1, \ldots, \vec{e}_n \in \mathbb{R}^n$ mit

$$
\vec{e}_1 = \begin{pmatrix} 1 \\ 0 \\ 0 \\ 0 \\ \vdots \\ 0 \\ 0 \end{pmatrix}, \quad
\vec{e}_2 = \begin{pmatrix} 0 \\ 1 \\ 0 \\ 0 \\ \vdots \\ 0 \\ 0 \end{pmatrix}, \quad
\vec{e}_3 = \begin{pmatrix} 0 \\ 0 \\ 1 \\ 0 \\ \vdots \\ 0 \\ 0 \end{pmatrix}, \quad \ldots, \quad
\vec{e}_n = \begin{pmatrix} 0 \\ 0 \\ 0 \\ 0 \\ \vdots \\ 0 \\ 1 \end{pmatrix},
$$

kanonische Einheitsvektoren oder *Standardbasis* des $\mathbb{R}^n$. Sie bilden unser Koordinatensystem im $\mathbb{R}^n$, denn sie beschreiben genau die Richtung der n Koordinatenachsen, haben jeweils die Länge 1 (daher die Bezeichnung) und je zwei von ihnen stehen senkrecht zueinander, was man schnell mittels Skalarprodukt-Berechnung erkennt.

Beispiel 2.4.20: Die kanonischen Einheitsvektoren des $\mathbb{R}^4$ lauten

$$
\vec{e}_1 = \begin{pmatrix} 1 \\ 0 \\ 0 \\ 0 \end{pmatrix}, \quad
\vec{e}_2 = \begin{pmatrix} 0 \\ 1 \\ 0 \\ 0 \end{pmatrix}, \quad
\vec{e}_3 = \begin{pmatrix} 0 \\ 0 \\ 1 \\ 0 \end{pmatrix}, \quad
\vec{e}_4 = \begin{pmatrix} 0 \\ 0 \\ 0 \\ 1 \end{pmatrix}.
$$

2.4.3 Geraden und Ebenen im $\mathbb{R}^n$

Wir wollen uns kurz mit den meist sehr intensiv in der Schule behandelten Geraden und Ebenen des $\mathbb{R}^n$ (in der Schule für $n = 3$) beschäftigen. Bei diesen Strukturen handelt es sich formal um Teilmengen des $\mathbb{R}^n$.

Definition 2.4.21 (Gerade): Die Menge

$$G := \{\vec{x} \in \mathbb{R}^n \mid \vec{x} = \vec{u} + \lambda \cdot \vec{v}, \lambda \in \mathbb{R}\}$$

heißt für $\vec{v} \neq \vec{o}$ *Gerade* mit *Richtungsvektor* $\vec{v} \in \mathbb{R}^n$ und *Stützvektor* $\vec{u} \in \mathbb{R}^n$. Speziell spricht man hier auch von einer Geraden in *Parameterform* im Kontrast zu der in der Schule üblichen Schreibweise $y = mx + n$ im $\mathbb{R}^2$. Falls $\vec{o} \in G$ gilt, sprechen wir auch von einer *Ursprungsgeraden*.

Definition 2.4.22 (Ebene): Die Menge

$$E := \{\vec{x} \in \mathbb{R}^n \mid \vec{x} = \vec{u} + \lambda \cdot \vec{v} + \mu \cdot \vec{w}, \lambda, \mu \in \mathbb{R}\}$$

heißt für $\vec{v}, \vec{w} \neq \vec{o}$ und $\vec{v} \nparallel \vec{w}$ *Ebene* mit *Richtungsvektoren* $\vec{v} \in \mathbb{R}^n$ und $\vec{w} \in \mathbb{R}^n$ sowie *Stützvektor* $\vec{u} \in \mathbb{R}^n$. Falls $\vec{o} \in E$ gilt, sprechen wir auch von einer *Ursprungsebene*.

In obiger Definition haben wir die Nicht-Parallelität der Richtungsvektoren ($\vec{v} \nparallel \vec{w}$) gefordert, damit wirklich eine Ebene entsteht. Würde man parallele Vektoren einsetzen, würde die Ebene zu einer Geraden degenerieren.

Bemerkung 2.4.23 (Darstellungsformen einer Ebene): Eine Ebene im $\mathbb{R}^n$ lässt sich auf verschiedene Weisen darstellen. Dazu zählen die

- *Parameterform*

$$E := \{\vec{x} \in \mathbb{R}^n \mid \vec{x} = \vec{u} + \lambda \cdot \vec{v} + \mu \cdot \vec{w}, \lambda, \mu \in \mathbb{R}\}$$

  mit $\vec{v}, \vec{w} \neq \vec{o}$ und $\vec{v} \nparallel \vec{w}$ (vgl. Definition 2.4.22),

- *Normalenform*

$$E := \{\vec{x} \in \mathbb{R}^n \mid (\vec{x} - \vec{p}) * \vec{n} = 0\}$$

  für einen sog. *Normalenvektor* $\vec{n} \in \mathbb{R}^n \setminus \{\vec{o}\}$ mit $(\vec{x} - \vec{p}) \perp \vec{n}$ (was bedeutet, dass $\vec{n}$ senkrecht auf der Ebene steht) und einem Ortsvektor eines beliebigen Punktes der Ebene $\vec{p} \in E$,

- *Koordinatenform*

$$E := \{\vec{x} = \in \mathbb{R}^n \mid x_1 n_1 + x_2 n_2 + \ldots + x_n n_n - p_1 n_1 - p_2 n_2 - \ldots - p_n n_n = 0\},$$

  welche sich aus der bis auf Koordinatenebene ausmultiplizierten Normalenform ergibt.

2.4.A Aufgaben

Aufgabe 1: Wir betrachten ein Viereck im $\mathbb{R}^n$, dessen Eckpunkte die Ortsvektoren $\vec{a}, \vec{b}, \vec{c}, \vec{d} \in \mathbb{R}^n$ besitzen. Zeige rechnerisch, dass durch die Verbindung der Seitenmitten zweier benachbarter Viereckssseiten insgesamt ein Parallelogramm entsteht. Zur Unterstützung beinhaltet Abbildung 2.11 eine Skizze der Situation für den Fall $n = 2$.

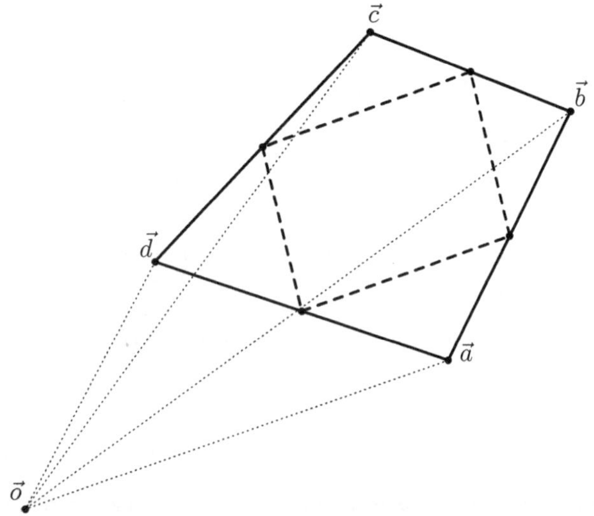

Abb. 2.11: Eine Skizze der Situation für den Fall $n = 2$

Aufgabe 2: Weise mit Hilfe der Rechenregeln für das Skalarprodukt die sog. *Parallelogramm-gleichung*

$$||\vec{u} + \vec{v}||^2 + ||\vec{u} - \vec{v}||^2 = 2(||\vec{u}||^2 + ||\vec{v}||^2)$$

aus Satz 2.4.12 für Vektoren $\vec{u}, \vec{v} \in \mathbb{R}^n$ nach.

Aufgabe 3: Durch die Punkte $P = (0, 2, -1), Q = (-4, 2, 4), R = (1, -5, 3)$ wird ein Dreieck im $\mathbb{R}^3$ beschrieben. Berechne den Flächeninhalt.
Tipp: Hierfür kannst du eine kleine Abwandlung an einer Formel, die nur im $\mathbb{R}^3$ gilt, vornehmen.

Aufgabe 4: Gegeben seien die Vektoren

$$\vec{v} = \begin{pmatrix} 6 \\ 0 \\ 5 \end{pmatrix}, \vec{w} = \begin{pmatrix} -2 \\ 2 \\ 1 \end{pmatrix}$$

(a) Bestimme einen Vektor $\vec{n} \in \mathbb{R}^3$, der sowohl auf $\vec{v}$ als auch auf $\vec{w}$ senkrecht steht.

(b) Bestimme einen Vektor $\vec{n}_0 \in \mathbb{R}^3$, der sowohl auf $\vec{v}$ als auch auf $\vec{w}$ senkrecht steht und die Länge 1 hat.

(c) Wie viele solcher Vektoren gibt es?

Aufgabe 5:

(a) Es seien zwei Vektoren $\vec{a}, \vec{b} \in \mathbb{R}^4$ gegeben mit

$$\vec{a} = \begin{pmatrix} 4 \\ 3 \\ -1 \\ 3 \end{pmatrix}, \quad \vec{b} = \begin{pmatrix} -1 \\ 2 \\ -3 \\ 5 \end{pmatrix}.$$

Bestimme die Gerade $G \subset \mathbb{R}^4$ mit $\vec{a}, \vec{b} \in G$.

(b) Eine weitere Gerade ist durch die Menge

$$H := \left\{ \vec{x} \in \mathbb{R}^4 \;\middle|\; \vec{x} = \begin{pmatrix} 5 \\ -4 \\ -3 \\ 3 \end{pmatrix} + \lambda \cdot \begin{pmatrix} 3 \\ 1 \\ -2 \\ 3 \end{pmatrix}, \lambda \in \mathbb{R} \right\}$$

gegeben. Bestimme die Schnittmenge beider Geraden $G \cap H$.

Aufgabe 6: Es sei

$$\mathbb{P}_3 := \{p : \mathbb{R} \to \mathbb{R} \mid p(x) = ax^3 + bx^2 + cx + d \text{ und } a, b, c, d \in \mathbb{R}\}$$

der *Raum der Polynome mit Grad kleiner oder gleich* 3. Zeige, dass es sich mit der Addition

$$p + q \text{ mit } (p + q)(x) = p(x) + q(x) = (a + \alpha)x^3 + (b + \beta)x^2 + (c + \gamma)x + (d + \delta)$$

sowie der skalaren Multiplikation

$$\lambda \cdot p \text{ mit } (\lambda \cdot p)(x) = \lambda \cdot p(x) = (\lambda a)x^3 + (\lambda b)x^2 + (\lambda c)x + (\lambda d)$$

für Polynome $p, q \in \mathbb{P}_3$ mit $p(x) = ax^3 + bx^2 + cx + d$ bzw. $q(x) = \alpha x^3 + \beta x^2 + \gamma x + \delta$ um einen $\mathbb{R}$-Vektorraum handelt.

Hinweis: Musterlösungen sind auf der Springer-Verlagsseite unter http://www.springer.com/mathematics/book/978-3-658-06595-9 zu finden.

2.5 Matrizen

Im Kapitel 2.1 haben wir in Form des Gauß-Tableaus bereits eine Art Matrix gesehen. Lassen wir hier die letzte Spalte für die rechte Seite fallen, erhalten wir eine „normale" Matrix, d.h. ein rechteckiges (speziell möglicherweise quadratisches) Raster von reellen (oder komplexen) Zahlen.

2.5.1 Grundlegendes

> **Definition 2.5.1** (Matrix): Eine *Matrix* A mit n Zeilen und m Spalten ist ein rechteckig angeordnetes Zahlenraster der Art
>
> $$A = \begin{pmatrix} a_{1,1} & a_{1,2} & \cdots & a_{1,m} \\ a_{2,1} & a_{2,2} & \cdots & a_{2,m} \\ \vdots & \vdots & & \vdots \\ a_{n,1} & a_{n,2} & \cdots & a_{n,m} \end{pmatrix}.$$
>
> Die Zahlen $a_{i,j} \in \mathbb{C}$ ($i = 1, \ldots, n$, $j = 1, \ldots, m$, d.h. in diesen Grenzen laufen die Indexvariablen i und j; das Komma im Index (bei i, j) unterdrücken einige Autoren) heißen *Einträge* der Matrix. Die Matrix heißt *quadratisch*, falls $n = m$ gilt. Die Menge aller Matrizen mit reellen Einträgen und n Zeilen und m Spalten schreiben wir als
>
> $$\mathbb{R}^{n \times m} := \left\{ \begin{pmatrix} a_{1,1} & a_{1,2} & \cdots & a_{1,m} \\ a_{2,1} & a_{2,2} & \cdots & a_{2,m} \\ \vdots & \vdots & & \vdots \\ a_{n,1} & a_{n,2} & \cdots & a_{n,m} \end{pmatrix} \,\middle|\, \forall\, i = 1, \ldots, n, j = 1, \ldots, m : a_{i,j} \in \mathbb{R} \right\}.$$
>
> Dabei entspricht der $\mathbb{R}^{n \times m}$ in Bezug auf einige Eigenschaften im Wesentlichen dem $\mathbb{R}^{n \cdot m}$, d.h. z. B. die skalare Multiplikation sowie die Addition zweier Matrizen erfolgt eintragsweise. Analog ist auch $\mathbb{C}^{n \times m}$ definiert. In der Literatur findet man für $\mathbb{R}^{n \times m}$ bzw. $\mathbb{C}^{n \times m}$ im Übrigen auch alternative Schreibweisen wie $\mathbb{R}^{(n,m)}$ bzw. $\mathbb{C}^{(n,m)}$ o.Ä.

„Eintragsweise" im letzten Absatz von Definition 2.5.1 bedeutet, dass für eine Matrix

$$A = \begin{pmatrix} a_{1,1} & a_{1,2} & \cdots & a_{1,m} \\ a_{2,1} & a_{2,2} & \cdots & a_{2,m} \\ \vdots & \vdots & & \vdots \\ a_{n,1} & a_{n,2} & \cdots & a_{n,m} \end{pmatrix} \in \mathbb{R}^{n \times m}$$

die skalare Multiplikation definiert ist als

$$\lambda \cdot A = \lambda \cdot \begin{pmatrix} a_{1,1} & a_{1,2} & \cdots & a_{1,m} \\ a_{2,1} & a_{2,2} & \cdots & a_{2,m} \\ \vdots & \vdots & & \vdots \\ a_{n,1} & a_{n,2} & \cdots & a_{n,m} \end{pmatrix} = \begin{pmatrix} \lambda a_{1,1} & \lambda a_{1,2} & \cdots & \lambda a_{1,m} \\ \lambda a_{2,1} & \lambda a_{2,2} & \cdots & \lambda a_{2,m} \\ \vdots & \vdots & & \vdots \\ \lambda a_{n,1} & \lambda a_{n,2} & \cdots & \lambda a_{n,m} \end{pmatrix}$$

für $\lambda \in \mathbb{R}$ sowie die Addition der Matrix A mit einer weiteren Matrix

$$B = \begin{pmatrix} b_{1,1} & b_{1,2} & \cdots & b_{1,m} \\ b_{2,1} & b_{2,2} & \cdots & b_{2,m} \\ \vdots & \vdots & & \vdots \\ b_{n,1} & b_{n,2} & \cdots & b_{n,m} \end{pmatrix} \in \mathbb{R}^{n \times m}$$

definiert ist als

$$\begin{aligned} A + B &= \begin{pmatrix} a_{1,1} & a_{1,2} & \cdots & a_{1,m} \\ a_{2,1} & a_{2,2} & \cdots & a_{2,m} \\ \vdots & \vdots & & \vdots \\ a_{n,1} & a_{n,2} & \cdots & a_{n,m} \end{pmatrix} + \begin{pmatrix} b_{1,1} & b_{1,2} & \cdots & b_{1,m} \\ b_{2,1} & b_{2,2} & \cdots & b_{2,m} \\ \vdots & \vdots & & \vdots \\ b_{n,1} & b_{n,2} & \cdots & b_{n,m} \end{pmatrix} \\ &= \begin{pmatrix} a_{1,1} + b_{1,1} & a_{1,2} + b_{1,2} & \cdots & a_{1,m} + b_{1,m} \\ a_{2,1} + b_{2,1} & a_{2,2} + b_{2,2} & \cdots & a_{2,m} + b_{2,m} \\ \vdots & \vdots & & \vdots \\ a_{n,1} + b_{n,1} & a_{n,2} + b_{n,2} & \cdots & a_{n,m} + b_{n,m} \end{pmatrix}. \end{aligned}$$

Der Begriff „Matrix" ist übrigens vergleichsweise jung und wurde 1851 von Sylvester[12] erstmalig genutzt und unmittelbar von Cayley[13] maßgeblich weiterentwickelt (vgl. ALTEN et al. 2014 [3], S. 438 f.).

Bemerkung 2.5.2: Ähnlich wie wir es bei Vektoren bisher gehandhabt haben (und weiter handhaben werden), gehen wir nun immer davon aus, dass die einzelnen Einträge einer Matrix mit dem entsprechenden (Klein-)buchstaben und der Indizierung „Zeile, Spalte" benannt sind. Die Buchstaben, welche wir für eine Matrix selbst vergeben, schreiben wir hingegen immer groß. Für eine Matrix $A \in \mathbb{R}^{n \times m}$ gilt also von nun an automatisch

$$A = \begin{pmatrix} a_{1,1} & a_{1,2} & \cdots & a_{1,m} \\ a_{2,1} & a_{2,2} & \cdots & a_{2,m} \\ \vdots & \vdots & & \vdots \\ a_{n,1} & a_{n,2} & \cdots & a_{n,m} \end{pmatrix}.$$

Wir schreiben dieselbe Matrix auch in der kürzeren Schreibweise

$$A = (a_{i,j})_{i=1,\ldots,n, j=1,\ldots,m} \overset{14}{=} (a_{i,j}) \in \mathbb{R}^{n \times m}.$$

---

[12] James Joseph Sylvester (*1814; †1897), britischer Mathematiker
[13] Arthur Cayley (*1821; †1895), britischer Mathematiker
[14] Die Laufweiten der Indizes i und j unterdrücken wir dabei nur, wenn Missverständnisse ausgeschlossen sind etwa durch die Angabe von „$\in \mathbb{R}^{n \times m}$".

Definition 2.5.3 (Einheits- und Nullmatrix): Zwei spezielle Matrizen, die wir uns merken müssen, sind folgende:

- Die quadratische Matrix, welche spaltenweise aus den kanonischen Einheitsvektoren des $\mathbb{R}^n$ besteht, heißt $(n \times n)$-*Einheitsmatrix* oder kurz nur *Einheitsmatrix*. Wir schreiben sie als

$$I := I_n := \begin{pmatrix} 1 & 0 & \cdots & 0 \\ 0 & 1 & \ddots & \vdots \\ \vdots & \ddots & \ddots & 0 \\ 0 & \cdots & 0 & 1 \end{pmatrix} \in \mathbb{R}^{n \times n}.$$

  Oft sieht man auch die Bezeichnung E bzw. E_n für die Einheitsmatrix, welche wir aber nicht nutzen werden.

- Die Matrix, welche nur Nullen als Einträge hat und aus dem $\mathbb{R}^{n \times m}$ stammt, heißt $(n \times m)$-*Nullmatrix* oder kurz nur *Nullmatrix*. Wir schreiben sie als

$$0 := 0_{n \times m} := \begin{pmatrix} 0 & \cdots & 0 \\ \vdots & \ddots & \vdots \\ 0 & \cdots & 0 \end{pmatrix} \in \mathbb{R}^{n \times m}.$$

Definition 2.5.4 (Diagonale einer Matrix, Diagonalmatrix): Die Einträge $a_{i,i} \in \mathbb{R}$, $i = 1, \ldots, n$, einer quadratischen Matrix $A \in \mathbb{R}^{n \times n}$ heißen *Diagonale* von A. Eine quadratische Matrix A, welche höchstens auf ihrer Diagonalen Einträge verschieden von 0 hat, heißt *Diagonalmatrix*. Wir schreiben eine solche Matrix auch als

$$A =: \operatorname{diag}(a_{1,1}, a_{2,2}, \ldots, a_{n,n}).$$

Beispiel 2.5.5:

- Die Einheitsmatrix I_n ist für beliebiges $n \in \mathbb{N}$ eine Diagonalmatrix. Wir könnten sie auch als

$$I_n = \operatorname{diag}(\underbrace{1, \ldots, 1}_{n \text{ Stück}})$$

  schreiben.

- Die Nullmatrix $0_{n \times m}$ ist genau dann eine Diagonalmatrix, wenn $n = m$ gilt, die Matrix also quadratisch ist. In diesem Fall gilt $0_{n \times n} = \operatorname{diag}(\underbrace{0, 0, \ldots, 0}_{n-\text{mal}})$.

- Die Matrix

$$\operatorname{diag}(2, 0, -6) = \begin{pmatrix} 2 & 0 & 0 \\ 0 & 0 & 0 \\ 0 & 0 & -6 \end{pmatrix} \in \mathbb{R}^{3 \times 3}$$

  ist eine Diagonalmatrix.

Warnung: Es sei bemerkt, dass obige Definition **ausschließlich** auf quadratische Matrizen angewendet werden darf. Dies steht im Gegensatz zu unserer Definition der Diagonalen eines linearen Gleichungssystems (Definition 2.1.7). Diese haben wir dort auch für nicht-quadratische Gleichungssysteme erklärt, da dies einige Ausdrucksweisen erleichterte.

Definition 2.5.6 (Transponierte): Es sei $A = (a_{i,j})_{i=1,\ldots,n,j=1,\ldots,m} \in \mathbb{R}^{n \times m}$ eine Matrix. Dann heißt

$$A^\top := (a_{j,i})_{j=1,\ldots,m,i=1,\ldots,n} \in \mathbb{R}^{m \times n}$$

die zu A *transponierte* Matrix oder kurz die zu A *Transponierte*. D.h. die Transponierte $A^\top$ einer Matrix A entsteht durch Vertauschen der Zeilen und Spalten.

Wir machen die letzte Definition anhand eines Beispiels klarer.

Beispiel 2.5.7: Es seien die Matrizen

$$A := \begin{pmatrix} 1 & 2 & 3 \\ 4 & 5 & 6 \\ 7 & 8 & 9 \end{pmatrix} \in \mathbb{R}^{3 \times 3} \quad \text{und} \quad B := \begin{pmatrix} 1 & 2 \\ 3 & 4 \\ 5 & 6 \\ 7 & 8 \end{pmatrix} \in \mathbb{R}^{4 \times 2}$$

gegeben. Dann ist

$$A^\top = \begin{pmatrix} 1 & 4 & 7 \\ 2 & 5 & 8 \\ 3 & 6 & 9 \end{pmatrix} \in \mathbb{R}^{3 \times 3} \quad \text{und} \quad B^\top = \begin{pmatrix} 1 & 3 & 5 & 7 \\ 2 & 4 & 6 & 8 \end{pmatrix} \in \mathbb{R}^{2 \times 4}.$$

2.5.2 Matrix-Vektor-Multiplikation

Wir wollen nun eine erste Art einführen, wie mit Matrizen gerechnet werden kann. Hierbei werden Matrizen mit Vektoren erstmalig interagieren. Zwar haben wir bisher schon eintragsweise Rechenoperationen gesehen, die Stärke der Matrizenrechnung wird sich aber erst in diesen folgenden Abschnitten zu erkennen geben. Die strikte Trennung zwischen Vektoren und Matrizen wird am Ende nicht mehr notwendig sein.

Definition 2.5.8 (Matrix-Vektor-Multiplikation): Es sei $A \in \mathbb{R}^{n \times m}$ und $\vec{v} \in \mathbb{R}^m$. Dann ist die Multiplikation des Vektors $\vec{v}$ „von rechts" an die Matrix A gegeben durch

$$A\vec{v} = \begin{pmatrix} a_{1,1} & a_{1,2} & \cdots & a_{1,m} \\ a_{2,1} & a_{2,2} & \cdots & a_{2,m} \\ \vdots & \vdots & & \vdots \\ a_{n,1} & a_{n,2} & \cdots & a_{n,m} \end{pmatrix} \begin{pmatrix} v_1 \\ v_2 \\ \vdots \\ v_m \end{pmatrix} = \begin{pmatrix} a_{1,1}v_1 + a_{1,2}v_2 + \ldots + a_{1,m}v_m \\ a_{2,1}v_1 + a_{2,2}v_2 + \ldots + a_{2,m}v_m \\ \vdots \\ a_{n,1}v_1 + a_{n,2}v_2 + \ldots + a_{n,m}v_m \end{pmatrix} \in \mathbb{R}^n,$$

d.h. die Multiplikation eines Vektors $\vec{v} \in \mathbb{R}^m$ von rechts an die Matrix A ergibt wieder einen Vektor, jedoch des $\mathbb{R}^n$. Wir können die Matrix-Vektor-Multiplikation auffassen als eine Abbildung $\mathbb{R}^{n \times m} \times \mathbb{R}^m \to \mathbb{R}^n$.

Warnung: Die Matrix-Vektor-Multiplikation von rechts ist **nur** definiert, wenn die Matrix genauso „breit" ist wie der Vektor „hoch", d.h. wenn die Matrix ebenso viele Spalten hat wie der Vektor Zeilen. Die Anzahl der Einträge des entstehenden Vektors richtet sich nach der Anzahl der Zeilen der Matrix.

Wir betrachten nun erste Beispiele und möchten dabei insbesondere nochmals auf die Kompatibilitätsbedingung, auf welche wir oben bereits hingewiesen haben, eingehen.

Beispiel 2.5.9:

- $$\begin{pmatrix} 4 & 2 & 3 \\ -1 & 6 & 1 \end{pmatrix} \begin{pmatrix} 2 \\ 3 \\ 1 \end{pmatrix} = \begin{pmatrix} 4\cdot 2 + 2\cdot 3 + 3\cdot 1 \\ -1\cdot 2 + 6\cdot 3 + 1\cdot 1 \end{pmatrix} = \begin{pmatrix} 17 \\ 17 \end{pmatrix} \in \mathbb{R}^2$$

- $$\begin{pmatrix} 4 & 2 & 3 \\ -1 & 6 & 1 \end{pmatrix} \begin{pmatrix} 2 \\ 3 \end{pmatrix} \notz$$

  Der obige Ausdruck ist nicht definiert, da die Matrix 3 Spalten hat, der zu multiplizierende Vektor jedoch nur 2 Einträge. Damit die Matrix-Vektor-Multiplikation definiert ist, muss die Matrix genauso viele Spalten haben wie der Vektor Einträge.

- $$I_3 \begin{pmatrix} 2 \\ 0 \\ -2 \end{pmatrix} = \begin{pmatrix} 1 & 0 & 0 \\ 0 & 1 & 0 \\ 0 & 0 & 1 \end{pmatrix} \begin{pmatrix} 2 \\ 0 \\ -2 \end{pmatrix} = \begin{pmatrix} 1\cdot 2 + 0\cdot 0 + 0\cdot(-2) \\ 0\cdot 2 + 1\cdot 0 + 0\cdot(-2) \\ 0\cdot 2 + 0\cdot 0 + 1\cdot(-2) \end{pmatrix} = \begin{pmatrix} 2 \\ 0 \\ -2 \end{pmatrix}$$

  Dass sich hier wieder der Ausgangsvektor ergibt, ist kein Zufall: Die Einheitsmatrix verändert einen Vektor, der von rechts an sie multipliziert wird, niemals. Man nennt sie daher auch *Identität*. Etwas Ähnliches gilt übrigens auch für die Nullmatrix: Sie erzeugt aus jedem Vektor (für den aus Dimensionsgründen die Multiplikation erlaubt ist) bei Multiplikation von rechts einen Nullvektor $\vec{o}$.

Bemerkung 2.5.10: Wir können die Matrix-Vektor-Multiplikation aus Definition 2.5.8 auch mit Hilfe des Skalarproduktes beschreiben: Seien dazu $\vec{a}_1, \vec{a}_2, \ldots, \vec{a}_n \in \mathbb{R}^m$ die Zeilen der Matrix $A \in \mathbb{R}^{n\times m}$ als Vektoren des $\mathbb{R}^m$ aufgefasst. Dann gilt mit einem Vektor $\vec{v} \in \mathbb{R}^m$ und dem bekannten Skalarprodukt $*$

$$Av = \begin{pmatrix} \vec{a}_1 * \vec{v} \\ \vec{a}_2 * \vec{v} \\ \vdots \\ \vec{a}_m * \vec{v} \end{pmatrix} \in \mathbb{R}^m .$$

2.5.3 Lineare Gleichungssysteme

Mit Hilfe der im vorangegangenen Abschnitt eingeführten Matrix-Vektor-Multiplikation können wir nun die in Abschnitt 2.1 eingeführten linearen Gleichungssysteme im Matrizenkalkül formulieren. Ein allgemeines LGS

$$\begin{aligned} a_{1,1}x_1 + a_{1,2}x_2 + \;\cdots\; + a_{1,m}x_m &= b_1 \\ a_{2,1}x_1 + a_{2,2}x_2 + \;\cdots\; + a_{2,m}x_m &= b_2 \\ &\;\;\vdots \\ a_{n,1}x_1 + a_{n,2}x_2 + \;\cdots\; + a_{n,m}x_m &= b_n \end{aligned}$$

kann dann geschrieben werden als

$$A\vec{x} = \vec{b}$$

mit $A \in \mathbb{R}^{n \times m}$, $\vec{x} \in \mathbb{R}^m$ und $\vec{b} \in \mathbb{R}^n$ und unserer üblichen Konvention

$$
A = \begin{pmatrix} a_{1,1} & a_{1,2} & \cdots & a_{1,m} \\ a_{2,1} & a_{2,2} & \cdots & a_{2,m} \\ \vdots & \vdots & & \vdots \\ a_{n,1} & a_{n,2} & \cdots & a_{n,m} \end{pmatrix} \in \mathbb{R}^{n \times m}
$$

sowie

$$
\vec{x} = \begin{pmatrix} x_1 \\ x_2 \\ \vdots \\ x_n \end{pmatrix} \in \mathbb{R}^n \text{ und } \vec{b} = \begin{pmatrix} b_1 \\ b_2 \\ \vdots \\ b_m \end{pmatrix} \in \mathbb{R}^m .
$$

Dabei heißt A *Koeffizientenmatrix* oder *Systemmatrix*, $\vec{x}$ *Unbekanntenvektor* und $\vec{b}$ *Vektor der rechten Seite*. An dieser Stelle schlagen wir also die Brücke zu den bereits in Abschnitt 2.1 eingeführten Begrifflichkeiten.

2.5.4 Matrix-Matrix-Multiplikation

Wir sind noch nicht am Ende angelangt: Innerhalb des Matrizenkalküls ist nicht nur eine Multiplikation zwischen Matrizen und Vektoren, sondern auch zwischen Matrizen und Matrizen selbst definiert. Auch hier wird es wieder – wie schon bei der Matrix-Vektor-Multiplikation – eine Kompatibilitätsregelung geben.

Definition 2.5.11 (Matrix-Matrix-Multiplikation): Für zwei Matrizen $A \in \mathbb{R}^{r \times n}$ und $B \in \mathbb{R}^{n \times s}$ ist das Produkt AB definiert als

$$
AB = \begin{pmatrix} a_{1,1} & a_{1,2} & \cdots & a_{1,n} \\ a_{2,1} & a_{2,2} & \cdots & a_{2,n} \\ \vdots & \vdots & & \vdots \\ a_{r,1} & a_{r,2} & \cdots & a_{r,n} \end{pmatrix} \begin{pmatrix} b_{1,1} & b_{1,2} & \cdots & b_{1,s} \\ b_{2,1} & b_{2,2} & \cdots & b_{2,s} \\ \vdots & \vdots & & \vdots \\ b_{n,1} & b_{n,2} & \cdots & b_{n,s} \end{pmatrix}
$$

$$
:= \begin{pmatrix} a_{1,1}b_{1,1} + \ldots + a_{1,n}b_{n,1} & a_{1,1}b_{1,2} + \ldots + a_{1,n}b_{n,2} & \cdots & a_{1,1}b_{1,s} + \ldots + a_{1,n}b_{n,s} \\ a_{2,1}b_{1,1} + \ldots + a_{2,n}b_{n,1} & a_{2,1}b_{1,2} + \ldots + a_{2,n}b_{n,2} & \cdots & a_{2,1}b_{1,s} + \ldots + a_{2,n}b_{n,s} \\ \vdots & \vdots & & \vdots \\ a_{r,1}b_{1,1} + \ldots + a_{r,n}b_{n,1} & a_{r,1}b_{1,2} + \ldots + a_{r,n}b_{n,2} & \cdots & a_{r,1}b_{1,s} + \ldots + a_{r,n}b_{n,s} \end{pmatrix} .
$$

D.h. es gilt $AB \in \mathbb{R}^{r \times s}$. Wir können die Matrixmultiplikation auffassen als eine Abbildung $\mathbb{R}^{r \times n} \times \mathbb{R}^{n \times s} \to \mathbb{R}^{r \times s}$. Gelegentlich wird auch der Malpunkt gesetzt ($A \cdot B$), was aber weniger üblich ist.

Warnung: Das Matrix-Matrix-Produkt ist nur definiert, falls die linke Matrix – hier A – genauso viele Spalten hat wie die rechte Matrix – hier B – Zeilen! D.h. insbesondere, dass Matrizenmultiplikation nicht kommutativ ist: Wenn AB definiert ist, heißt das nicht, dass auch BA definiert sein muss. Selbst wenn BA auch zulässig wäre, gilt im Allgemeinen $AB \neq BA$.

Bemerkung 2.5.12: Auch die Matrixmultiplikation können wir wieder etwas kompakter mittels des Skalarproduktes erklären: Wir betrachten erneut das Produkt AB mit $A \in \mathbb{R}^{r \times n}$ und $B \in \mathbb{R}^{n \times s}$. Die Vektoren $\vec{a}_1, \ldots, \vec{a}_r \in \mathbb{R}^n$ seien die Zeilen der Matrix A, die Vektoren $\vec{b}_1, \ldots, \vec{b}_s \in \mathbb{R}^n$ die Spalten der Matrix B. Dann können wir das Matrixprodukt AB alternativ als

$$AB = \begin{pmatrix} \vec{a}_1 * \vec{b}_1 & \vec{a}_1 * \vec{b}_2 & \ldots & \vec{a}_1 * \vec{b}_s \\ \vec{a}_2 * \vec{b}_1 & \vec{a}_2 * \vec{b}_2 & \ldots & \vec{a}_2 * \vec{b}_s \\ \vdots & \vdots & & \vdots \\ \vec{a}_r * \vec{b}_1 & \vec{a}_r * \vec{b}_2 & \ldots & \vec{a}_r * \vec{b}_s \end{pmatrix}$$

schreiben.

Beispiel 2.5.13:

- $$\begin{pmatrix} 1 & -3 & 4 \\ 3 & 3 & 0 \\ 2 & -3 & 1 \end{pmatrix} \begin{pmatrix} -1 & 2 & 2 \\ 0 & 3 & 3 \\ 3 & 2 & -2 \end{pmatrix}$$

$$= \begin{pmatrix} 1 \cdot (-1) - 3 \cdot 0 + 4 \cdot 3 & 1 \cdot 2 - 3 \cdot 3 + 4 \cdot 2 & 1 \cdot 2 - 3 \cdot 3 + 4 \cdot (-2) \\ 3 \cdot (-1) + 3 \cdot 0 + 0 \cdot 3 & 3 \cdot 2 + 3 \cdot 3 + 0 \cdot 2 & 3 \cdot 2 + 3 \cdot 3 + 0 \cdot (-2) \\ 2 \cdot (-1) - 3 \cdot 0 + 1 \cdot 3 & 2 \cdot 2 - 3 \cdot 3 + 1 \cdot 2 & 2 \cdot 2 - 3 \cdot 3 + 1 \cdot (-2) \end{pmatrix}$$

$$= \begin{pmatrix} 11 & 1 & -15 \\ -3 & 15 & 15 \\ 1 & -3 & -7 \end{pmatrix} \in \mathbb{R}^{3 \times 3}$$

- $$\begin{pmatrix} 1 & -2 & 4 & -2 \\ 3 & 1 & 0 & 1 \\ 2 & -3 & 1 & 4 \end{pmatrix} \begin{pmatrix} -1 & 2 \\ 0 & 3 \\ 3 & 2 \\ 1 & 3 \end{pmatrix} = \begin{pmatrix} 9 & -2 \\ -2 & 12 \\ 5 & 9 \end{pmatrix} \in \mathbb{R}^{3 \times 2}$$

- $$\begin{pmatrix} -1 & 2 \\ 0 & 3 \\ 3 & 2 \\ 1 & 3 \end{pmatrix} \begin{pmatrix} 1 & -2 & 4 & -2 \\ 3 & 1 & 0 & 1 \\ 2 & -3 & 1 & 4 \end{pmatrix} \notin$$

Hier sehen wir nochmal, dass Matrixmultiplikation nicht kommutativ ist. Während wir bei der Beispielaufgabe im zweiten Spiegelpunkt ein Ergebnis erhalten, ist die gleiche Aufgabe in vertauschter Reihenfolge gar nicht definiert, da hier die Anzahl der Spalten der linken und die Anzahl der Zeilen der rechten Matrix nicht übereinstimmen.

- $$\begin{pmatrix} -1 & 2 \\ 0 & 3 \\ 3 & 2 \\ 1 & 3 \end{pmatrix} I_2 = \begin{pmatrix} -1 & 2 \\ 0 & 3 \\ 3 & 2 \\ 1 & 3 \end{pmatrix} \begin{pmatrix} 1 & 0 \\ 0 & 1 \end{pmatrix} = \begin{pmatrix} -1 & 2 \\ 0 & 3 \\ 3 & 2 \\ 1 & 3 \end{pmatrix}$$

- Das Beispiel des vorherigen Spiegelpunktes resultiert aus einer allgemeinen Eigenschaft: Es gilt $AI_n = A$ und $I_n B = B$ für $A \in \mathbb{R}^{r \times n}$ und $B \in \mathbb{R}^{n \times s}$, d.h. solange nur die größenmäßige Kompatibilität gewährleistet ist, verändert sich eine Matrix bei Multiplikation mit der Einheitsmatrix I_n nicht, egal ob von links oder rechts multipliziert wird.

Für die weitere Entwicklung der Matrizentheorie ist der folgende Begriff essentiell:

Definition 2.5.14 (Inverse): Falls zu einer quadratischen Matrix $A \in \mathbb{R}^{n \times n}$ eine Matrix $B \in \mathbb{R}^{n \times n}$ mit

$$AB = BA = I_n$$

existiert, so heißt B *inverse Matrix* zu A oder kurz *Inverse* zu A. Wir schreiben dann A^{-1} für B.

Eine Matrix muss nicht unbedingt eine solche Inverse besitzen. Falls es jedoch eine solche Matrix B zu einer Matrix A gibt, nennen wir sie *invertierbar* oder *regulär*. Falls es eine solche Matrix nicht gibt, sprechen wir von einer nicht invertierbaren oder *singulären* Matrix.

Warnung: Das „$^{-1}$" hat erneut nichts mit dem „hoch -1" zu tun, welches für „1 geteilt durch" steht.

Beispiel 2.5.15: Die Matrix

$$A = \begin{pmatrix} 2 & 3 \\ 1 & 2 \end{pmatrix} \in \mathbb{R}^{2 \times 2}$$

ist regulär, denn es gilt

$$AB = \begin{pmatrix} 2 & 3 \\ 1 & 2 \end{pmatrix} \begin{pmatrix} 2 & -3 \\ -1 & 2 \end{pmatrix} = \begin{pmatrix} 1 & 0 \\ 0 & 1 \end{pmatrix} = I_2,$$

d.h. die Inverse von A ist die Matrix

$$A^{-1} = \begin{pmatrix} 2 & -3 \\ -1 & 2 \end{pmatrix} \in \mathbb{R}^{2 \times 2}.$$

Bemerkung 2.5.16:

- Die Inverse einer Matrix A ist, falls sie existiert, eindeutig. D.h. eine Matrix A kann nicht zwei oder mehr verschiedene Inverse besitzen.

- Die Inverse ist nur für quadratische Matrizen $A \in \mathbb{R}^{n \times n}$ definiert. Matrizen, die nicht quadratisch sind, besitzen also grundsätzlich keine Inverse.

- Falls für zwei Matrizen A und B bereits $AB = I$ gilt, folgt $BA = I$ automatisch und umgekehrt: D.h. hat man eine Matrix B zu A gefunden mit $AB = I$ oder $BA = I$, so ist B bereits die Inverse von A und die jeweils andere Multiplikation muss nicht separat nachgerechnet werden, um dies zu überprüfen. Insbesondere ist A auch die Inverse zu B.

Definition 2.5.17 (Rang einer Matrix): Der *Rang* einer Matrix $A \in \mathbb{R}^{n \times m}$ ist analog zu Definition 2.1.16 definiert als Rang des durch $A\vec{x} = \vec{b}$ mit $\vec{x} \in \mathbb{R}^m$ und $b \in \mathbb{R}^n$ gegebenen linearen Gleichungssystems und nach Konstruktion unabhängig von der speziell gewählten rechten Seite $\vec{b}$. Hierbei findet also insbesondere die Notation aus Abschnitt 2.5.3 erneut Anwendung. Wir schreiben für den Rang einer Matrix A außerdem auch $\mathrm{Rang}(A)$ oder $\mathrm{rg}(A)$ (manchmal sieht man auch die aus dem Englischen stammende Variante $\mathrm{rank}(A)$).

Für den Rang des linearen Gleichungssystems ist die rechte Seite $\vec{b} \in \mathbb{R}^n$ unbedeutend, jedoch nicht für den erweiterten Rang bzw. den Rang der erweiterten Koeffizientenmatrix. Wir möchten erneut eine Brücke zu unseren Vokabeln aus Abschnitt 2.1 schlagen:

***

Satz 2.5.18: Eine quadratische Matrix $A \in \mathbb{R}^{n \times n}$ ist genau dann invertierbar, wenn

$$\mathrm{Rang}(A) = n$$

gilt, der Rang der Matrix also maximal ist (dieser kann schließlich höchstens so groß sein wie die Anzahl der Zeilen des linearen Gleichungssystems).

***

Einen Beweis sparen wir uns an dieser Stelle, geben aber direkt eine Konsequenz dieses Satzes an:

***

Korollar 2.5.19: Eine quadratische Matrix $A \in \mathbb{R}^{n \times n}$ ist genau dann invertierbar, wenn das lineare Gleichungssystem

$$A\vec{x} = \vec{b}$$

mit Unbekanntenvektor $\vec{x} \in \mathbb{R}^n$ und beliebiger rechter Seite $\vec{b} \in \mathbb{R}^n$ eindeutig lösbar ist.

***

Beweis: Aus Satz 2.1.18 folgt in Kombination mit Satz 2.5.18 die Behauptung. $\square$

Beweise wie den obigen findet man in vielen Einführungsveranstaltungen zuhauf. Natürlich weiß niemand mehr auswendig, welche Sätze sich inhaltlich hinter diesen Bezeichnungen verbergen. Es ist also explizit notwendig, die Sätze erneut zu betrachten. Dafür, einen Beweis so zu schreiben, gibt es für einen Professor zwei Gründe: Zum einen möchte er wertvolle Vorlesungszeit sparen und nicht weiter auf Dinge eingehen, die seiner Meinung nach sehr einfach sind. Zum anderen versteht er es als Übungsaufgabe für die Studierenden, die Sätze nachzuschlagen und die logischen Folgerungen, die schließlich zum Beweis führen, selbst nachzuvollziehen. Der Erfahrung des Autors nach dominiert jedoch der erste Grund, hat er doch schließlich den obigen Beweis aus demselben Grund knapp gehalten.

***

Bemerkung 2.5.20: Wir nehmen an, wir sind in der Situation von Korollar 2.5.19. Sollten wir bereits die Inverse A^{-1} von A kennen, können wir die Lösung des LGS $A\vec{x} = \vec{b}$ durch eine Matrix-Vektor-Multiplikation erhalten (statt wie bisher mit Hilfe des Gauß-Algorithmus vorzugehen). Den folgenden Zusammenhang erlangt man durch Multiplizieren des LGS

$$A\vec{x} = \vec{b}$$

mit A^{-1} von links:

$$
\begin{aligned}
A^{-1}A\vec{x} &= A^{-1}\vec{b} \\
\Leftrightarrow \quad I_n\vec{x} &= A^{-1}\vec{b} \\
\Leftrightarrow \quad \vec{x} &= A^{-1}\vec{b}.
\end{aligned}
$$

Statt ein vollständiges LGS zu lösen, ist dann also nur noch eine Matrixmultiplikation der rechten Seite mit der Inversen A^{-1} notwendig. Dies kann man aber nur wirklich sinnvoll ausnutzen, sollte man von A^{-1} – aus welchen Gründen auch immer – bereits Kenntnis haben, denn für die Berechnung von A^{-1} ist selbst die Anwendung des Gauß-Algorithmus vonnöten (s.u.). Ein Spezialfall, in welchem es sich hingegen tatsächlich lohnen kann, extra die Inverse zu bestimmen, ist jener, dass mehrere LGS gelöst werden sollen, welche sich nur durch die spezielle rechte Seite $\vec{b}$ unterscheiden.

***

Bisher haben wir viele theoretische Grundlagen und Zusammenhänge bezüglich der Invertierbarkeit von Matrizen gesehen. Noch offen ist die Frage, wie man die Inverse – falls existent – einer Matrix praktisch berechnen kann, schließlich fiel sie in Beispiel 2.5.15 noch einfach vom Himmel. Wir wollen uns dem in Form eines weiteren Beispiels nähern.

Beispiel 2.5.21 (Berechnung der Inversen)**:** Wir betrachten die Matrix

$$A = \begin{pmatrix} 1 & 2 & 0 \\ 2 & 3 & 0 \\ 3 & 4 & 1 \end{pmatrix} \in \mathbb{R}^{3\times 3}.$$

Ziel ist die Berechnung von A^{-1}, wobei wir davon ausgehen, dass diese existiert. Dazu schreibt man die Matrix in folgendes Gauß-Tableau mit drei rechten Seiten:

$$\left(\begin{array}{ccc|ccc} 1 & 2 & 0 & 1 & 0 & 0 \\ 2 & 3 & 0 & 0 & 1 & 0 \\ 3 & 4 & 1 & 0 & 0 & 1 \end{array} \right).$$

Dabei steht rechts des vertikalen Strichs die passende Einheitsmatrix, also hier I_3. Bei der nun folgenden Rechnung versucht man mit elementaren Zeilenumformungen auch auf der linken Seite des vertikalen Strichs eine Einheitsmatrix zu erzeugen, muss dabei jedoch jede Rechenoperation, die auf der linken Seite stattfindet ebenso auf die rechts stehende Einheitsmatrix anwenden. Wir kennen eine solche Situation bereits aus Aufgabe 3 in Abschnitt 2.1.A: Hier haben wir bereits die synchrone Lösung eines linearen Geichungssystems mit mehreren rechten Seiten geübt.

Im Detail sollte man versuchen links zunächst die im Gauß-Verfahren übliche Zeilenstufenform zu erzeugen. Ist dies erreicht, können ähnliche Schritte oberhalb der Diagonalen erfolgen, so dass auch dort überall Nullen entstehen. Schließlich kann jede Gleichung mit einem geeigneten Faktor $\lambda \in \mathbb{R}$ multipliziert werden, so dass die links verbliebene Diagonalmatrix zur Einheitsmatrix wird. Ist dies vollendet, steht auf der rechten Seite, wo zu Beginn ebenfalls eine Einheitsmatrix war, die Inverse der Ausgangsmatrix A. In unserem Beispiel würde man die Rechnung mit dem Schritt

$$\left(\begin{array}{ccc|ccc} 1 & 0 & 0 & -3 & 2 & 0 \\ 0 & 1 & 0 & 2 & -1 & 0 \\ 0 & 0 & 1 & 1 & -2 & 1 \end{array} \right)$$

beenden. D.h. es gilt

$$A^{-1} = \begin{pmatrix} -3 & 2 & 0 \\ 2 & -1 & 0 \\ 1 & -2 & 1 \end{pmatrix}.$$

Ob die Voraussetzung, dass A invertierbar ist (also vollen Rang hat), korrekt war, kann man während der Rechnung überprüfen: Ist der Gauß-Algorithmus beendet, die Matrix also in Zeilenstufenform, kann kontrolliert werden, ob keine vollständige Nullzeile (nur links des vertikalen Strichs betrachtet) entstanden ist. Um zu überprüfen, dass die Matrix maximalen Rang hat, müssen wir also keine separate Rechnung durchführen.

Beispiel 2.5.22: Bezugnehmend auf Bemerkung 2.5.20 können wir mit der in Beispiel 2.5.21 berechneten Matrix A^{-1} etwa das LGS

$$A \begin{pmatrix} x_1 \\ x_2 \\ x_3 \end{pmatrix} = \begin{pmatrix} 1 & 2 & 0 \\ 2 & 3 & 0 \\ 3 & 4 & 1 \end{pmatrix} \begin{pmatrix} x_1 \\ x_2 \\ x_3 \end{pmatrix} = \begin{pmatrix} 1 \\ 2 \\ 3 \end{pmatrix}$$

ohne viel Aufwand und insbesondere ohne erneute Verwendung des Gauß-Algorithmus lösen. Da A die Inverse A^{-1} besitzt, muss die Lösung des LGS eindeutig sein (Korollar 2.5.19). Sie lässt sich berechnen als

$$\vec{x} = A^{-1} \begin{pmatrix} 1 \\ 2 \\ 3 \end{pmatrix} = \begin{pmatrix} -3 & 2 & 0 \\ 2 & -1 & 0 \\ 1 & -2 & 1 \end{pmatrix} \begin{pmatrix} 1 \\ 2 \\ 3 \end{pmatrix} = \begin{pmatrix} 1 \\ 0 \\ 0 \end{pmatrix}.$$

Daher gilt $\mathbb{L} = \{\vec{x}\}$.

2.5.5 Matrizen als Abbildungen

Wir betrachten nun noch Abbildungen, die sich speziell durch Matrizen definieren lassen. Genauer liefert uns jede beliebige Matrix genau eine Abbildung.

Definition 2.5.23: Wir können jede Matrix $A \in \mathbb{R}^{n \times m}$ als Abbildung $f := f_A : \mathbb{R}^m \to \mathbb{R}^n$ auffassen mit der Abbildungsvorschrift

$$\vec{x} \mapsto A\vec{x} = f_A(\vec{x}) = f(\vec{x})$$

für einen Vektor $\vec{x} \in \mathbb{R}^m$. Die Abbildung f wird also direkt über die Matrix-Vektor-Multiplikation $A\vec{x}$ definiert. Man spricht in diesem Zusammenhang daher auch von der von A *induzierten* Abbildung.

Beispiel 2.5.24: Wir betrachten die Matrix

$$A := \begin{pmatrix} 1 & -2 \\ 3 & 1 \\ -1 & 2 \end{pmatrix} \in \mathbb{R}^{3 \times 2}.$$

Fassen wir A als Abbildung im Sinne von Definition 2.5.23 auf, gilt $f_A : \mathbb{R}^2 \to \mathbb{R}^3$ und alle Bilder von Vektoren $\vec{x} \in \mathbb{R}^2$ lassen sich berechnen durch die Matrix-Vektor-Multiplikation $A\vec{x} \in \mathbb{R}^3$. Das Bild des Vektors $\vec{x} = \begin{pmatrix} 3 \\ 1 \end{pmatrix}$ ist etwa

$$f_A(\vec{x}) = A\vec{x} = \begin{pmatrix} 1 & -2 \\ 3 & 1 \\ -1 & 2 \end{pmatrix} \begin{pmatrix} 3 \\ 1 \end{pmatrix} = \begin{pmatrix} 1 \cdot 3 - 2 \cdot 1 \\ 3 \cdot 3 + 1 \cdot 1 \\ -1 \cdot 3 + 2 \cdot 1 \end{pmatrix} = \begin{pmatrix} 1 \\ 10 \\ -1 \end{pmatrix}.$$

Definition 2.5.25 (Lineare Abbildung): Eine Abbildung $f : \mathbb{R}^m \to \mathbb{R}^n$ heißt *linear*, falls für alle $\vec{v}, \vec{w} \in \mathbb{R}^m$ sowie $\lambda \in \mathbb{R}$

(1) $f(\vec{v} + \vec{w}) = f(\vec{v}) + f(\vec{w})$ und

(2) $f(\lambda \cdot \vec{v}) = \lambda \cdot f(v)$

gilt.

Satz 2.5.26: Es sei $f : \mathbb{R}^m \to \mathbb{R}^n$ eine lineare Abbildung. Dann gilt

$$f(\vec{o}) = \vec{o}.$$

Beweis: Dies folgt direkt aus (2) in Definition 2.5.25: Setzen wir $\lambda = 0$, gilt für beliebige Vektoren $\vec{v} \in \mathbb{R}^m$

$$f(\vec{o}) = f(0 \cdot \vec{v}) = 0 \cdot f(\vec{v}) = \vec{o}.$$

$\square$

Satz 2.5.27: Jede durch eine Matrix $A \in \mathbb{R}^{n \times m}$ induzierte Abbildung ist linear.

Beweis: Wir zeigen beide geforderten Eigenschaften.

(1) Wir setzen $f(\vec{x}) := A\vec{x}$. Dann ist

$$f(\vec{v} + \vec{w}) = A(\vec{v} + \vec{w})$$

$$= \begin{pmatrix} a_{1,1} & a_{1,2} & \ldots & a_{1,m} \\ a_{2,1} & a_{2,2} & \ldots & a_{2,m} \\ \vdots & \vdots & & \vdots \\ a_{n,1} & a_{n,2} & \ldots & a_{n,m} \end{pmatrix} \begin{pmatrix} v_1 + w_1 \\ v_2 + w_2 \\ \vdots \\ v_m + w_m \end{pmatrix}$$

$$= \begin{pmatrix} a_{1,1}(v_1 + w_1) + a_{1,2}(v_2 + w_2) + \ldots + a_{1,m}(v_m + w_m) \\ a_{2,1}(v_1 + w_1) + a_{2,2}(v_2 + w_2) + \ldots + a_{2,m}(v_m + w_m) \\ \vdots \\ a_{n,1}(v_1 + w_1) + a_{n,2}(v_2 + w_2) + \ldots + a_{n,m}(v_m + w_m) \end{pmatrix}$$

$$= \begin{pmatrix} a_{1,1}v_1 + a_{1,2}v_2 + \ldots + a_{1,m}v_m \\ a_{2,1}v_1 + a_{2,2}v_2 + \ldots + a_{2,m}v_m \\ \vdots \\ a_{n,1}v_1 + a_{n,2}v_2 + \ldots + a_{n,m}v_m \end{pmatrix} + \begin{pmatrix} a_{1,1}w_1 + a_{1,2}w_2 + \ldots + a_{1,m}w_m \\ a_{2,1}w_1 + a_{2,2}w_2 + \ldots + a_{2,m}w_m \\ \vdots \\ a_{n,1}w_1 + a_{n,2}w_2 + \ldots + a_{n,m}w_m \end{pmatrix}$$

$$= \begin{pmatrix} a_{1,1} & a_{1,2} & \ldots & a_{1,m} \\ a_{2,1} & a_{2,2} & \ldots & a_{2,m} \\ \vdots & \vdots & & \vdots \\ a_{n,1} & a_{n,2} & \ldots & a_{n,m} \end{pmatrix} \begin{pmatrix} v_1 \\ v_2 \\ \vdots \\ v_m \end{pmatrix} + \begin{pmatrix} a_{1,1} & a_{1,2} & \ldots & a_{1,m} \\ a_{2,1} & a_{2,2} & \ldots & a_{2,m} \\ \vdots & \vdots & & \vdots \\ a_{n,1} & a_{n,2} & \ldots & a_{n,m} \end{pmatrix} \begin{pmatrix} w_1 \\ w_2 \\ \vdots \\ w_m \end{pmatrix}$$

$$= A\vec{v} + A\vec{w}$$

$$= f(\vec{v}) + f(\vec{w}).$$

(2) Außerdem gilt

$$f(\lambda \vec{v}) = A \cdot (\lambda \cdot \vec{v})$$

$$= \begin{pmatrix} a_{1,1} & a_{1,2} & \cdots & a_{1,m} \\ a_{2,1} & a_{2,2} & \cdots & a_{2,m} \\ \vdots & \vdots & & \vdots \\ a_{n,1} & a_{n,2} & \cdots & a_{n,m} \end{pmatrix} \begin{pmatrix} \lambda v_1 \\ \lambda v_2 \\ \vdots \\ \lambda v_m \end{pmatrix}$$

$$= \begin{pmatrix} a_{1,1}\lambda v_1 + a_{1,2}\lambda v_2 + \ldots + a_{1,m}\lambda v_m \\ a_{2,1}\lambda v_1 + a_{2,2}\lambda v_2 + \ldots + a_{2,m}\lambda v_m \\ \vdots \\ a_{n,1}\lambda v_1 + a_{n,2}\lambda v_2 + \ldots + a_{n,m}\lambda v_m \end{pmatrix}$$

$$= \lambda \cdot \begin{pmatrix} a_{1,1}v_1 + a_{1,2}v_2 + \ldots + a_{1,m}v_m \\ a_{2,1}v_1 + a_{2,2}v_2 + \ldots + a_{2,m}v_m \\ \vdots \\ a_{n,1}v_1 + a_{n,2}v_2 + \ldots + a_{n,m}v_m \end{pmatrix}$$

$$= \lambda(A\vec{v})$$

$$= \lambda f(\vec{v}).$$

Damit ist die Linearität der durch die Matrix A induzierten Abbildung gezeigt. $\qquad\square$

Bemerkung 2.5.28: Tatsächlich gilt auch die Umkehrung von Satz 2.5.27: Jede lineare Abbildung von $f : \mathbb{R}^m \to \mathbb{R}^n$ lässt sich über die Abbildungsvorschrift

$$\vec{x} \mapsto f(\vec{x}) = A\vec{x}$$

mit einer eindeutigen Matrix $A \in \mathbb{R}^{n \times m}$ darstellen.

Bemerkung 2.5.29: Wir haben bereits in Kapitel 1.6.6 lineare Funktionen als reelle Funktionen der Art $f(x) = ax + b$ mit $a, b \in \mathbb{R}$ und $a \neq 0$ eingeführt. Tatsächlich handelt es sich bei diesen Abbildungen nicht unbedingt um lineare Abbildungen im Sinne von Definition 2.5.25. Nur im Fall $b = 0$ sind solche Funktionen als Abbildungen von $\mathbb{R}^1 \to \mathbb{R}^1$ linear. Ansonsten spricht man auch – um die Begriffe stärker voneinander abzugrenzen – von einer *affin linearen* Funktion, wobei „affin" soviel wie „verschoben" (und zwar um den Wert b) bedeutet.

Satz 2.5.30: Eine quadratische Matrix $A \in \mathbb{R}^{n \times n}$ ist genau dann invertierbar, wenn die durch sie induzierte lineare Abbildung

$$f : \mathbb{R}^n \to \mathbb{R}^n \text{ mit } f(\vec{x}) = A\vec{x}$$

bijektiv ist und die Umkehrabbildung $f_A^{-1} = f^{-1} : \mathbb{R}^n \to \mathbb{R}^n$ hat die Abbildungsvorschrift

$$\vec{x} \mapsto A^{-1}\vec{x} = f_A^{-1}(\vec{x}) = f^{-1}(\vec{x})$$

Beweis: Wir bilden die Komposition aus Abbildung und Umkehrabbildung:

$$f_A(f_A^{-1}(\vec{x})) = A(A^{-1}\vec{x}) = I_n\vec{x} = \vec{x}.$$

Da die Identität entsteht und somit die Umkehrabbildung existiert, muss die Abbildung f_A bijektiv sein. $\square$

2.5.6 Zusammenfassung

Besonders relevant wie charakteristisch für die theoretische und praktische Arbeit mit Matrizen sind die zahlreichen Äquivalenzen, welche wir oben in einigen Sätzen formuliert und zum Teil bewiesen haben. Diese werden im Laufe der mathematischen Grundausbildung an der Hochschule noch um weitere Aussagen ergänzt werden.

Wir geben alle im Kontext der Matrizenrechnung genannten Äquivalenzen erneut wieder: Es seien dazu $A \in \mathbb{R}^{n \times n}$ eine Matrix, $A\vec{x} = \vec{b}$ das von dieser Matrix als Koeffizientenmatrix erzeugte lineare Gleichungssystem sowie f die von ihr induzierte lineare Abbildung, d.h. $f : \mathbb{R}^n \to \mathbb{R}^n$ mit $f(\vec{x}) = A\vec{x}$. Insgesamt sind dann alle in Abbildung 2.12 dargestellten Aussagen äquivalent und somit gleichbedeutend.

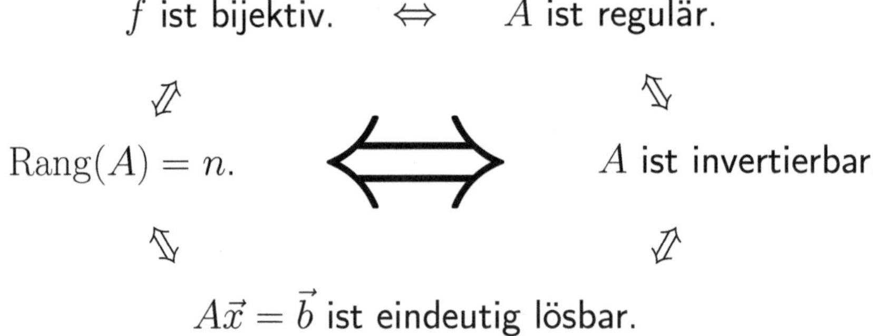

Abb. 2.12: Darstellung aller grundlegenden Äquivalenzen im Bereich lineare Gleichungssysteme, Vektorräume, Matrizen, lineare Abbildungen

2.5.A Aufgaben

Aufgabe 1: Wir betrachten die Matrizen

$$A = \begin{pmatrix} -4 & 4 & -1 & -7 \\ 5 & -2 & -2 & -9 \\ 12 & 11 & -3 & -5 \\ 3 & 0 & 4 & -2 \end{pmatrix}, \quad B = \begin{pmatrix} -7 & 4 & 6 \\ -11 & 4 & 0 \end{pmatrix}, \quad C = \begin{pmatrix} 5 & 3 \\ -1 & -1 \\ 5 & 0 \\ 5 & 3 \end{pmatrix},$$

$$D = \begin{pmatrix} -7 & 3 \\ 3 & 5 \end{pmatrix}, \quad E = \begin{pmatrix} 5 \\ 3 \\ -4 \\ -11 \end{pmatrix}, \quad F = \begin{pmatrix} 1 & 0 & -7 & -1 \end{pmatrix}$$

Bestimme jedes definierte Matrixprodukt XY mit $X, Y \in \{A, B, C, D, E, F\}$.

Aufgabe 2: Für die Matrixmultiplikation gilt das Assoziativgesetz

$$A(BC) = (AB)C.$$

Verifiziere, dass auf der rechten und linken Seite obiger Gleichung zumindest Matrizen der gleichen Zeilen- und Spaltenzahl erzeugt werden.

Aufgabe 3: Für $k \in \mathbb{N}, A \in \mathbb{R}^{k \times 4}, B \in \mathbb{R}^{n \times 4}, C \in \mathbb{R}^{k \times m}$ und $\vec{v} \in \mathbb{R}^4$ gelte

$$((B\vec{v})(A\vec{v})^\top C)^\top \in \mathbb{R}^{5 \times 4}.$$

Gib n und m an, damit obige Aussage wahr ist.

Aufgabe 4: Gib an, ob die folgenden Matrizen invertierbar sind. Im Falle der Invertierbarkeit berechne die Inverse.

(a) $A = \begin{pmatrix} 1 & -1 \\ 0 & -1 \end{pmatrix}$

(c) $C = \begin{pmatrix} -4 & 0 & 0 \\ 4 & -1 & 1 \\ 1 & 2 & -2 \end{pmatrix}$

(b) $B = \begin{pmatrix} 0 & -3 & -4 \\ 0 & 0 & -2 \\ -1 & 0 & -2 \end{pmatrix}$

(d) $D = \begin{pmatrix} 1 & 3 \\ -2 & 6 \\ 0 & 1 \end{pmatrix}$

Aufgabe 5: Gib die Lösungsmenge $\mathbb{L}$ des linearen Gleichungssystems

$$\begin{pmatrix} 0 & -3 & -4 \\ 0 & 0 & -2 \\ -1 & 0 & -2 \end{pmatrix} \begin{pmatrix} x_1 \\ x_2 \\ x_3 \end{pmatrix} = \begin{pmatrix} 3 \\ 6 \\ -2 \end{pmatrix}$$

an.

Tipp: Hier benötigst du nicht nochmals den Gauß-Algorithmus.

Aufgabe 6: Entscheide, welche der folgenden Abbildungen linear sind. Im Falle der Linearität überführe sie in die Schreibweise $\vec{x} \mapsto A\vec{x}$ mit einer geeigneten Matrix A. Ansonsten widerlege die Linearität unter Zuhilfenahme eines geeigneten Gegenbeispiels.

(a) $f : \mathbb{R}^2 \to \mathbb{R}^2$

mit $f(\vec{x}) = \begin{pmatrix} x_1 + 2x_2 \\ x_1 \end{pmatrix}$

(b) $g : \mathbb{R}^3 \to \mathbb{R}^2$

mit $g(\vec{x}) = \begin{pmatrix} x_1 + 2x_2 + x_3 \\ x_1 + x_2 + 4 \end{pmatrix}$

(c) $h : \mathbb{R}^3 \to \mathbb{R}^2$

mit $h(\vec{x}) = \begin{pmatrix} x_1 + 2x_2 + x_3 \\ x_1 + x_2 \end{pmatrix}$

(d) $i : \mathbb{R}^2 \to \mathbb{R}^3$

mit $i(\vec{x}) = \begin{pmatrix} x_1 + 2x_2 \\ x_1^2 + x_2 \\ x_1 \end{pmatrix}$

Aufgabe 7: Gegeben sind die folgenden Matrizen:

$$A = \begin{pmatrix} 1 & 2 & 3 \\ 4 & 5 & 6 \end{pmatrix}, \quad B = \begin{pmatrix} -2 & 1 \\ 1 & 1 \\ 0 & 3 \end{pmatrix}, \quad C = \begin{pmatrix} 0 & 2 \\ 4 & 0 \end{pmatrix}, \quad D = \begin{pmatrix} 1 & -2 & 0 \\ 0 & -1 & 3 \\ 4 & 2 & 0 \end{pmatrix}.$$

Bestimme

(a) zu jeder Matrix die entsprechende transponierte Matrix,

(b) $(2 \cdot A + B^\top) \cdot D^\top$,

(c) $D \cdot B \cdot C - A^\top$,

(d) C^{-1},

(e) $\operatorname{Rang} C$,

(f) ob $f(\vec{x}) = C\vec{x}$ mit $\vec{x} \in \mathbb{R}^2$ injektiv, surjektiv oder bijektiv ist,

(g) $C^{16} := \underbrace{C \cdot \ldots \cdot C}_{16 \text{ mal}}$ und

(h) $f^{16}(\vec{e}_1)$.

Hinweis: Musterlösungen sind auf der Springer-Verlagsseite unter http://www.springer.com/mathematics/book/978-3-658-06595-9 zu finden.

2.6 Ausblick

Bisher haben wir immer die Begriffe „lineare Algebra" und „Algebra" mehr oder weniger gleichgesetzt. Dies ist i.d.R. so nicht üblich. Während „Algebra" eher die Kernalgebra bezeichnet, die sich mit Gruppen, Körpern und Vektorräumen beschäftigt, betitelt man mit „linearer Algebra" gemein hin die Einführungsveranstaltungen im Bereich Algebra an Hochschulen. Das Adjektiv „linear" bezieht sich hierbei auf die Linearität, die den meisten Themen dieser Einführungsveranstaltungen inhärent sind, z.B. lineare Gleichungssysteme, lineare Abbildungen, etc.

Im Themenfeld "Gruppen, Körper, Vektorräume" (insbesondere in der abstrakten Betrachtungsweise in der wir diese Begriffe eingeführt haben) gibt es noch vieles zu entdecken. Eine Vokabel, die wir bisher gar nicht erwähnt haben, ist auch noch die des *Rings*: Hierbei handelt es sich sozusagen um eine „Light-Variante"[15] eines Körpers. Beispielsweise ist es für die Elemente eines Rings nicht verpflichtend, multiplikative Inverse zu besitzen, d.h. $(M \setminus \{0\}, \cdot)$ muss keine Gruppe sein (wir setzen hier unsere Notation aus Definition 2.3.1 fort) – kann aber! Jeder Körper ist so beispielsweise auch ein Ring.

Abb. 2.13: Magisches Quadrat Albrecht Dürers. Eines von vielen Details seines Kupferstichs „Melencolia I". Bild: Wikimedia Commons, gemeinfrei

Außerdem ist es auch so, dass Begriffe wie jener des Körpers nicht nur genutzt werden, um unser tägliches Rechnen zu erklären. Es werden auch etwas unintuitivere Objekte damit erklärt. Betrachten wir etwa den Körper, der nur zwei Elemente enthält. Ihn bezeichnet man üblicherweise mit $\mathbb{F}_2$ oder $GF(2)$. Seine Grundmenge ist die Menge $\{0, 1\}$ und er besitzt – wie auch $\mathbb{R}$ – eine Addition „+" sowie eine Multiplikation „·". Letztere ist wie die uns bekannte alltägliche Multiplikation erklärt, d.h. es gilt $0 \cdot 0 = 1 \cdot 0 = 0 \cdot 1 = 0$ sowie $1 \cdot 1 = 1$. Die Addition ist jedoch etwas ungewöhnlich: Hier gilt $0 + 0 = 0$, $1 + 0 = 0 + 1 = 1$, aber $1 + 1 = 0$. Nimmt man sich jetzt erneut die Körperaxiome zur Brust (s. Definition 2.3.1) kann man durch Überprüfung all dieser leicht zeigen, dass es sich tatsächlich um einen Körper handelt.

Ähnliche Beispiele findet man auch im Bereich der Vektorräume. Betrachten wir etwa einmal sog. *magische Quadrate*. Diese kann man sich als quadratische Matrix natürlicher Zahlen M vorstellen, also etwa $M \in \mathbb{N}^{4 \times 4}$ oder allgemeiner $M \in \mathbb{N}^{n \times n}$. Sie haben die Eigenschaft, dass alle Zeilen- und Spaltensummen den gleichen Wert ergeben. Bereits Albrecht Dürer[16] kreierte ein solches als Teil seines symbolreichen Werkes „Melencolia I" (vgl. Abbildung 2.13). In seinem Quadrat ergeben alle Summen den Wert 34, die sog. *magische Zahl* des Quadrats. Zusätzlich ergibt auch die Summe der Diagonaleinträge den Wert 34 sowie die Werte der jeweiligen 2×2-Eckquadranten usw.

Interessanterweise lassen sich magische Quadrate – unter gewissen Voraussetzungen – als Vektorräume auffassen. Zu den Voraussetzungen gehört dabei, dass wir magische Quadrate nicht mehr nur als Elemente aus dem $\mathbb{N}^{n \times n}$, sondern allgemeiner als solche aus dem $\mathbb{R}^{n \times n}$ auffassen. D.h. es sind jetzt auch negative und sogar „ganz krumme" Werte in den Quadraten erlaubt. Außerdem dürfen wir Quadrate unterschiedlicher Dimension nicht mischen: D.h. wir müssen uns für unseren Vektorraum auf ein $n \in \mathbb{N}$ festlegen und dürfen dann nicht mehr daran wackeln. Außerdem wollen wir der Einfachheit halber jetzt magische Quadrate darauf beschränken, dass lediglich alle Zeilen- und Spaltensummen zu einem einheitlichen Wert führen sollen.

---

[15] Achtung! Algebraiker werden u.U. böse, wenn man das so sagt.
[16] Albrecht Dürer der Jüngere (*1471; †1528), deutscher Maler, Grafiker, Mathematiker und Kunsttheoretiker

So ist dann

$$(\mathbb{M}, (\mathbb{R}, +, \cdot), \oplus, \odot)$$

mit

$$\mathbb{M} := \{M \in \mathbb{R}^{n \times n} \mid M \text{ ist magisches Quadrat zur magischen Zahl } \alpha, \ \alpha \in \mathbb{R}\}$$

sowie einer eintragsweisen Addition „$\oplus$" sowie einer skalaren Multiplikation „$\odot$" ein $\mathbb{R}$-Vektorraum. D.h. unsere Rechenoperationen sind genau wie jene für gewöhnliche Matrizen erklärt. Spezieller handelt es sich bei $\mathbb{M}$ nicht nur um einen Vektorraum, sondern auch um einen *Untervektorraum* (oder manchmal abkürzend nur *Unterraum*) des Vekorraums[17] aller Matrizen des $\mathbb{R}^{n \times n}$. Ein Untervektorraum ist im Grunde nur durch drei Dinge charakterisiert:

- Es handelt sich um eine Teilmenge eines Vektorraums (daher „Unter-").

- Nehmen wir zwei Elemente des Untervektorraums und addieren sie, erhalten wir wieder ein Element desselben Untervektorraums.

- Multipliziert man ein Element des Untervektorraums mit einem Skalar, also i.d.R. einer gewöhnlichen Zahl, erhält man ebenfalls wieder ein Element desselben Untervektorraums.

Es soll also nicht möglich sein, durch einfaches Rechnen im Untervektorraum sich aus diesem herauszubewegen.

Dass bei unserer Menge $\mathbb{M}$ der erste Punkt gilt, haben wir gerade bereits erwähnt. Die anderen beiden Spiegelpunkte kann man sich auch leicht überlegen: Die Summe zweier magischer Quadrate, eines mit magischer Zahl α, eines mit magischer Zahl β, ist wieder ein magisches Quadrat. Dieses hat dann die magische Zahl $\alpha + \beta$. Ähnlich verhält es sich bei der eintragsweisen Multiplikation mit einer einfachen Zahl $\lambda \in \mathbb{R}$: Handelt es sich vorher um ein magisches Quadrat zur magischen Zahl α, erhält man anschließend ein magisches Quadrat zur magischen Zahl $\lambda \cdot \mu$.

Nach einer ähnlichen Argumentation ist aber auch jede Ursprungsgerade und jede Ursprungsebene im Sinne der Definitionen 2.4.21 und 2.4.22 ein Untervektorraum des $\mathbb{R}^n$. Solche und ähnliche Dinge über Vektor- und Untervektorräume kann man beispielsweise in den Lehrbüchern von BURG et al. (2012 [15], Kapitel 2.4) oder FURLAN (1995 [32], Kapitel 1.6) nachlesen. Wer bisher das schulnahe Rechnen mit Geraden und Ebenen im $\mathbb{R}^n$ vermisste (Schnittpunkte bestimmen, Punktprobe, Lageuntersuchungen) kann dies ebenfalls im Werk von FURLAN auffrischen (ebd., Kapitel 1.3).

Weitere Themen, welche wir in diesem Kapitel im Wesentlichen ausgespart haben, sind etwa *Dimension* und *Basis* eines Vektorraums, die *Determinante* einer Matrix, den *Spann* und die *lineare (Un-)Abhängigkeit* von Vektoren sowie das Thema *Eigenwerte* und *Eigenvektoren*. Bei Letzteren handelt es sich z.B. um die Vektoren, welche unter einer linearen Abbildung die Richtung nicht ändern. D.h. es ist zwar möglich, dass der Vektor seine Länge oder sein Vorzeichen unter der Abbildung ändert, jedoch niemals die Richtung, in die er zeigt. In Abbildung 2.14 zeigen wir die Auswirkungen einer sog. *Scherung* entlang der x-Achse (bei üblichem Koordinatensystem also in waagerechter Richtung). Bei dem roten Vektor handelt es sich um einen Eigenvektor der Abbildung, denn seine Richtung wird durch die Scherung nicht beeinträchtigt.

---

[17]Dass es sich hierbei auch um einen Vektorraum handelt, lassen wir jetzt nebenher vom Himmel fallen.

Abb. 2.14: Der schiefe Turm von Pisa vor (links) und nach (rechts) der Anwendung einer sog. *Scherung* in waagerechte Richtung. Der rote Vektor ist ein Eigenvektor der Abbildung und ändert seine Richtung nicht. Der blaue Vektor ist kein Eigenvektor und unterliegt (bei genauem Hinsehen) einer Richtungsänderung. Bild: „Adnergje", Wikimedia Commons, CC BY-SA 2.5[18]

Die genannten Begriffe werden i.d.R. im Bereich der **linearen** Algebra eingeführt, finden aber auch in den Untiefen der Algebra ihre Anwendung. Ein umfangreiches Einführungswerk ist das Lehrbuch von FISCHER (2014 [28]), welches sich aber primär am Bedarf von Hauptfachstudierenden orientiert. Ein weiteres – speziell auf Wirtschaftswissenschaftler zugeschnittenes – Werk stammt von DÖRSAM (2010 [24]). Dem Namen nach für Ingenieure ist das Buch von BURG et al. bestimmt (2012 [15]). Ein weiteres als Brückenkurs konzipiertes Werk stammt von WALZ (2011 [64]) und enthält auch Beiträge zur Stochastik und Numerik. Letztlich möchten wir noch auf ein Buch von BEUTELSPACHER hinweisen (2011 [10]). Hierbei handelt es sich nicht um ein Lehrbuch o.Ä., sondern eher um ein experimentelles Werk.

---

[18]Bearbeitet, Original abrufbar unter http://commons.wikimedia.org/wiki/File:Tower_of_Pisa.jpg

3 Analysis

Die Analysis ist das Teilgebiet der Mathematik, das sich auf der einen Seite mit genaueren Eigenschaften des reellen Funktionsbegriffes beschäftigt, auf der anderen Seite ist besonders die Grenzwertbildung – und speziell die Grenzwertbildung im Argument einer Funktion – ein essentielles Konzept dieser Disziplin. Im Rahmen des Funktionsbegriffes werden wir Stetigkeit, Differenzierbarkeit und Integrierbarkeit definieren. Im Themenfeld der Grenzwertbildung streben wir vor allem eine saubere Definition an, die in den letzten Jahren und Jahrzehnten mehr und mehr aus den Schulcurricula verschwunden ist.

Viele der Grundzüge der Analysis gehen auf Leibniz[1] und Newton[2] zurück, welche unabhängig voneinander die *Infinitesimalrechnung* begründeten. Unter diesem Begriff fasst man gemeinhin Differential- und Integralrechnung zusammen.

Leibniz und Newton waren dabei nicht die besten Freunde. Tatsächlich handelt es sich bei der Schlammschlacht zwischen den beiden um eine der größten Auseinandersetzungen der Wissenschaftsgeschichte: Ein Buch über die Auseinandersetzung trägt sogar den Titel „Philosophers at war" (HALL 1998 [33]).

Abb. 3.1: Helden der Analysis und gleichzeitig Widersacher: Gottfried Wilhelm Leibniz (links, Gemälde von Christoph Bernhard Francke um 1695, Herzog Anton Ulrich-Museum, Braunschweig) und Sir Isaac Newton (rechts, Gemälde von Godfrey Kneller 1689). Bilder: Wikimedia Commons, gemeinfrei

Ein US-Historiker und Kenner der Sachlage urteilt etwa: „Im Zeitalter der Vernunft führten sie [Leibniz und Newton] sich auf wie Gladiatoren in einem römischen Zirkus." (MANUEL 1974 [42], zitiert nach RINGGUTH 1981 [54]). Da beide die (damals noch nicht so genannte) Infinitesimalrechnung etwa gleichzeitig erfunden hatten, warfen sich die Herren gegenseitig vor, plagiiert zu haben. Während Leibniz vergleichsweise harmlos vorging und lediglich boshafte Rezensionen über Newtons Werke verfasste, ging jener so weit seine Schüler anzustiften, zum Teil von ihm vorgefertigte Streitschriften gegen Leibniz zu veröffentlichen. So sorgte Newton zudem

---

[1]Gottfried Wilhelm Leibniz (*1646; †1716), deutscher Universalgelehrter, Mathematiker, Physiker, Philosoph, Historiker, Politiker, Diplomat und Bibliothekar (sowie offenbar Workaholic)

[2]Sir Isaac Newton (*1643; †1726), englischer Naturforscher, Mathematiker, Physiker, Astronom, Alchemist, Philosoph und Vorsteher der Königlichen Münze (kam auch nie zur Ruhe)

dafür, dass von Dritten verfasste Bücher zu seinen Gunsten formuliert wurden und missbrauchte letzlich sogar seine Position als Präsident der britischen Royal Society, um durch Einsetzen einer fingierten Kommission „nachzuweisen", dass Leibniz abgeschrieben hatte. Leibniz wiederum ließ sich vor allem von seinem Freund und berühmten Mathematiker Johann Bernoulli nachhaltig davon überzeugen, weiter gegen Newton zu wettern (vgl. RINGGUTH 1981 [54]). Auf diese Weise kamen beide Wissenschaftler bis zu ihrem Lebensende nicht mehr auf einen grünen Zweig miteinander.

3.1 Grenzwerte

Ein fundamentaler Begriff der Analysis ist der des *Grenzwertes*. Hier ist salopp gesagt ein Wert (oder allgemeiner Objekt) gemeint, welcher durch eine unendliche Folge von Zahlen (oder Objekten) nach und nach angenähert, aber nicht notwendigerweise erreicht wird. Charakteristisch ist dabei, dass die besagte (Zahlen-)Folge jeden beliebigen Schwellenwert, welcher auf dem Weg zum Grenzwert liegt, irgendwann überschreiten wird.

Abb. 3.2: Ein hypothetischer Affe an einer noch hypothetischeren Schreibmaschine. Bild: New York Zoological Society, Wikimedia Commons, gemeinfrei

Hierzu ist natürlich eine gewisse Vorstellung des *Unendlichen* in seiner theoretischen Natur vonnöten, schließlich haben wir Menschen mit unserer durchschnittlichen Lebenserwartung von weniger als 80 Jahren (vgl. MATHERS et al. 2001 [45]) keine Möglichkeit, praktische Erfahrungen mit der Unendlichkeit zu sammeln. Um einen besseren Eindruck vom Unendlichen zu vermitteln, wird oft das sog. *Infinite-Monkey-Theorem* herangezogen: Dieses geht auf den französischen Mathematiker BOREL[3] zurück (1913 [13], S. 194) und besagt, dass, wenn ein hypothetischer Affe, der unendlich lange auf einer Schreibmaschine eine Sequenz von Buchstaben tippen würde, so irgendwann auch alle Werke William Shakespeares (auf den Buchstaben genau) entstehen würden. Natürlich würde dieser Prozess viel Zeit in Anspruch nehmen: Ein zufällig tippender Affe benötigt etwa 17576 Tastenschläge bis das Wort „cat", also „Katze", entsteht (vgl. MARSAGLIA & ZAMAN 1993 [43]). Um die potentielle Dauer dieses Vorgangs und die damit einhergehenden Ausmaße des Begriffs „unendlich" zu verdeutlichen, haben die Affen Elmo, Gum, Heather, Holly, Mistletow und Rowan des Paignton Zoos in Südwest-England bereits angefangen: Das entstandene Werk trägt den charmanten Titel „Notes Towards the Complete Work of Shakespeare" (vgl. ELMO et al. 2002 [25]). Das Werk schließt mit den Worten:

"

jjjjjjjdjjajjjjjjjjjjjjjjjjjjjjaajjjjjjjjjjjjjjjjaaaaaaaaaaajjjjjjjajajjjjjjjaajjjjjjjjjjjjjjb-
jmmslllggmmlljjmmmmmmmnjjjnvvvnbvvmmllnknnbmmmmllllllllllllllllll-
llllllllllblbbbbbnnfllmnnmjfgmnmmmassssssjjkbhnmnn

"

– ELMO et al. 2002 [25]

---

[3]Félix Édouard Justin Émile Borel (*1871; †1956), französischer Mathematiker und Politiker

3.1.1 Folgen

Um den Begriff des Grenzwertes zu konkretisieren, sollte zunächst präzisiert werden, was wir unter dem bereits genannten Begriff einer (unendlichen) Folge verstehen wollen: Dazu beginnen wir zunächst mit einer *endlichen* Folge. Als Beispiel können wir jede beliebige, irgendwann abbrechende Sequenz von Zahlen oder Objekten heranziehen, etwa die Ziffernfolge $4, 8, 15, 16, 23, 42$, welche in der TV-Serie LOST ein besonderes immer wiederkehrendes Element darstellt, oder den sog. *Konami-Cheatcode*, welcher von Konami in zahlreichen Videospielen verewigt wurde und dem Spieler bei Eingabe über das Gamepad stets einen unlauteren Vorteil verschafft (s. Abbildung 3.3).

Abb. 3.3: Lost-Sequenz (oben) und Konami-Code (unten)

Bei einer Folge muss es sich also nicht um eine Abfolge von Zahlen handeln, vielmehr bezeichnet der Begriff eine Aneinanderreihung von Objekten (wie Gamepad-Tasten im Konami-Code).

Von einer *unendlichen* Folge sprechen wir dann, wenn diese Sequenz nicht abbricht, sondern bis ins Unendliche fortgeführt wird, z.B. die Nachkommastellen der Kreiszahl π, der gerechte Anteil an einer Pizza bei immer weiter zunehmender Personenzahl oder schlicht die natürlichen Zahlen[4]:

$$1, 4, 1, 5, 9, 2, 6, 5, 3, 5, 8, 9, 7, 9, 3, 2, 3, 8, 4, 6, 2, 6, 4, 3, 3, 8, 3, 2, 7, 9, 5, 0, 2, 8, 8, 4,$$

$$\frac{1}{1}, \frac{1}{2}, \frac{1}{3}, \frac{1}{4}, \frac{1}{5}, \frac{1}{6}, \frac{1}{7}, \frac{1}{8}, \frac{1}{9}, \frac{1}{10}, \frac{1}{11}, \frac{1}{12}, \frac{1}{13}, \frac{1}{14}, \frac{1}{15}, \frac{1}{16}, \frac{1}{17}, \frac{1}{18}, \frac{1}{19}, \frac{1}{20}, \frac{1}{21}, \frac{1}{22}, \frac{1}{23}, \frac{1}{24}, \frac{1}{25}, \frac{1}{26}, \frac{1}{27},$$

$$1, 2, 3, 4, 5, 6, 7, 8, 9, 10, 11, 12, 13, 14, 15, 16, 17, 18, 19, 20, 21, 22, 23, 24, 25, 26, 27$$

Insbesondere müssen Zahlenfolgen, egal ob endlich oder unendlich, also auch nicht ausschließlich aus natürlichen Zahlen bestehen. Sie können sich aus unserem ganzen Repertoire an diversen Zahlmengen bedienen.

Nachdem wir nun also einen ersten Eindruck anhand unterschiedlicher Folgen gewonnen haben, werden wir uns im weiteren Verlauf etwas einschränken:

- Wir beschränken uns auf unendliche Folgen.

- Wir beschränken uns auf Folgen, die aus Zahlen bestehen.

Die erste Einschränkung nehmen wir insbesondere vor, um auf den Begriff des Grenzwertes hinzuarbeiten, denn dieser lässt sich nur im Kontext unendlicher Folgen mit Leben füllen.

---

[4]Nein, das ist kein Layout-Fehler, denn unendliche Folgen gehen natürlich auch über den Buchrand hinaus. Natürlich könnte man dies aber auch mit „..." andeuten. Diese Idee stammt aus dem durchaus unterhaltsamen Buch „Darf ich Zahlen?" von ZIEGLER (2011 [69], S. 49).

Definition 3.1.1 (Folge): Eine *Folge* reeller Zahlen ist eine Abbildung

$$a : \mathbb{N}_0 \to \mathbb{R}.$$

Wir schreiben die Abbildungsvorschrift jedoch in der zunächst unüblich wirkenden Schreibweise

$$n \mapsto a_n$$

statt $n \mapsto a(n)$. Das Bild $a_n \in \mathbb{R}$ von $n \in \mathbb{N}_0$ heißt *Folgenglied*. Benennt man eine Folge, schreibt man sie oft in runden Klammern und gibt zusätzlich die Indexmenge an, über welche die einzelnen Folgenglieder benannt sind, in unserem Fall also $\mathbb{N}_0$. Das sieht dann so aus:

$$(a_n)_{n \in \mathbb{N}_0} \text{ oder kurz } (a_n).$$

Beispiel 3.1.2: Beispiele für Folgen (jetzt in eben eingeführter mathematischer Notation) sind

- $a_n = n$, d.h. $a_0 = 0, a_1 = 1, a_2 = 2, a_3 = 3, \ldots$ (hier handelt es sich also um die Folge der natürlichen Zahlen, beginnend bei null),

- $a_n = \frac{1}{n+1}$, d.h. $a_0 = \frac{1}{1} = 1, a_1 = \frac{1}{2}, a_2 = \frac{1}{3}, a_3 = \frac{1}{4}, \ldots$ (dies ist unsere „Pizzafolge" von oben),

- $a_n = 2n$, d.h. $a_0 = 0, a_1 = 2, a_2 = 4, a_3 = 6, \ldots$

Die Folge der Nachkommastellen der Kreiszahl π lässt sich leider nicht so leicht in dieser Form aufschreiben.

Bemerkung 3.1.3: Wir können uns Folgen auch als Vektoren des „$\mathbb{R}^\infty$" vorstellen. Die in Beispiel 3.1.2 genannten Folgen etwa würden den Vektoren

$$\begin{pmatrix} 0 \\ 1 \\ 2 \\ 3 \\ \vdots \end{pmatrix}, \quad \begin{pmatrix} 0 \\ 2 \\ 4 \\ 6 \\ \vdots \end{pmatrix}, \quad \begin{pmatrix} 1 \\ 1/2 \\ 1/3 \\ 1/4 \\ \vdots \end{pmatrix}$$

entsprechen. Dabei steht der „$\mathbb{R}^\infty$" in Anführungszeichen, da es unüblich ist, dies so zu schreiben – schließlich ist ∞ keine natürliche Zahl.

Wir führen nun den bereits vielfach angekündigten Begriff des Grenzwertes einer Folge ein, was – anschaulich gesprochen – das Folgenglied am „Ende" der Folge sein soll, also „a_∞". Da aber auch hier $\infty \notin \mathbb{N}$ gilt, ist diese Schreibweise nicht gebräuchlich.

Da wir im Folgenden speziell das Verhalten einer Folge $(a_n)_{n \in \mathbb{N}_0}$ in der Situation untersuchen wollen, dass der Index n unendlich groß wird, also *gegen ∞ strebt*, schenken wir dem ersten Folgenglied – bisher a_0 – keine Aufmerksamkeit. Speziell ist es daher irrelevant, ob die Folge bei $n = 0$ (wie bisher), bei $n = 1$ oder $n = 42$ beginnt, sprich, ob wir über $\mathbb{N}_0$ oder $\mathbb{N}$ oder sonst eine unendliche Teilmenge von $\mathbb{N}$ indizieren. Es kann daher vorkommen, dass der erste Wert für $n \in \mathbb{N}_0$ gar nicht definiert wäre. Dies ist etwa bei der Folge $a_n = \frac{1}{n}$ der Fall. In solchen Situationen gehen wir dann davon aus, dass $n \in \mathbb{N}$ gilt, jedoch ohne dies zu explizieren.

Definition 3.1.4 (Grenzwert einer Folge): Sei $(a_n)_{n \in \mathbb{N}_0}$ eine Folge reeller Zahlen. Dann heißt eine Zahl $a \in \mathbb{R}$ *Grenzwert* oder *Limes* der Folge $(a_n)_{n \in \mathbb{N}_0}$, falls zu jedem $\varepsilon > 0$ eine Zahl $n_0 \in \mathbb{N}$ existiert, so dass für den Abstand zwischen a_n und a

$$|a_n - a| < \varepsilon$$

für alle $n > n_0$ gilt. In diesem Fall schreiben wir für den Grenzwert a der Folge auch

$$\lim_{n \to \infty} a_n := a.$$

Ebenfalls gebräuchlich sind die Schreibweisen

$$a_n \xrightarrow{n \to \infty} a \text{ und } a_n \to a \ (n \to \infty).$$

Falls ein Grenzwert zu einer Folge existiert, so sprechen wir auch von *Konvergenz* der Folge bzw. von einer *konvergenten* Folge.

Von „Abstand" ist in obiger Definition die Rede, da man sich den Ausdruck $|x - y|$ geometrisch auch als die Entfernung von $x \in \mathbb{R}$ zu $y \in \mathbb{R}$ (und umgekehrt) auf dem Zahlenstrahl vorstellen kann.

Die Zahl ε sollte man sich zudem als sehr kleine, aber positive reelle Zahl vorstellen: Egal wie klein diese ist, es gibt immer einen Index $n_0 \in \mathbb{N}$, ab welchem der Abstand der Folgenglieder zum Grenzwert a den Wert ε unterschreitet. Mit anderen Worten nähern sich so Folgenglieder und Grenzwert unendlich nah an, erreichen sich aber möglicherweise niemals. Im folgenden Beispiel werden wir unseren ersten praktischen Kontakt mit dieser oft als „Epsilontik" bezeichneten Notation machen (hierbei handelt es sich nicht wirklich um ein Fachwort, eher um mathematische Umgangssprache). Der Begriff beschreibt – wie schon angedeutet – eine spezielle, insbesondere in der Analysis übliche Formulierung: Gilt eine Aussage für einen beliebig kleinen aber positiven Zahlenwert, so wird hierfür stets der griechische Buchstabe ε genutzt und mit den Worten „sei $\varepsilon > 0$" eingeleitet. Die Epsilontik fand ihre Geburtsstunde in den Arbeiten Karl Theodor Weierstraß' (vgl. HEUSER 2008 [36], S. 696 f.).

Mit dieser Art der Notation und der Entwicklung des zugehörigen Verständnisses hat zu Beginn des Studiums praktisch jeder Studierende seine Probleme. Der wohl kürzeste (und unlustigste?) Mathematikerwitz karikiert übrigens die Notation:

"

$$\text{Sei } \varepsilon < 0.$$

"

– Unbekannt

Beispiel 3.1.5: Wir geben einige Folgen und ihre zugehörigen Grenzwerte an:

- $\lim\limits_{n \to \infty} \frac{1}{n} = 0,$

- $\lim\limits_{n \to \infty} \frac{1}{n^2} = 0,$

- $\lim\limits_{n \to \infty} \frac{1}{2^n} + 2 = 2,$

- $\lim\limits_{n \to \infty} \dfrac{2n^2 + 2}{3n^2 + n} = \lim\limits_{n \to \infty} \dfrac{n^2}{n^2} \cdot \dfrac{2 + 2/n^2}{3 + 1/n} = \lim\limits_{n \to \infty} \dfrac{2 + 2/n^2}{3 + 1/n} = \dfrac{2}{3}.$

Dass dies wirklich stimmt, wollen wir exemplarisch anhand der Definition für die erste angegebene Folge zeigen: Für ein vorgegebenes $\varepsilon > 0$ sei n_0 die nächstgrößere natürliche Zahl ausgehend von dem Ausdruck $1/\varepsilon$. Dann gilt

$$|a_n - 0| = |a_n| = \left| \frac{1}{n} \right| = \frac{1}{n} \overset{!}{<} \varepsilon.$$

Dass dies wahr ist, erkennen wir daran, dass

$$\frac{1}{n} < \varepsilon \quad \Leftrightarrow \quad 1 < \varepsilon \cdot n \quad \Leftrightarrow \quad \frac{1}{\varepsilon} < n$$

für alle $n > n_0$ gilt, da wir n_0 schließlich genau so gewählt haben. Wir haben nun also gezeigt, dass wir für jede noch so kleine positive Zahl $\varepsilon > 0$ einen Index n_0 finden können, so dass alle Folgenglieder ab diesem Wert weniger als ε von ihrem Grenzwert entfernt sind. D.h. die Glieder nähern sich dem Wert 0 unendlich nah an und dieser ist daher Grenzwert der Folge, obwohl sie ihn selbst niemals erreicht, denn für $n \in \mathbb{N}$ ist der Ausdruck $1/n$ immer positiv.

Bemerkung 3.1.6:

- Der Grenzwert einer Folge (a_n) ist eindeutig, d.h. es kann nicht passieren, dass (a_n) gegen $a \in \mathbb{R}$ und $b \in \mathbb{R}$ konvergiert mit $a \neq b$.

- Längst nicht jede Folge ist konvergent. Falls eine Folge keinen Grenzwert besitzt, so nennen wir sie *divergent*. Z.B. sind die Folgen

$$a_n = n \quad \text{sowie} \quad b_n = (-1)^n$$

divergent. (a_n) wird immer größer und nähert sich keinem reellen Wert ($\infty \notin \mathbb{R}$) unendlich nah an und (b_n) springt wild zwischen 1 und -1 hin und her, je nachdem, ob n gerade oder ungerade ist. Man spricht hier nicht davon, dass (b_n) gegen 1 und -1 konvergiert, da die Folge sich keinem Wert unendlich nah annähert und dann dort auch angenähert bleibt – schließlich springt sie von 1 im nächsten Schritt wieder auf -1 und umgekehrt.

- Eine Folge, deren Grenzwert 0 ist, nennen wir auch *Nullfolge*.

- Sollten die Folgenglieder einer Folge (a_n) unendlich groß bzw. unendlich klein werden, d.h. für jeden Wert $K > 0$ findet sich ein Index $n_0 \in \mathbb{N}$ mit $a_n > K$ bzw. $a_n < -K$ für alle $n > n_0$, so sprechen wir davon, dass (a_n) *bestimmt divergent* gegen ∞ bzw. $-\infty$ ist. Wir schreiben auch

$$\lim\limits_{n \to \infty} a_n = \infty \quad \text{bzw.} \quad \lim\limits_{n \to \infty} a_n = -\infty.$$

Die anderen Schreibweisen aus Definition 3.1.4 finden ebenso Anwendung.

3.1.2 Funktionen

Wir wollen nun den Begriff des Grenzwertes auf Funktionen ausweiten, d.h. reelle Folgen von Funktionsargumenten betrachten und das Verhalten der Bilder der entsprechenden Folgenglieder studieren. Dazu benötigen wir zunächst einen Hilfsbegriff.

Definition 3.1.7 (Häufungspunkt)**:** Sei $A \subset \mathbb{R}$ eine Menge. Dann heißt $p \in \mathbb{R} \cup \{-\infty, \infty\}$ *Häufungspunkt* von A, falls eine reelle Folge (a_n) mit $a_n \in A \setminus \{p\}$ für alle $n \in \mathbb{N}$ existiert mit $\lim\limits_{n \to \infty} a_n = p$.

Prosaisch ausgedrückt, handelt es sich bei einem Häufungspunkt also um eine Zahl, die bzgl. der Menge A die Eigenschaft aufweist, dass wenigstens eine nicht-konstante Folge in A existiert, die gegen jene Zahl konvergiert. Um zu verdeutlichen, dass die Häufungspunkte einer Menge nicht begriffsgleich zu ihren Elementen sind, ziehen wir das Beispiel $A = (0, 2)$ heran. Hier ist zwar jedes $p \in A$ Häufungspunkt dieser Menge, jedoch sind auch die Werte $p = 0$ und $p = 2$ Häufungspunkte von A. Begründen kann man dies für $p = 0$ mit der Folge $a_n = \frac{1}{n}$ und für $p = 2$ mit der Folge $b_n = 2 - \frac{1}{n}$. In beiden Fällen handelt es sich offensichtlich um Folgen, die gegen das jeweilige p konvergieren und vollständig aus Elementen von A bestehen.

Definition 3.1.8 (Grenzwert einer Funktion)**:** Sei $A \subset \mathbb{R}$ eine Menge, $f : A \to \mathbb{R}$ eine Funktion und $p \in \mathbb{R} \cup \{-\infty, \infty\}$ ein Häufungspunkt von A. Dann heißt eine Zahl $l \in \mathbb{R} \cup \{-\infty, \infty\}$ *Grenzwert* oder *Limes* von $f(x)$ für $x \to p$, falls für jede Folge (a_n) mit $a_n \in A \setminus \{p\}$ für alle $n \in \mathbb{N}$ und $\lim\limits_{n \to \infty} a_n = p$

$$\lim_{n \to \infty} f(a_n) = l$$

gilt. Wir schreiben in diesem Fall auch

$$\lim_{x \to p} f(x) = l.$$

Beispiel 3.1.9: Wir geben jeweils einzelne Grenzwerte an, lassen den dabei eigentlich anstehenden Beweis, dass es sich jeweils tatsächlich um diesen handelt, jedoch aus. Wir gehen davon aus, dass alle Voraussetzungen erfüllt sind und geben nur die Berechnungsvorschrift der jeweiligen Funktion an:

- Für $f(x) = 3x^2$ gilt $\lim\limits_{x \to 2} f(x) = \lim\limits_{x \to 2} 3x^2 = 12$.

In den weiteren Beispielen nutzen wir nun direkt die Funktionsvorschrift ohne die umständliche Formulierung über $f(x)$:

- $\lim\limits_{x \to 0} \dfrac{1}{|x|} = \infty$,
- $\lim\limits_{x \to -\infty} \dfrac{1}{x} = 0$,
- $\lim\limits_{x \to 42} 7 = 7$.

Den vermeintlichen Grenzwert kann man herausfinden, wenn man sich etwa bei $x \to \infty$ vorstellt, was passiert, wenn man eine riesige Zahl in den Ausdruck, der die Funktion definiert, einsetzt. Jedoch sollte dieses Vorgehen nur für die Generierung einer Vermutung genutzt werden: Als Beweis ist es unzureichend.

Im letzten Fall ist gar nichts zum Einsetzen vorhanden, d.h. die Funktion ist konstant und somit dann auch die Folge der Funktionswerte. Der Ausdruck ist also immer 7, egal wogegen x läuft.

Bemerkung 3.1.10 (Einseitiger Grenzwert): Ersetzt man in Definition 3.1.8

$$(a_n) \text{ mit } a_n \in A \setminus \{p\} \quad \text{durch} \quad (a_n) \text{ mit } a_n \in A \cap (-\infty, p)$$
$$\text{bzw.} \quad (a_n) \text{ mit } a_n \in A \cap (p, \infty)$$

definiert dies den sog. *einseitigen Grenzwert* einer Funktion. Man spricht im ersten Fall vom sog. *linksseitigen Grenzwert* oder *Grenzwert von links*, im zweiten Fall vom sog. *rechtsseitigen Grenzwert* oder *Grenzwert von rechts* und schreibt

$$\lim_{x \to p-} f(x) = l \quad \text{bzw.} \quad \lim_{x \to p+} f(x) = l.$$

Die Richtung des Grenzprozesses wird also mit einem „$-$" bzw. „$+$" neben dem p angedeutet, jedoch gibt es gerade für die einseitige Grenzwertbildung eine Reihe unterschiedlicher Notationen.
Die geänderten Bedingungen oben sorgen dafür, dass die Folgen (a_n) nur von links bzw. rechts (auf dem reellen Zahlenstrahl) gegen den Häufungspunkt p streben müssen. Es handelt sich also jeweils um eine Lockerung bezüglich der ursprünglichen Definition und jeder Grenzwert im bisherigen Sinne wird auch ein linksseitiger **und** rechtsseitiger sein.

Eine Folgerungsrichtung des nachstehenden Satzes haben wir mit dem Ende von Bemerkung 3.1.10 bereits vorweggenommen. Damit auch die umgekerhte Richtung gilt, müssen beide einseitigen Grenzwerte existieren und den gleichen Wert annehmen:

Satz 3.1.11: Sei $A \subset \mathbb{R}$ eine Menge, $f : A \to \mathbb{R}$ eine Funktion, $p \in \mathbb{R}$ ein Häufungspunkt von A und $l \in \mathbb{R} \cup \{-\infty, \infty\}$. Dann gilt

$$\lim_{x \to p} f(x) = l \quad \Leftrightarrow \quad \lim_{x \to p-} f(x) = l = \lim_{x \to p+} f(x).$$

Bemerkung 3.1.12: Eine Besonderheit bei einseitigen Grenzwerten ist noch der Spezialfall, dass für den Häufungspunkt in Definition 3.1.8 $p \in \{-\infty, \infty\}$ gilt. Im Fall $p = -\infty$ bedeutet das, dass die Begriffe „linksseitiger Grenzwert" und „Grenzwert" zusammenfallen, im Fall $p = \infty$, dass die Begriffe „rechtsseitiger Grenzwert" und „Grenzwert" zusammenfallen. Schließlich ist es nicht möglich, dass eine Folge von der jeweils anderen Seite gegen den Grenzwert strebt, denn dort sind gar keine Zahlen mehr zu finden.

3.1.A Aufgaben

Aufgabe 1: Bestimme den jeweiligen Grenzwert der Folge oder gebe an, dass die Folge divergiert. Falls die Folge divergiert, gib zusätzlich an, ob sie bestimmt divergiert. Ein formaler Beweis wie in Beispiel 3.1.5 ist hier nicht notwendig. Es gilt jeweils $n \in \mathbb{N}$.

(a) $a_n = \dfrac{1}{n^2}$

(b) $b_n = \dfrac{1}{n^3 + n^2}$

(c) $c_n = n^2$

(d) $d_n = \dfrac{1}{2^{n+1}}$

(e) $e_n = 42$

(f) $f_n = n^n$

(g) $g_n = \dfrac{n^3 + 2n^2 + n}{4n^3 - 2n^2 - 5}$

(h) $h_n = \sqrt[n]{4}$

(i) $i_n = \left(1 + \dfrac{1}{n}\right)^n$

Tipp: Bei komplizierteren Brüchen hilft häufig das Ausklammern der Potenz mit höchstem Exponenten (vgl. den vierten Spiegelpunkt in 3.1.5).

Aufgabe 2: Bestimme den jeweiligen Grenzwert der Funktion oder gib an, dass dieser nicht existiert. Es ist kein formaler Beweis gefordert.

(a) $\lim\limits_{x \to 3} x^3$

(b) $\lim\limits_{x \to 2} \dfrac{1}{x + 2}$

(c) $\lim\limits_{x \to \infty} 12$

(d) $\lim\limits_{x \to -2+} \dfrac{1}{x + 2}$

(e) $\lim\limits_{x \to -2-} \dfrac{1}{x + 2}$

(f) $\lim\limits_{x \to -\infty} \dfrac{1}{x + 6}$

(g) $\lim\limits_{x \to -\infty} x^3$

(h) $\lim\limits_{x \to -\infty} 4^x$

(i) $\lim\limits_{x \to 3} \dfrac{x^2 + x}{x^3 - x - 24}$

Aufgabe 3: Man bestimme

$$\lim_{n \to \infty} \sum_{k=0}^{n} q^k.$$

Welche Fälle müssen für $q \in \mathbb{R}$ unterschieden werden?

Tipp: Mit einem Teil dieses Ausdrucks hatten wir es bereits in Aufgabe 4 von Aufgabenteil 1.5.A zu tun.

Hinweis: Musterlösungen sind auf der Springer-Verlagsseite unter http://www.springer.com/ mathematics/book/978-3-658-06595-9 zu finden.

3.2 Nullstellen

Eine Nullstelle ist ein wichtiges Charakteristikum einer Funktion: Es handelt sich um einen Wert des Definitionsbereichs, bei dem die Funktion den Wert 0 annimmt. Wenn man Nullstellen von Funktionen berechnen kann, erleichtert dies vieles, da im Prinzip jede mathematische Gleichung so umgestellt werden kann, dass man sie als Suche nach der oder den Nullstelle(n) einer Funktion begreifen kann: Man formt die Gleichung derart um, dass auf einer Seite eine Null entsteht. Definiert man nun die andere Seite als Funktion der Unbekannten, handelt es sich um ein äquivalentes Nullstellenproblem.

Definition 3.2.1 (Nullstelle): Sei $A \subset \mathbb{C}$ und $f : A \to \mathbb{C}$ eine Funktion. Dann heißt $x_0 \in A$ *Nullstelle* von f, falls gilt:
$$f(x_0) = 0.$$

Beispiel 3.2.2 (Nullstellen quadratischer Funktionen mit pq-Formel): Die Nullstellen eines reellen Polynoms zweiten Grades mit Führungskoeffizient 1, also $f : \mathbb{R} \to \mathbb{R}$ mit

$$f(x) = x^2 + px + q$$

und $p, q \in \mathbb{R}$, lassen sich mit der bekannten *pq-Formel* (manchmal auch *Mitternachtsformel*) bestimmen. Die Werte der beiden Nullstellen x_1 und x_2 ergeben sich nach

$$x_{1/2} = -\frac{p}{2} \pm \sqrt{\left(\frac{p}{2}\right)^2 - q}.$$

Wir möchten die Formel noch schnell mit konkreten Zahlen ausprobieren und betrachten

$$f(x) = x^2 \underbrace{-4}_{=p} x + \underbrace{3}_{=q}.$$

Dann ergeben sich die Nullstellen durch Ausrechnen von

$$x_{1/2} = -\frac{-4}{2} \pm \sqrt{\left(\frac{-4}{2}\right)^2 - 3}$$

und somit die Werte $x_1 = 3$ und $x_2 = 1$. Dass eine derartige Funktion höchstens zwei verschiedene Nullstellen besitzt, werden wir nachher noch mittels Satz 3.2.7 rechtfertigen können.

Bemerkung 3.2.3: In der pq-Formel in Beispiel 3.2.2 ist es unter Umständen notwendig, die Wurzel aus einer negativen Zahl zu ziehen, was wir im Rahmen dieses Buches noch nicht definiert haben (es ist aber auch nur dann notwendig, wenn man an nicht-reellen Nullstellen interessiert ist). Man kann Definition 1.4.6 dann mit etwas Überlegung auf komplexe Zahlen erweitern. Wir wissen, dass $i^2 = -1$ ist. Man kann also sagen $\sqrt{-1} = \pm i$. Die Quadratwurzel einer negativen reellen Zahl $r \in \mathbb{R}^-$ ist also

$$\sqrt{r} = \sqrt{-1 \cdot (-r)} = \sqrt{-1} \cdot \sqrt{-r} = \pm i \cdot \sqrt{-r},$$

was wir berechnen können, da $-r > 0$ ist. Wichtig zu betonen ist aber auch, dass durch die Konvention $\sqrt{-1} = \pm i$ der Abbildungscharakter der *Wurzelfunktion*[5] verloren ginge, da dann das Bild eines negativen Wertes nicht mehr eindeutig wäre: Dies haben wir jedoch im Rahmen der Definition einer Abbildung explizit zur Forderung gemacht (vgl. Definition 1.6.1).

> **Beispiel 3.2.4** (Nullstellen quadratischer Funktionen mit quadratischer Ergänzung)**:** Ein alternatives Verfahren, welches aber das Gleiche bezweckt, ist die sog. *quadratische Ergänzung*. Hierbei machen wir konkreten Gebrauch davon, dass die Nullstellen der obigen Funktion f zu finden gleichbedeutend dazu ist, die Lösungen der Gleichung
>
> $$x^2 + px + q = 0$$
>
> zu berechnen. Ziel der quadratischen Ergänzung ist nun diese Gleichung geschickt so umzuformen, dass die Anwendung einer binomischen Formel möglich wird (Satz 1.4.4). Um das gesamte Vorgehen zu verdeutlichen, betrachten wir am besten wieder ein Beispiel mit konkreten Werten: Für die Funktion $f(x)$ aus Beispiel 3.2.2 erhalten wir erneut die Gleichung
>
> $$x^2 - 4x + 3 = 0.$$
>
> Als erstes sollten wir den konstanten Teil (hier 3) auf die andere Seite bringen:
>
> $$x^2 - 4x = -3.$$
>
> In einem nächsten Schritt *ergänzen* wir (was namensstiftend für dieses Vorgehen ist) $+4$ auf beiden Seiten:
>
> $$x^2 - 4x + 4 = -3 + 4.$$
>
> Aber warum gerade $+4$? Das liegt daran, dass wir nun auf der linken Seite der Gleichung die erste bzw. zweite binomische Formel rückwärts anwenden können (hier die zweite, da $-4x$ negatives Vorzeichen hat). Genau stimmen die Werte wie folgt mit den Variablen a und b aus den binomischen Formeln überein:
>
> $$\underbrace{x^2}_{a^2} + \underbrace{2 \cdot x \cdot 2}_{2 \cdot a \cdot b} + \underbrace{2^2}_{b^2} = 1$$
> $$\phantom{\underbrace{x^2}_{a^2}} \phantom{\underbrace{2 \cdot x \cdot 2}_{2 \cdot a \cdot b}} \phantom{\underbrace{2^2}_{b^2}} = 1.$$
>
> D.h. wir formen die Gleichung nun zu
>
> $$\underbrace{(x - 2)^2}_{(a - b)^2} = 1$$
>
> um. Konkret addiert man immer das Quadrat der Hälfte des Koeffizienten vor x (d.h. $+4$ ergibt sich hier als $+(^4/_2)^2$). Wenn wir hier auf beiden Seiten die Wurzel ziehen, müssen wir daran denken, dass das Vorzeichen auf der rechten Seite positiv oder negativ sein könnte, weswegen wir ein „$\pm$" setzen.[6] Es folgt so dann
>
> $$x - 2 = \pm\sqrt{1} = \pm 1,$$
>
> woran wir erkennen, dass sich natürlich erneut $x_1 = 3$ und $x_2 = 1$ als Lösung der Gleichung und somit als Nullstellen von f ergeben.

In der folgenden Bemerkung möchten wir die quadratische Ergänzung nun auch nochmals im ganz allgemeinen Fall durchdenken. D.h. wir nehmen uns diesmal kein konkretes Wertebeispiel, sondern gehen vom unbeliebten Fall allgemeiner Variablen aus.

---

[5] Also der Funktion, die jeden reellen Wert auf seine Wurzel abbildet, d.h. $x \mapsto \sqrt{x}$.
[6] Warum dies genau zustande kommt, ist detaillierter in Bemerkung 3.2.5 erklärt.

Bemerkung 3.2.5: Wir betrachten erneut die Gleichung $x^2 + px + q = 0$. Wieder bringen wir erst q auf die andere Seite und addieren dann auf beiden Seiten $(p/2)^2$:

$$x^2 + px + \left(\frac{p}{2}\right)^2 = -q + \left(\frac{p}{2}\right)^2.$$

Erweitern wir nun noch das p vor x mit 2 und sortieren etwas, wird hier deutlich, wo sich die binomische Formel diesmal verbirgt:

$$\underbrace{x^2}_{a^2} \; + \; \underbrace{2 \cdot x \cdot \frac{p}{2}}_{2 \cdot a \cdot b} \; + \; \underbrace{\left(\frac{p}{2}\right)^2}_{b^2} \; = \; -q + \left(\frac{p}{2}\right)^2$$

$$a^2 \; + \; 2 \cdot a \cdot b \; + \; b^2 \; = \; \ldots$$

Dies ist nun durch Anwendung der Formel äquivalent zu

$$\underbrace{\left(x + \frac{p}{2}\right)^2}_{(a+b)^2} = -q + \left(\frac{p}{2}\right)^2$$

$$(a+b)^2 = \ldots$$

Ziehen wir jetzt auf beiden Seiten die Wurzel, müssen wir im strengen Sinne eine Fallunterscheidung vornehmen, in der wir uns danach richten, ob $x + p/2$ eine positive oder negative Zahl ist: Wir nennen x nun x_1 im positiven sowie x_2 im negativen Fall und müssen zusätzlich ein „$\pm$" auf die rechte Seite schreiben. Wir erhalten so

$$x_{1/2} + \frac{p}{2} = \pm\sqrt{-q + \left(\frac{p}{2}\right)^2},$$

was etwas umgeformt

$$x_{1/2} = -\frac{p}{2} \pm \sqrt{\left(\frac{p}{2}\right)^2 - q}$$

ergibt. Aber Moment! Das ist doch die pq-Formel!? Wir können also festhalten, dass das Verfahren der quadratischen Ergänzung im Grunde überhaupt nichts anderes ist als die Anwendung der pq-Formel (und umgekehrt).

Bemerkung 3.2.6: In Beispiel 3.2.2 sowie 3.2.4 sind wir davon ausgegangen, dass das quadratische Polynom keinen speziellen Führungskoeffizienten aufweist. Das bedeutet, dass kein weiterer Faktor vor dem x^2 steht (also z.B. $3x^2$ oder $-4x^2$), sondern implizit die Eins. Korrekterweise schließt der Ausdruck „Polynom zweiten Grades" solche Situationen aber mit ein. Problematisch ist dies aber nicht: Sollte die Situation eintreffen, teilen wir einfach die gesamte Gleichung, also

$$ax^2 + px + q = 0,$$

durch den Führungskoeffizienten (hier $a \in \mathbb{R}$ mit $a \neq 0$) und erhalten somit

$$x^2 + \frac{p}{a}x + \frac{q}{a} = 0,$$

denn es ist ja $a/a = 1$ und $0/a = 0$. Wir haben nun ein neues Polynom mit denselben Nullstellen und können wie bisher vorgehen, allerdings mit neuen Koeffizienten $p' := p/a$ und $q' := q/a$.

Bezüglich der Anzahl der Nullstellen bestimmter Funktionen, nämlich Polynomfunktionen, gibt es einen eben so bekannten wie fundamentalen (Achtung Wortwitz!) Satz, der – obwohl er Teil der Analysis und Algebra ist – *Fundamentalsatz der Algebra* heißt.

Satz 3.2.7 (Fundamentalsatz der Algebra)**:** Es sei $f : \mathbb{C} \to \mathbb{C}$ ein Polynom n-ten Grades. Dann hat dieses n Nullstellen in $\mathbb{C}$. Diese Nullstellen müssen nicht alle verschieden sein, werden dann aber entsprechend ihrer sog. *Vielfachheit* gezählt.

Satz 3.2.8 (Linearfaktorzerlegung)**:** Jedes Polynom lässt sich über $\mathbb{C}$ in sog. *Linearfaktoren* seiner Nullstellen zerlegen, d.h. jedes Polynom $f : \mathbb{C} \to \mathbb{C}$ von Grad n lässt sich (bis auf Reihenfolge der Faktoren) eindeutig schreiben als

$$f(x) = c(x - x_1) \cdot (x - x_2) \cdot \ldots \cdot (x - x_n).$$

Dabei seien $x_1, x_2, \ldots, x_n \in \mathbb{C}$ die nach Satz 3.2.7 existenten n Nullstellen von f sowie $c \in \mathbb{C}$ eine Konstante. Eine solche Darstellung eines Polynoms nennen wir *Linearfaktorzerlegung*.

Beispiel 3.2.9: Berechnen kann man die Linearfaktorzerlegung eines Polynoms f, indem man dessen Nullstellen findet. Mit Hilfe der Polynomdivision, welche wir bereits in Beispiel 1.6.28 kennengelernt haben, lässt sich dies zumindest teilweise bewerkstelligen. Dazu muss zunächst die erste der n Nullstellen von f geraten werden oder durch andere Verfahren[7] gewonnen werden. Wir betrachten exemplarisch das komplexe Polynom $f : \mathbb{C} \to \mathbb{C}$ mit $f(x) = x^3 - 4x^2 + x + 6$ und nehmen an, dass wir eine der drei Nullstellen, nämlich $x_1 = 2$, durch Raten erhalten haben. Nun wissen wir, dass sich f als Produkt seiner Linearfaktoren darstellen lässt, $(x - x_1) = (x - 2)$ also ein Teiler von f ist. Man berechnet also mit Hilfe einer Polynomdivision $(x^3 - 4x^2 + x + 6) \div (x - 2) = x^2 - 2x - 3$ und kann schließlich – etwa mit Hilfe der pq-Formel – auch die zwei verbleibenden Nullstellen bestimmen als

$$x_{2/3} = -\frac{-2}{2} \pm \sqrt{\left(\frac{-2}{2}\right)^2 - (-3)} = 3 \text{ bzw. } -1.$$

Daher kennen wir jetzt die Linearfaktorzerlegung von f, nämlich

$$f(x) = (x - x_1)(x - x_2)(x - x_3) = (x - 2)(x - 3)(x + 1).$$

Dass der Vorfaktor $c = 1$ sein muss, kann man entweder durch Einsetzen eines Wertes, der keine Nullstelle ist, feststellen. Das Ergebnis vergleicht man mit dem entsprechenden Resultat der ursprünglichen Polynomdarstellung. Man erkennt den Faktor c jedoch auch an dem Vorfaktor der höchsten Potenz des Polynoms, hier also 1, da das erste Monom $1 \cdot x^3$ lautet.

Bemerkung 3.2.10: Wie wir gesehen haben, kann manchmal auch über $\mathbb{R}$ ein Polynom in seine Nullstellen faktorisiert werden, jedoch nur dann, wenn all diese reellwertig sind. Dies haben wir exemplarisch in Beispiel 3.2.9 gesehen.

---

[7]Wir möchten an dieser Stelle nicht weiter auf solche Verfahren eingehen. Wer hieran Interesse hat, kann z.B. im Buch von KEMNITZ etwas über das *Newton-Verfahren* lesen (2014 [38], S. 384 f.).

3.2.A Aufgaben

Aufgabe 1: Bestimme jeweils die Linearfaktorzerlegung der folgenden Funktionen $f, g, h : \mathbb{R} \to \mathbb{R}$.

(a) $f(x) = x^3 - 4x^2 - x + 4$

(b) $g(x) = 3x^3 + 6x^2 - 63x + 54$

(c) $h(x) = x^4 + x^3 - 2x^2$

Aufgabe 2: Wir betrachten die Funktionen $f(x) = x^4 + x^3$ sowie $g(x) = 2x^2$. Bestimme den Schnittpunkt der Funktionen, indem du in ein äquivalentes Nullstellenproblem umformst.
Tipp: Es ist kein großer Aufwand zu betreiben, wenn du bereits Aufgabe 1 gelöst hast.

Aufgabe 3: Der *Satz von Vieta*[8] besagt, dass für eine Funktion $f(x) = x^2 + px + q$

$$p = -(x_1 + x_2),$$
$$q = x_1 \cdot x_2$$

gilt, falls $x_1 \in \mathbb{R}$ und $x_2 \in \mathbb{R}$ die Nullstellen von f sind. Beweise diesen Satz.
Tipp: Formuliere f als Linearfaktorzerlegung und vergleiche die Koeffizienten mit der Ausgangsformulierung.

Hinweis: Musterlösungen sind auf der Springer-Verlagsseite unter http://www.springer.com/mathematics/book/978-3-658-06595-9 zu finden.

---

[8]François Viète (*1540; †1603), französischer Rechtsanwalt und Mathematiker

3.3 Stetigkeit

Eine einfache und sehr anschauliche, jedoch genauso unmathematische Erklärung, was die Stetigkeit einer Funktion bedeutet, ist, dass man ihren Graphen zeichnen kann ohne dabei den Stift absetzen zu müssen, der Graph also keine Sprungstellen hat. Diese Definition ist streng mathematisch zwar nicht zu halten, jedoch sorgt sie für eine erste Grundvorstellung von Stetigkeit. Deutlich mathematischer begründen wir den Begriff in der folgenden Definition.

Definition 3.3.1 (Stetigkeit)**:** Eine Funktion $f : A \to \mathbb{R}$ mit $A \subset \mathbb{R}$ heißt *stetig* im Punkt $x_0 \in A$, falls

$$\lim_{x \to x_0} f(x) = f(x_0)$$

gilt. Ist eine Funktion stetig in jedem Punkt $x_0 \in A$, so heißt sie *stetig*. Ist sie in mindestens einem Punkt $x_0 \in A$ nicht stetig, so heißt sie *unstetig*.

Bemerkung 3.3.2: Im Grunde kann in der obigen Definition die Stetigkeit an einer Stelle einer Funktion an zwei Dingen scheitern:

- Der Grenzwert existiert nicht oder wird ∞ bzw. $-\infty$.

- Der Grenzwert existiert zwar, gleicht aber nicht dem Funktionswert an der Stelle $x_0 \in A$.

Beispiel 3.3.3:

- Polynome sind stetig auf ganz $\mathbb{R}$, werden also niemals eine „Lücke" in ihrem Graphen aufweisen.

- Die *Signum-Funktion* $\mathrm{sign} : \mathbb{R} \to \mathbb{R}$ mit

$$\mathrm{sign}(x) = \begin{cases} 1, & x > 0, \\ 0, & x = 0, \\ -1, & x < 0, \end{cases}$$

ordnet jeder reellen Zahl ihr Vorzeichen zu sowie der Null die Null. Sie ist überall außer an der Stelle 0 stetig und somit global betrachtet unstetig. Die Unstetigkeitsstelle in 0 begründet sich dadurch, dass $\lim_{x \to 0} f(x)$ nicht existiert, denn linksseitiger und rechtsseitiger Grenzwert an der Stelle sind ungleich: Nähern wir uns von links, erhalten wir den Wert -1, laufen wir hingegen von rechts gegen 0, nimmt der einseitige Grenzwert hier den Wert 1 an. Nach Satz 3.1.11 kann der Grenzwert $\lim_{x \to 0} f(x)$ dann nicht existieren.

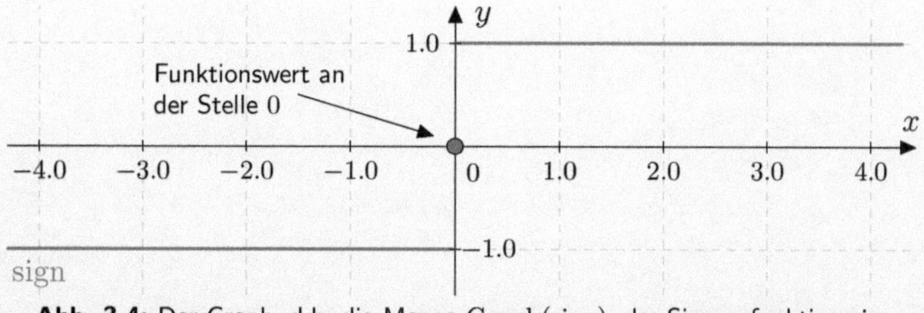

Abb. 3.4: Der Graph, d.h. die Menge Graph(sign), der Signumfunktion sign

Ein weiterer wichtiger Satz mit Bezug zur Stetigkeit ist der folgende:

Satz 3.3.4: Es seien $f : A \to B$ und $g : B \to C$ zwei stetige Funktionen sowie A, B und C reelle Intervalle. Dann ist auch die Komposition

$$g \circ f : A \to C \text{ mit } g \circ f(x) = g(f(x))$$

stetig.

Der Satz bedeutet also, dass die Stetigkeit zweier Funktionen nicht verloren geht, sollte man sie verketten. Den recht kurzen Beweis hierzu führt z.B. FORSTER (2013 [29], S. 110 f.).

3.3.A Aufgaben

<u>Aufgabe 1:</u> Welche der folgenden Funktionen ist stetig (d.h. auf ganz $\mathbb{R}$)? Gib ggfs. die Unstetigkeitsstellen der jeweiligen Funktion an, d.h. jene Stellen, die dafür verantwortlich sind, dass die Stetigkeitseigenschaft auf ganz $\mathbb{R}$ verloren geht.

(a) $f(x) = x^5 - 4x^3 + x^2 - 6$

(b) $f(x) = |x|$

(c) $f(x) = \begin{cases} x^2 & \text{für } x \leq 0 \\ x^3 & \text{für } x > 0 \end{cases}$

(d) $f(x) = \dfrac{1}{x}$

(e) $f(x) = \begin{cases} -x - 2 & \text{für } x \leq -1 \\ x^3 & \text{für } -1 < x \leq 1 \\ \frac{1}{x} & \text{für } 1 < x \leq 3 \\ x & \text{für } x > 3 \end{cases}$

(f) $f(x) = \dfrac{1}{|x|}$

<u>Aufgabe 2:</u> Bestimme $\lambda \in \mathbb{R}$ so, dass $f : \mathbb{R} \to \mathbb{R}$ mit

$$f(x) = \begin{cases} \frac{1}{2}tx^2 + 2x - 5t & \text{für } x \leq 2 \\ -2x^2 + \frac{3}{2}tx & \text{für } x > 2 \end{cases}$$

stetig auf ganz $\mathbb{R}$ wird.

<u>Hinweis:</u> Musterlösungen sind auf der Springer-Verlagsseite unter http://www.springer.com/mathematics/book/978-3-658-06595-9 zu finden.

3.4 Differenzierbarkeit

In diesem Abschnitt nähern wir uns nun dem Hauptgrund der Streitigkeiten zwischen Leibniz und Newton: Die *Ableitung* einer Funktion. Wichtig ist uns aber darauf aufmerksam zu machen, dass nicht jede Funktion abgeleitet werden kann. Die binäre Eigenschaft, die darüber entscheidet, ob dies funktioniert oder nicht, ist ihre *Differenzierbarkeit*.
Zunächst möchten wir im folgenden Unterabschnitt aber drei Begriffe in Erinnerung rufen, die in der Sekundarstufe I besonders gerne am Kreis Anwendung finden, aber genauso gut die Lage einer Geraden zum Graphen einer beliebigen weiteren Funktion in Worte fassen.

3.4.1 Sekante, Tangente und Passante

In diesem Abschnitt beginnen wir mit einer Klassifizierung, die die Lage einer Funktion f und einer Geraden g zueinander genauer beschreibt:
Wir betrachten die Begriffe „Sekante", „Tangente" und „Passante", wobei es jeweils um reelle Funktionen von Grad 1, 0 oder $-\infty$ handelt, d.h. um Funktionen $g : A \to \mathbb{R}$ mit $g(x) = ax+b$, $A \subset \mathbb{R}$ und $a, b \in \mathbb{R}$, wobei auch $a = 0$ bzw. $b = 0$ ausdrücklich erlaubt ist. $f : A \to B$ sei eine Funktion, auf welche sich die Begriffe nachher beziehen sollen.

- Wir sprechen von einer *Sekante* von f, falls der Graph der Geraden g den Graphen von f in einem gewissen Bereich genau zweimal schneidet und dabei dann also oberhalb bzw. unterhalb des Graphen von f liegt. Insgesamt kann aber

$$|\operatorname{Graph}(f) \cap \operatorname{Graph}(g)| \geq 2$$

  gelten, denn es ist natürlich möglich, dass die Sekante g den Graphen von f, je nach dessen Verlauf, an einer weiteren Stelle schneidet.

- Wir sprechen von einer *Passante* von f, falls der Graph der Geraden g den Graphen von f in einem gewissen Bereich nicht schneidet und g und f dort keine gemeinsamen Punkte haben.

- Wir sprechen von einer *Tangente* von f, falls g in einem gewissen Bereich „ähnlich aussieht" wie f, d.h. – streng mathematisch – falls g lokal die beste lineare Näherung an f darstellt. Insbesondere existiert dann entweder nur ein Schnittpunkt von f und g in diesem Bereich oder es existieren unendlich viele (falls f und g in diesem Bereich deckungsgleich sind und somit f lokal selbst wie eine Gerade (also eine Funktion von Grad 1, 0 oder $-\infty$ beim Nullpolynom) aussieht. Insbesondere soll die Steigung der Geraden a dann identisch zur Steigung der Funktion f an genau dieser Stelle sein.

Obige Definition einer Tangente haben wir dabei bewusst unpräzise gehalten, da mit unseren aktuell vorhandenen Begrifflichkeiten eine präzise Definition, die zugleich verständlich ist, sich als nur schwer möglich erweist. Leider haben wir auch bei umfangreichen Literaturrecherchen kein Einführungswerk gefunden, dass die Begriffe „Sekante", „Tangente" und „Passante" überhaupt definiert. Wir hoffen, dass obige „Definitionen" zumindest eine gewisse Grundvorstellung dieser unterschiedlichen Geradentypen wecken, illustrieren zur Sicherheit aber im folgenden Beispiel nochmals alle drei Termini.

Beispiel 3.4.1: Wir betrachten die Funktion $f : \mathbb{R}_0^+ \to \mathbb{R}_0^+$ mit $f(x) = x^2$, d.h. die Normalparabel. Dann ist die Funktion

- $g_1 : \mathbb{R}_0^+ \to \mathbb{R}_0^+$ mit $g_1(x) = x$ eine Sekante,

- $g_2 : \mathbb{R}_0^+ \to \mathbb{R}_0^+$ mit $g_2(x) = x - \dfrac{1}{4}$ eine Tangente,

- $g_3 : \mathbb{R}_0^+ \to \mathbb{R}_0^+$ mit $g_3(x) = x - \dfrac{1}{2}$ eine Passante.

Die einzelnen Graphen sind in Abbildung 3.5 dargestellt. Der Einfachheit halber beschränken wir die Darstellung der Graphen hier auf den ersten Quadranten des Koordinatensystems.

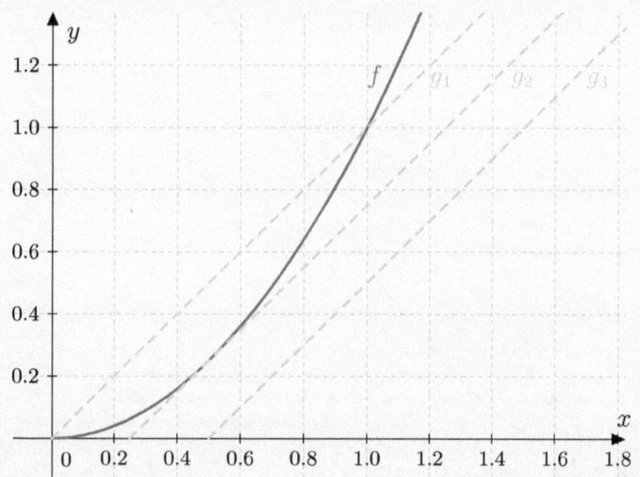

Abb. 3.5: Sekante (links), Tangente (Mitte) und Passante (rechts) am Graphen von $f(x) = x^2$ (durchgehend)

Satz 3.4.2: Kennt man zwei verschiedene Punkte einer Geraden, ist diese bereits eindeutig bestimmt. Geometrisch ist dies naheliegend, rechnerisch erhält man die entsprechende Gerade $g : \mathbb{R} \to \mathbb{R}$ mit $g(x) = ax + b$ aus der Formel

$$a = \frac{\Delta y}{\Delta x} := \frac{p_y - q_y}{p_x - q_x} \quad \text{und} \quad b = g(0) = p_y - ap_x = p_y - \frac{p_y - q_y}{p_x - q_x}p_x,$$

wobei $P = (p_x, p_x), Q = (q_x, q_y) \in \mathbb{R}^2$ die besagten Punkte seien.

Korollar 3.4.3: Sei $f : A \to \mathbb{R}$ eine Funktion mit $A \subset \mathbb{R}$ und sei $g : A \to \mathbb{R}$ eine Sekante von f. Dann ist

$$g(x) = \frac{f(s_1) - f(s_2)}{s_1 - s_2}x + f(s_1) - \frac{f(s_1) - f(s_2)}{s_1 - s_2}s_1,$$

falls $S_1 = (s_1, f(s_1)), S_2 = (s_2, f(s_2)) \in \mathbb{R}^2$ die Schnittpunkte von f und g sind, d.h. falls $\{S_1, S_2\} \subset \mathrm{Graph}(f) \cap \mathrm{Graph}(g)$ gilt.

Beweis: Wir nutzen Satz 3.4.2 und setzen für beide Punkte ein. Da S_1 und S_2 Schnittpunkte von f und g sind, können wir die y-Koordinate der Punkte jeweils über die Funktionsvorschrift von f ausdrücken. $\qquad\square$

Komplizierter ist es nun, die Geradengleichung, d.h. Funktionsvorschrift, einer Tangente an eine Funktion f an einem bestimmten Punkt anzugeben. Hilfreich ist aber die Beobachtung, dass eine Sekante einer Tangente immer ähnlicher wird, je näher man beide Schnittpunkte zusammenlegt. Wir betrachten dies exemplarisch in Abbildung 3.6, wieder anhand der Normalparabel $f : \mathbb{R}_0^+ \to \mathbb{R}_0^+$ mit $f(x) = x^2$. Je näher die beiden Schnittpunkte der Sekante

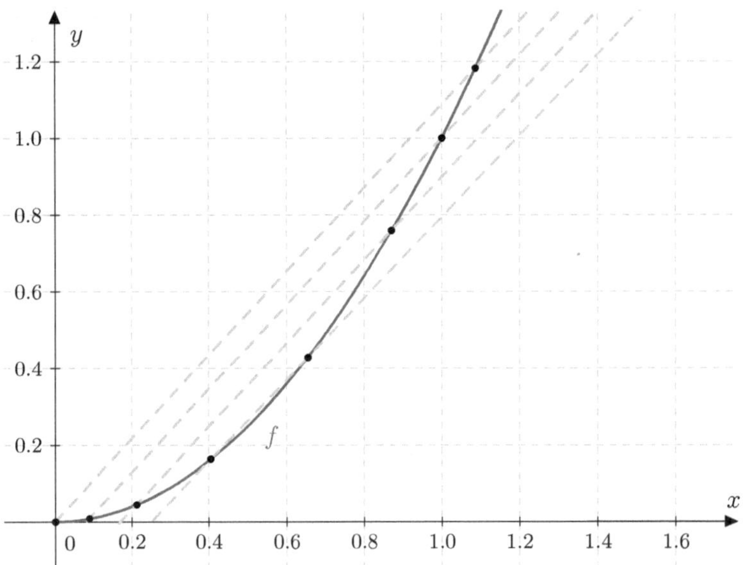

Abb. 3.6: Verschiedene Sekanten (gestrichelt) von f (durchgehend) mit zunehmend kleiner werdenden Abständen der Schnittpunkte S_1, S_2. Die jeweilige Sekante wird einer Tangente immer ähnlicher (v.l.n.r.).

aneinander geraten, desto eher entspricht die Sekante offenbar einer Tangente. Tatsächlich ist es so, dass ein Grenzprozess, der die beiden Punkte unendlich nah einander annähert, so dass sie dennoch nicht identisch sind, die Geradengleichung der Tangente liefert.

Konkret versuchen wir die *Steigung* der Tangente, d.h. den Koeffizienten vor x in der Abbildungsvorschrift, zu bestimmen. Wenn dies gelingt, kann der sog. *y-Achsenabschnitt*, d.h. der Koeffizient vor x^0 (also der x-freie Koeffizient), aus Steigung und bekanntem Schnittpunkt errechnet werden.

Bevor wir damit beginnen, sollen oft ungenau benutzte Begrifflichkeiten näher differenziert werden: Sprechen wir im Folgenden von einem *Punkt*, bezeichnen wir damit immer ein 2-Tupel aus der Menge $\mathbb{R} \times \mathbb{R} = \mathbb{R}^2$ mit einer x- und einer y-Koordinate, d.h. $(x, y) \in \mathbb{R}^2$. Entgegen der Handhabung in Kapitel 2 fassen wir die Elemente des $\mathbb{R}^2$ also nicht mehr als „stehende" Vektoren auf, sondern Definition 1.2.15 entsprechend als Elemente des kartesischen Produktes.

Ist hingegen von einer *Stelle* die Rede, bezieht sich dies nur auf die x-Koordinate eines Punktes, d.h. auf eine reelle Zahl $x \in \mathbb{R}$. Diese strikte Trennung ist nicht unbedingt notwendig, wird aber von einigen Autoren rigoros vollzogen.

> **Satz 3.4.4:** Es sei $f : A \subset \mathbb{R} \to \mathbb{R}$ mit $A \subset \mathbb{R}$ eine stetige Funktion. Für die Steigung a der Tangente an f an der Stelle $x_0 \in A$ gilt
>
> $$a = a_{x_0} = \lim_{x \to x_0} \frac{f(x) - f(x_0)}{x - x_0},$$
>
> falls dieser Grenzwert existiert und nicht den Wert $-\infty$ oder ∞ annimmt.

3.4.2 Definition

> **Definition 3.4.5** (Ableitung)**:** Der in Satz 3.4.4 definierte Wert $a = a_{x_0}$ heißt *Ableitung* von f an der Stelle x_0, falls er unter den genannten Bedingungen existiert. Wenn er existiert, sprechen wir auch davon, dass f an der Stelle x_0 *differenzierbar* ist. Falls $f : A \to \mathbb{R}$ mit $A \subset \mathbb{R}$ für jedes $x_0 \in A$ differenzierbar ist, nennen wir die gesamte Funktion f *differenzierbar*. Die Funktion $f' : A \to \mathbb{R}$, die jedem $x_0 \in A$ die entsprechende Ableitung a_{x_0} zuordnet, heißt *Ableitung* von f. D.h. es gilt $f' : A \to \mathbb{R}$ mit
>
> $$x_0 \mapsto f'(x_0) = a_{x_0} = \lim_{x \to x_0} \frac{f(x) - f(x_0)}{x - x_0}.$$
>
> Wir erhalten die Steigung a_{x_0} der Tangente an f an einer Stelle x_0 also auch durch Auswertung der Ableitung, d.h. Bestimmung des Wertes $f'(x_0)$, falls die Ableitung f' geschlossen, d.h. in einem Term, angegeben werden kann.

> **Bemerkung 3.4.6:**
>
> - Den Ausdruck
>
> $$\frac{f(x) - f(x_0)}{x - x_0}$$
>
> nennt man auch *Differenzenquotient*, den Ausdruck
>
> $$\lim_{x \to x_0} \frac{f(x) - f(x_0)}{x - x_0}$$
>
> *Differentialquotient* von f in x_0. Der Unterschied liegt also darin, ob der Limes gebildet wird oder nicht.
>
> - In Satz 3.4.4 ist es auch möglich, den Differentialquotienten als
>
> $$\lim_{h \to 0} \frac{f(x_0 + h) - f(x_0)}{h}$$
>
> zu definieren. Beide Ausdrücke sind äquivalent und haben anschaulich gleichermaßen ihre Berechtigung.

> **Korollar 3.4.7:** Sei $f : A \to \mathbb{R}$ mit $A \subset \mathbb{R}$ an der Stelle $x_0 \in A$ differenzierbar. Dann ist die Tangente von f an der Stelle x_0 die Funktion $t : A \to \mathbb{R}$ (mit Schnittpunkt $(x_0, f(x_0)) \in \mathbb{R}^2$ zwischen t und f) mit Tangentengleichung bzw. Funktionsvorschrift
>
> $$t(x) = f'(x_0)x + f(x_0) - f'(x_0) \cdot x_0.$$

Beweis: Die Formel ergibt sich sofort aus der Konstruktion bzw. Definition von $f'(x_0)$ (Satz 3.4.4 bzw. Definition 3.4.5) sowie aus Satz 3.4.2, denn bei $f'(x_0)$ handelt es sich ja um die Steigung der Tangente. Ist die Steigung einer Geraden bekannt, werden zu ihrer eindeutigen Bestimmung schließlich nicht mehr zwei Punkte benötigt, sondern nur noch einer. $\square$

Satz 3.4.8: Falls $f : A \to \mathbb{R}$ mit $A \subset \mathbb{R}$ in $x_0 \in A$ differenzierbar ist, so ist f an der Stelle x_0 auch stetig. Insgesamt ist daher jede differenzierbare Funktion also auch eine stetige Funktion.

Beweis: Zu zeigen ist, dass

$$\lim_{x \to x_0} f(x) = f(x_0)$$

gilt, f in x_0 also stetig ist. Wir betrachten dazu die Definition der Differenzierbarkeit in x_0 und formen um:

$$
\begin{aligned}
f'(x_0) &= \lim_{x \to x_0} \frac{f(x)-f(x_0)}{x-x_0} & \Big|\, \cdot \lim_{x \to x_0}(x - x_0) \\
\stackrel{9}{\Rightarrow} \qquad f'(x_0) \cdot \lim_{x \to x_0}(x - x_0) &= \lim_{x \to x_0}\left(f(x) - f(x_0)\right) \\
\Rightarrow \quad f'(x_0) \cdot \underbrace{\left(\lim_{x \to x_0}(x - x_0)\right)}_{=0} + f(x_0) &= \lim_{x \to x_0} f(x).
\end{aligned}
$$

Daher folgt unmittelbar $\lim_{x \to x_0} f(x) = f(x_0)$, d.h. die besagte Stetigkeit von f in x_0. $\square$

Wir möchten anmerken, dass der obige Beweis unserer Einschätzung nach besonders gerne in Prüfungen gefordert wird.

Dass die Ableitung einer Funktion $f : A \to \mathbb{R}$ im Allgemeinen nicht direkt über den von uns definierten Differentialquotienten hergeleitet wird, sondern anhand fester Ableitungsregeln ermittelt wird, ist bereits aus der Oberstufe bekannt. Wir fassen hier – ohne Beweis – diese Regeln zusammen. Dabei nutzen wir den kleinen „Ableitungsstrich" (also „$'$") nicht nur am Funktionsnamen (z.B. f), sondern auch direkt an einem Term, etwa $(x^2 + x)'$, was bedeutet, dass der gesamte Term als Funktion betrachtet abgeleitet werden soll.

Satz 3.4.9 (Ableitungsregeln): Seien $f, g : A \to \mathbb{R}$ differenzierbare Funktionen sowie $\lambda \in \mathbb{R}$ und $n \in \mathbb{Q}$. Dann gelten die folgenden Regeln:

- $\lambda' = 0,$ (Ableitung konstanter Funktionen)

- $(\lambda \cdot f)' = \lambda \cdot f',$ (Faktorregel)

- $(f + g)' = f' + g',$ (Summenregel)

- $(f \cdot g)' = f' \cdot g + f \cdot g',$ (Produktregel)

- $\left(\dfrac{f}{g}\right)' = \dfrac{f' \cdot g - f \cdot g'}{g^2}$, falls $g(x) \neq 0$ für alle $x \in A,$ (Quotientenregel)

- $(x^n)' = nx^{n-1},$ (Potenzregel)

---

[9] An dieser Stelle gehört ein bisschen Vertrauen dazu: Dass diese Umformung erlaubt ist, wissen wir eigentlich noch nicht. Hierfür wissen wir noch zu wenig über entsprechende Rechenregeln.

Insgesamt lassen sich aus Kombinationen der obigen Regeln nahezu alle Funktionen ableiten (mit Ausnahme einiger Spezialfälle).
Eine weitere Ableitungsregel wollen wir aufgrund etwas anderer Voraussetzungen im Folgenden außerdem noch gesondert betrachten.

Satz 3.4.10 (Kettenregel): Es seien $f : B \to \mathbb{R}$ und $g : A \to B$ zwei differenzierbare Funkionen mit $A, B \subset \mathbb{R}$. Dann gilt für die Ableitung der Komposition $f \circ g$

$$(f \circ g)'(x) = (f(g(x)))' = f'(g(x)) \cdot g'(x).$$

Hierbei heißt $g'(x)$ auch *innere Ableitung* und $f'(x)$ *äußere Ableitung* von $(f \circ g)'(x)$. Die Regel selbst ist als *Kettenregel* bekannt.

Zum Einüben der vorgenannten Ableitungsregeln folgen nun Beispiele.

Beispiel 3.4.11 (Ableitung von Polynomen): Wir betrachten ein Polynom $f : \mathbb{R} \to \mathbb{R}$, welches von Grad n sei. Es gelte also

$$f(x) = a_n x^n + \ldots + a_2 x^2 + a_1 x + a_0 = \sum_{k=0}^{n} a_k x^k.$$

Dann ist

$$f'(x) = a_n n x^{n-1} + \ldots + a_2 2x + a_1 = \sum_{k=0}^{n-1} a_{k+1}(k+1)x^k$$

und es gilt $\operatorname{grad} f' = n - 1$. Beim Ableiten verringert sich der Grad eines Polynoms also um eins.

Beispiel 3.4.12: Gesucht ist die Ableitung der Funktion $f : \mathbb{R} \to \mathbb{R}$ mit $f(x) = \sqrt[4]{x^2 + 3}$. Damit wir die Ableitung berechnen können, führen wir dies auf die gleichwertige Schreibweise

$$f(x) = (x^2 + 3)^{1/4}$$

zurück. Dann lässt sich die Ableitung nach der Potenz- und Kettenregel bestimmen als

$$\begin{aligned}
f'(x) &= \frac{1}{4}(x^2 + 3)^{1/4 - 1}(x^2 + 3)' \\
&= \frac{1}{4}(x^2 + 3)^{-3/4}(2x) \\
&= \frac{x}{2}\frac{1}{(x^2 + 3)^{3/4}} \\
&= \frac{x}{2\sqrt[4]{(x^2 + 3)^3}}.
\end{aligned}$$

Beispiel 3.4.13 (Mehrfache Ableitung)**:** Natürlich ist es auch möglich eine Funktion mehrfach abzuleiten. Wir betrachten etwa die Funktion $f : \mathbb{R} \to \mathbb{R}$ mit $f(x) = x^3 + x^2 + 4$. Dann sind $f', f'', f''' : \mathbb{R} \to \mathbb{R}$ mit

$$f'(x) = 3x^2 + 2x,$$
$$f''(x) = 6x + 2 \text{ und}$$
$$f'''(x) = 6.$$

Wir fügen also jedes Mal einen „Ableitungsstrich" hinzu. Die n-te Ableitung schreibt man auch abkürzend – schließlich kann man nicht allgemein n Striche setzen – als $f^{(n)}$. In unserem Beispiel wäre $f^{(n)} = 0$ für alle $n \in \mathbb{N}$ mit $n \geq 4$. Natürlich kann man nicht immer die n-te Ableitung bilden. Dies ist nur erlaubt, falls die entsprechende Funktion n-*fach differenzierbar* ist.

Beispiel 3.4.14 (Weierstraß-Funktion)**:** Die *Weierstraß-Funktion* ist eine Funktion $f : \mathbb{R} \to \mathbb{R}$, die nach ihrem Konstrukteur Weierstraß benannt ist. Sie ist ein Beispiel für eine Funktion, die für jedes $x_0 \in \mathbb{R}$ stetig, aber für kein $x_0 \in \mathbb{R}$ differenzierbar ist. Wir sehen den Graphen der Funktion in Abbildung 3.7. Auf die Angabe der Funktionsvorschrift verzichten wir, da diese durch die bisher zur Verfügung stehenden Mittel nicht ausgedrückt werden kann.

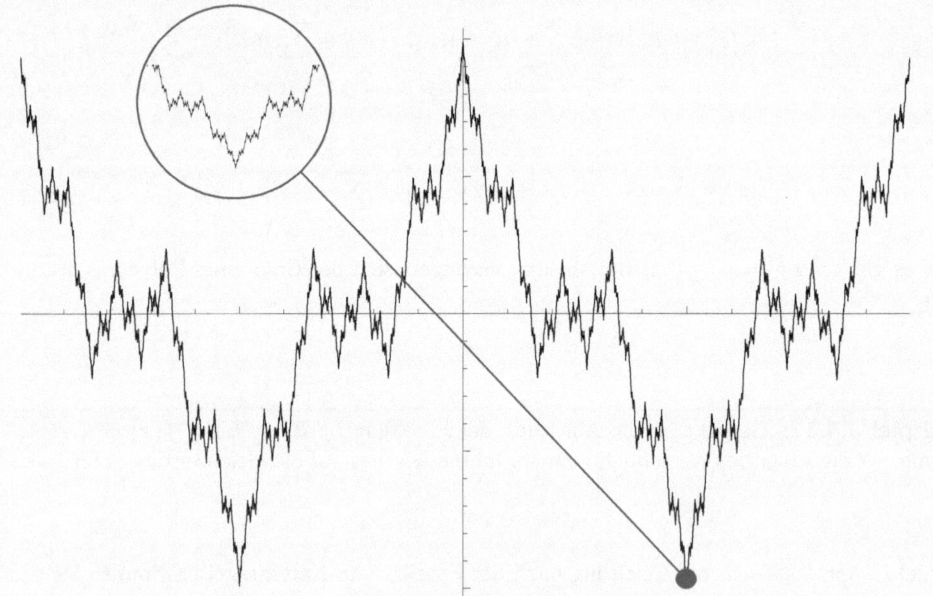

Abb. 3.7: Der Graph der Weierstraß-Funktion. Sie ist überall stetig, aber nirgends differenzierbar. Hervogehoben ist ein Zoom, welcher kreisförmig umrandet dargestellt wurde.

Streng genommen handelt es sich hier nebenbei bemerkt nicht um *die* sondern um *eine* Weierstraß-Funktion.

Warnung: Insbesondere gilt also **nicht**, dass jede stetige Funktion auch differenzierbar ist. Es gilt eben nur die andere Richtung: Jede differenzierbare Funktion ist auch automatisch stetig (vgl. Satz 3.4.8).

> **Bemerkung 3.4.15:** Die von uns bisher zur Notation der Ableitung herangezogene Schreibweise ist nicht die einzige, die es gibt. Im Studium lernt man meist noch folgende alternative Schreibweisen für $f'(x)$ kennen:
>
> $$\frac{\mathrm{d}}{\mathrm{d}x} f(x) := \frac{\mathrm{d}f}{\mathrm{d}x}(x) := f'(x).$$
>
> Dabei ist zu beachten, dass das „d" nicht etwa eine Variable ist, sondern nur als Symbol, das die Ableitung einer Funktion beschreibt, verstanden werden darf. Das $\mathrm{d}x$ im „Nenner" – es handelt sich ja nicht um einen Bruch, sondern nur um eine Notation – gibt an, nach welcher Variable abgeleitet werden soll. Gesprochen wird die Schreibweise dabei zudem „$\mathrm{d}f$ nach $\mathrm{d}x$ (von x)".
>
> Sollte eine Funktion einmal einen anderen Buchstaben als x als ihr Argument führen, würde man dann auch das $\mathrm{d}x$ abändern: Heißt unsere Funktion also beispielsweise $f(t)$ könnte man für ihre Ableitung auch
>
> $$\frac{\mathrm{d}}{\mathrm{d}t} f(t) := \frac{\mathrm{d}f}{\mathrm{d}t}(t) := f'(t)$$
>
> schreiben. Ob man das f – also den Namen der Funktion – nun im „Zähler" schreibt oder neben dem „Bruch" ist zudem Geschmackssache.

Die in Bemerkung 3.4.15 eingeführte Notation geht übrigens auf Leibniz zurück und wird daher manchmal auch *Leibnizsche Notation* genannt (vgl. SONAR 2011 [61], S. 407). Hingegen hat Newton eine andere Schreibweise genutzt, die sich heute nur noch in Bereichen der Physik hält. Wir gehen auf diese in Beispiel 3.4.16 ein. Die heute in der Schule populärste Schreibweise, in der die Differentiation mittels Strich gekennzeichnet wird (also so, wie wir es bisher gehandhabt haben), ist die Erfindung eines Dritten: Joseph-Louis de Lagrange[10]. Dieser führte sie genau deshalb ein, da er fürchtete, etwas der Art $\frac{\mathrm{d}f}{\mathrm{d}x}$ könne mit einem herkömmlichen Bruch verwechselt werden (vgl. ebd., S. 474). Wäre dem so, würde man schließlich das d kürzen.

3.4.3 Anwendungen

Angewandt gedacht entspricht die Ableitung der Momentanänderung einer gewissen Größe. Diesbezüglich wollen wir nun einige Beispiele diskutieren, in welchen sich t stets auf die Zeit in Sekunden $[s]$ bezieht. Wir beginnen mit einem Beispiel das durchaus aus der Schule – spezieller dem Physik-Unterricht – bekannt sein kann.

> **Beispiel 3.4.16:** Wir nehmen an, dass eine Funktion $s : [0, T) \to \mathbb{R}$ mit $T > 0$ gegeben ist, welche eine zurückgelegte Strecke eines Objektes beschreibt (z.B. in der Einheit Meter $[m]$). Die Momentangeschwindigkeit des Objekts sei mit $v : [0, T) \to \mathbb{R}$, die aktuelle Beschleunigung mit $a : [0, T) \to \mathbb{R}$ bezeichnet. Falls etwa für s die Funktionsvorschrift $t \to s(t) = \frac{1}{2} \cdot 9,81 t^2$ lautet, so gilt – da s differenzierbar ist – der Zusammenhang
>
> $$\begin{aligned} v(t) &= \dot{s}(t) := s'(t) = 9,81t \\ a(t) &= \ddot{s}(t) := s''(t) = 9,81. \end{aligned}$$

In obigem Beispiel handelt es sich bei s speziell um die Formel für ein Objekt im freien Fall im Bereich der Erdanziehung. Wir sehen also, dass ein solches Objekt linear an Geschwindigkeit gewinnt und konstant (d.h. gleichmäßig) beschleunigt. Speziell möchten wir noch auf die in der Physik übliche Schreibweise hinweisen, dass statt des „Ableitungsstrichs" auch entsprechend viele Punkte über dem Funktionsnamen genutzt werden zur Kennzeichnung der Ableitung,

---

[10]Joseph-Louis de Lagrange (*1736; †1813), italienischer Mathematiker und Astronom

jedoch nur dann, wenn das Funktionsargument die Zeit t ist. Diese Schreibweise wurde von Newton eingeführt, was wir bereits angesprochen haben.

Eine weitere exemplarische Anwendung ist ebenfalls der Physik zu entnehmen:

Beispiel 3.4.17: Die elektrische Ladung bezeichnet man in der Physik gemeinhin mit dem Buchstaben Q (z.B. in der Einheit Coulomb $[C]$ gleich Ampere-Sekunden $[A \cdot s]$). Hängt die Ladung von der Zeit ab, lässt sich diese wieder durch eine Funktion $Q : [0, T) \to \mathbb{R}$ mit $T > 0$ beschreiben. Dann ist die Ableitung, d.h. die Änderung der Ladung,

$$I(t) := \dot{Q}(t) = Q'(t)$$

die Stromstärke. Hierbei müssen wir natürlich voraussetzen, dass Q differenzierbar ist.

3.4.A Aufgaben

Aufgabe 1: Gegeben ist die Funktion $f : \mathbb{R} \to \mathbb{R}$ mit $f(x) = -x^3 + 2x^2 - x + 1$. Bestimme

(a) die Sekante an f, deren Schnittpunkte mit dem Graphen von f die x-Koordinate 0 bzw. 2 haben sowie

(b) die Tangente an f an der Stelle $x_0 = 1$.

Aufgabe 2: Bestimme jeweils die Ableitung der folgenden Ausdrücke.

(a) $3x^2 + x$

(b) $\dfrac{3x^2 + x - 5}{x^2 + x + 1}$

(c) $\sqrt[3]{4x^5 + 3x^2 + x + 1}$

(d) $x^2 + 7x + \dfrac{1}{x}$

(e) $\dfrac{1}{x^2}$

(f) $(x^3 + 4x + 7) \cdot (x^3 - 3x + 1)$

(g) $\dfrac{2}{x^3} + x^{-5}$

(h) $(x^4 + 3) \cdot \dfrac{3x^4}{x^{-3} + x^3}$

Aufgabe 3: Wir nehmen an, dass die Funktion $B : [0, T] \to \mathbb{R}$ mit

$$B(t) = \frac{\frac{1}{2}(x + \frac{3}{2})^3 + x + \frac{3}{2}}{(x + \frac{3}{2})^2} - \sqrt{2}$$

und $T < 0$ die heruntergeladene Datenmenge (in Megabyte $[MB]$) eines Downloads zum Zeitpunkt t $[s]$ beschreibt.

(a) Bei der Funktion handelt es sich nur um ein Modell, welches den gesamten Vorgang nur bis zu einer gewissen Genauigkeit beschreiben kann. Anschaulich ist es insbesondere wichtig, dass zum Zeitpunkt $t = 0$ noch keine Daten heruntergeladen wurden. Entspricht das Modell dieser Forderung?

(b) Der Download ist nach 10 Sekunden abgeschlossen. Bestimme die durchschnittliche Downloadgeschwindigkeit.

(c) Wie hoch ist die Momentangeschwindigkeit des Downloads zum Zeitpunkt $t = 5$?

Hinweis: Musterlösungen sind auf der Springer-Verlagsseite unter http://www.springer.com/ mathematics/book/978-3-658-06595-9 zu finden.

3.5 Weitere Eigenschaften von Funktionen

Im Folgenden werden wir die Grundbegriffe in Erinnerung rufen, welche aus Schulzeiten womöglich bekannt, aber auf jeden Fall nötig sind, um eine Kurvendiskussion zu betreiben. Wir gehen dabei immer von einer Funktion $f : A \to \mathbb{R}$ mit $A = (a_1, a_2) \subset \mathbb{R}$, $a_1 < a_2$ aus, welche ausreichend oft differenzierbar ist. Dabei meint „ausreichend oft differenzierbar", dass vorausgesetzt wird, dass alle auftretenden Ableitungen existent sind.

Wir verzichten während dieses Abschnitts zunächst weitgehend auf Beispiele und führen lediglich Begriffe ein. Wir schließen jedoch mit dem klassischen Beispiel einer „vollständigen" Kurvendiskussion, bei welcher spätestens die eingeführten Begrifflichkeiten klarer werden sollten. „Vollständig" setzen wir dabei in Anführungszeichen, da es unserer Auffassung nach etwas derartiges nicht gibt. Entgegen der oft in der Schule vermittelten Auffassung, einer Kurvendiskussion sei ein spezielles Schema F auferlegt, sollte man sich im mathematischen Alltag darauf beschränken, solche Eigenschaften einer Funktion zu ermitteln, die gerade von Bedeutung sind. Hierbei führen sprichwörtlich dann auch viele Wege nach Rom und insbesondere sollte das sture Abklappern einer einstudierten Algorithmik vermieden werden.

Definition 3.5.1 (Kritische Stelle): Eine Nullstelle $x_0 \in A$ der Ableitung einer Funktion f heißt *kritische Stelle* von f, d.h. es gilt

$$f'(x_0) = 0.$$

3.5.1 Extrema

Definition 3.5.2 (Lokales Extremum): Ein Wert $x_0 \in A$ heißt

- *lokale Maximalstelle* einer Funktion f, falls $f(x) \leq f(x_0)$ gilt,

- *lokale Minimalstelle* einer Funktion f, falls $f(x) \geq f(x_0)$ gilt,

- *lokale Extrem(al)stelle* einer Funktion f, falls $f(x) \leq f(x_0)$ oder $f(x) \geq f(x_0)$ gilt,

jeweils für alle $x \in (x_0 - \delta, x_0 + \delta) \setminus \{x_0\} \subset A$ für ein $\delta > 0$. Gilt Obiges mit einer echten Ungleichheit, d.h. jeweils „<" bzw. „>" statt „$\leq$" bzw. „$\geq$" setzen wir noch ein *strikt* vor die entsprechende Bezeichnung. Das 2-Tupel $(x_0, f(x_0)) \in \mathrm{Graph}(f)$ heißt

- *lokaler Hochpunkt* von f, falls x_0 eine lokale Maximalstelle von f ist,

- *lokaler Tiefpunkt* von f, falls x_0 eine lokale Minimalstelle von f ist,

- *lokaler Extrempunkt* von f, falls x_0 eine lokale Extremstelle von f ist.

Der Wert an der Stelle $f(x_0)$ heißt dann *lokales Maximum* bzw. *lokales Minimum* bzw. *lokales Extremum*. Statt der Bezeichnung „lokal" ist in jeder der obigen Definitionen auch der Begriff „*relativ*" geläufig.

Definition 3.5.3 (Globales Extremum): Ersetzt man in Definition 3.5.2 die Aussage „$x \in (x_0 - \delta, x_0 + \delta) \setminus \{x_0\}$" durch „$x \in A \setminus \{x_0\}$" erhält man die Definition der *globalen Maximalstelle* bzw. *globalen Minimalstelle* bzw. *globalen Extrem(al)stelle*. Die anderen Begriffe sind dann analog definiert und die jeweiligen Definitionen ergeben sich durch das Ersetzen des Wortes „lokal" durch „global". Statt „global" ist auch „absolut" geläufig.

Satz 3.5.4 (Notwendige Bedingung für lokale Extrema): f besitze in $x_0 \in A$ eine lokale Extremalstelle. Dann gilt

$$f'(x_0) = 0,$$

d.h. x_0 ist eine kritische Stelle von f. Dies bezeichnen wir auch als *notwendige Bedingung für lokale Extrema*.

Warnung: Die Umkehrung dieses Satzes gilt im Allgemeinen nicht!

Satz 3.5.5 (Hinreichende Bedingung für lokale Extrema): f besitze in $x_0 \in A$ eine kritische Stelle, d.h. es gelte die notwendige Bedingung für lokale Extrema. Dann ist x_0 eine

- lokale Maximalstelle, falls $f''(x_0) < 0$,

- lokale Minimalstelle, falls $f''(x_0) > 0$,

- lokale Extremalstelle, falls $f''(x_0) \neq 0$

gilt. Dies bezeichnen wir auch als *hinreichende Bedingung für lokale Extrema*.

Warnung: Die notwendige Bedingung für lokale Extrema ist explizit Teil der hinreichenden Bedingung für lokale Extrema!

Satz 3.5.6 (Alternative hinreichende Bedingung für lokale Extrema oder Vorzeichenwechselkriterium): f besitze in $x_0 \in A$ eine kritische Stelle, d.h. es gelte die notwendige Bedingung für lokale Extrema. Dann ist x_0 eine

- lokale Maximalstelle, falls $f'(x_0 - h) > 0$ und $f'(x_0 + h) < 0$,

- lokale Minimalstelle, falls $f'(x_0 - h) < 0$ und $f'(x_0 + h) > 0$,

- lokale Extremalstelle, falls $f'(x_0 - h) > 0$ und $f'(x_0 + h) < 0$ oder $f'(x_0 - h) < 0$ und $f'(x_0 + h) > 0$

für jeweils alle $h \in (0, \delta)$ mit einem $\delta > 0$. Hierbei handelt es sich nicht notwendigerweise um dasselbe δ wie jenes aus Definition 3.5.2.

Dieses Kriterium bezeichnen wir auch als *Vorzeichenwechselkriterium*. Der Name geht darauf zurück, dass das Vorzeichen der Funktionswerte der Ableitung f' von f an der Extremalstelle x_0 wechseln muss.

Notwendige und *hinreichende Bedingung* (oder *Kriterium*) sind aus der Schule vermutlich nur im obigen Kontext in Erinnerung. Es handelt sich hierbei aber um allgemeinere Konzepte der Mathematik, die zunächst kontextfrei sind. Gehen wir einmal davon aus, dass wir zwei Aussagen betrachten – nennen wir sie A und B: Falls

$$A \Rightarrow B$$

gilt, ist A ein hinreichendes Kriterium für B, denn die Wahrheit von A ist hinreichend dafür, dass B ebenso wahr ist. Sollte umgekehrt

$$A \Leftarrow B$$

gelten, handelt es sich bei A nur um ein notwendiges Kriterium für B, denn falls B gilt, muss auch A gelten. Es ist also nicht möglich, dass B gilt, ohne dass A wahr ist. Daher ist die

Wahrheit von A also notwendig für jene von B. Sie ist aber nicht hinreichend, denn daraus, dass A wahr ist, muss ja nicht unbedingt folgen, dass B es auch ist (vgl. auch Abbildung 3.8). Notwendiges und hinreichendes Kriterium gemeinsam liefern schließlich die Äquivalenz.

Abb. 3.8: Notwendig dafür, dass jemand dem Wellensurfen nachgeht, ist das Vorhandensein von großen Wellen. Es ist jedoch nicht hinreichend, da sich nicht auf jeder großen Welle ein Surfer befindet. Bild: Shalom Jacobovitz, Wikimedia Commons, CC BY-SA 2.0[11]

---

[11]Abrufbar unter http://commons.wikimedia.org/wiki/File:2010_mavericks_competition.jpg

3.5.2 Wendestellen

Definition 3.5.7 (Konvex, konkav):

- Eine Funktion f heißt *konvex* in einem Intervall $(a, b) \subset A$, falls ihr Graph unterhalb jeder geradlinigen Verbindungsstrecke zweier seiner Punkte in diesem Intervall liegt.

- Eine Funktion f heißt *konkav* in einem Intervall $(a, b) \subset A$, falls ihr Graph oberhalb jeder geradlinigen Verbindungsstrecke zweier seiner Punkte in diesem Intervall liegt.

Die Termini beschreiben geometrisch die „Drehrichtung" des Graphen von f:

Beispiel 3.5.8: Wir betrachten zur Veranschaulichung dieser beiden Begriffe Abbildung 3.9. Hier ist jeweils eine konvexe (g) und konkave Funktion (f) dargestellt. Die konkave Funktion beschreibt eine Rechtskurve, die konvexe eine Linkskurve.

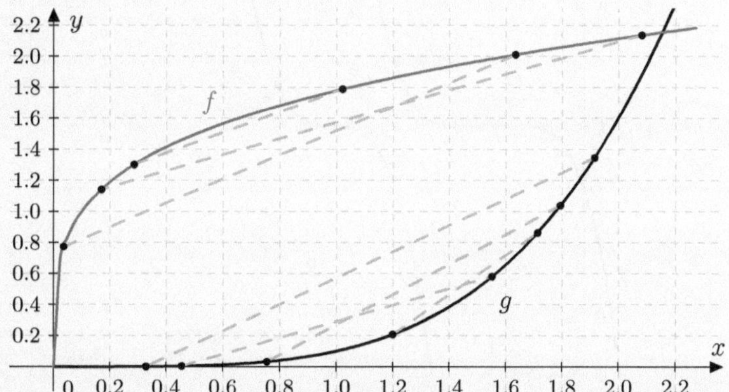

Abb. 3.9: Eine konvexe (g) und konkave Funktion (f): Jede Verbindung (gestrichelt) zweier Punkte des jeweiligen Graphen liegt vollständig oberhalb bzw. unterhalb desselbigen.

Definition 3.5.9 (Wendestelle): Ein Wert $x_0 \in A$ heißt *Wendestelle* einer Funktion f, falls

- f in $(x_0 - \delta, x_0)$ konvex und in $(x_0, x_0 + \delta)$ konkav oder

- f in $(x_0 - \delta, x_0)$ konkav und in $(x_0, x_0 + \delta)$ konvex

ist für ein $\delta > 0$. Der Punkt $(x_0, f(x_0)) \in \operatorname{Graph}(f)$ heißt *Wendepunkt* von f.

Satz 3.5.10: Sei $x_0 \in A$ eine kritische Stelle der Ableitung von f, d.h. $f''(x_0) = 0$. Dann ist x_0 eine Wendestelle von f, falls

$$f'''(x_0) \neq 0$$

gilt.

3.5.3 Monotonie

Den Begriff der Monotonie haben wir bereits in Kapitel 1 in Definition 1.6.17 eingeführt. Diese Definition ist natürlich nach wie vor gültig. Es ist nun jedoch mit Hilfe der Differenzierbarkeit einer Funktion einfacher diese Eigenschaft nachzuweisen.

Satz 3.5.11: Eine Funktion f ist genau dann

- monoton wachsend auf A, falls $f'(x) \geq 0$ für alle $x \in A$,

- monoton fallend auf A, falls $f'(x) \leq 0$ für alle $x \in A$

gilt. Der Satz gilt entsprechend für strikte Monotonie, falls man zusätzlich fordert, dass f' auf keinem echten Intervall $[a, b] \subset A$ konstant gleich 0 ist.

„Echt" heißt hier, dass $a < b$ gelten soll, unser Intervall also wirklich „Volumen" hat. Wir haben diesen Begriff bereits auf Seite 57 exemplarisch eingeführt.

Obiger Satz ist zudem natürlich also nur anwendbar, falls f differenzierbar ist.

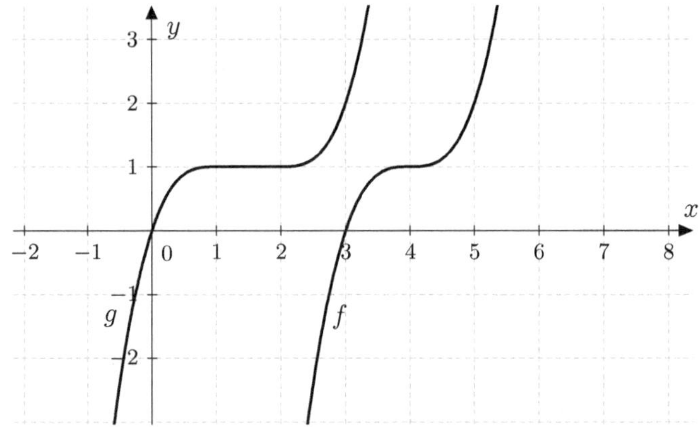

Abb. 3.10: Monotonieverhalten zweier Funktionen im Vergleich: Beide Funktionen sind monoton steigend, f ist zudem auch streng monoton steigend, denn die Steigung der Tangente – sprich die Funktionswerte von f' – ist überall positiv. Lediglich an der Stelle $x = 4$ ist offenbar $f'(x) = 0$. Da dies aber nicht auf einem echten Intervall gilt, bleibt die strenge Monotonie erhalten. Die Funktion g hingegen ist nicht streng monoton, denn hier hat die Ableitung g' über ein längeres Intervall (etwa $[1, 2]$) den Wert 0.

In Abbildung 3.10 haben wir zwei Funktionen f und g dargestellt, bei welchen man gut bzgl. des Monotonieverhaltens über die Ableitungen argumentieren kann. f ist streng monoton steigend, g lediglich monoton steigend, denn g besitzt ein *Plateau*, auf welchem die Ableitung über eine längere Strecke den Wert $g'(x) = 0$ aufweisen muss.

3.5.4 Unendlichkeitsverhalten

Unter dem *Unendlichkeitsverhalten* einer Funktion $f : \mathbb{R} \to \mathbb{R}$ verstehen wir einerseits die Werte

$$\lim_{x \to -\infty} f(x) \quad \text{sowie} \quad \lim_{x \to \infty} f(x),$$

falls existent. Andererseits ist damit gemeint, dass sich eine Funktion einer anderen Funktion für das Laufen gegen $-\infty$ oder ∞ unendlich nah annähert. Dies beschreiben wir mit folgender Definition.

Definition 3.5.12 (Asymptote): Ein Polynom $g : \mathbb{R} \to \mathbb{R}$ heißt *Asymptote* der Funktion $f : \mathbb{R} \to \mathbb{R}$ für x gegen $p \in \{-\infty, \infty\}$, falls

$$\lim_{x \to p} |f(x) - g(x)| = 0$$

gilt.

3.5.5 Exemplarische Kurvendiskussion

Wir werden nun exemplarisch die Kurve, d.h. den Graphen, einer Funktion diskutieren. Nacheinander betrachten wir dazu die in Abschnitt 3.2 bis 3.5 eingeführten Begriffe, konzentrieren uns aber insbesondere auf die Definitionen in Abschnitt 3.5. Wir möchten erneut betonen, dass entgegen dem, was oftmals von der Schule vermittelt zu werden scheint, einer Kurvendiskussion kein spezielles Raster auferlegt ist. Vielmehr sollte man sich am tatsächlichen analytischen Bedarf orientieren. Wir sind aber ja bereits zu Beginn des Abschnitts 3.5 hierüber etwas ins Schwadronieren geraten und ersparen uns nun den Rest der Moralpredigt...

Für unsere Diskussion sei die Funktion $f : \mathbb{R} \to \mathbb{R}$ mit

$$f(x) = \frac{1}{2}x^3 - 3x^2 + 5x$$

gegeben. Als erste Beobachtung ist diese Funktion als Polynom stetig und beliebig oft differenzierbar. Die Ableitungen lauten

$$f'(x) = \frac{3}{2}x^2 - 6x + 5$$
$$f''(x) = 3x - 6$$
$$f'''(x) = 3 \text{ und}$$
$$f^{(n)} = 0 \text{ für alle } n \in \mathbb{N} \text{ mit } n > 3.$$

Als erste Nullstelle von f ist $x_1 = 0$ offensichtlich, da ein x in der Funktionsvorschrift direkt aus dem gesamten Ausdruck ausgeklammert werden kann. Wir müssen also nur noch die weiteren Nullstellen (maximal zwei nach Satz 3.2.7), resultierend als Lösungen der verbliebenen Gleichung (also jene, welche nach dem Ausklammern übrig bleibt)

$$\frac{1}{2}x^2 - 3x + 5 = 0,$$

ermitteln. Hier können wir etwa mit Hilfe der pq-Formel (Beispiel 3.2.2) aus der umgeformten Gleichung

$$x^2 - 6x + 10 = 0$$

die Nullstellen x_2 und x_3 bestimmen:

$$x_{2/3} = -\frac{-6}{2} \pm \sqrt{\left(\frac{-6}{2}\right)^2 - 10}$$
$$= 3 \pm \sqrt{-1}.$$

Wir wissen bereits, dass der negative Ausdruck unter der Wurzel bedeutet, dass die sich ergebenden Nullstellen echt komplexwertig sind (konkret handelt es sich um $x_2 = 3 + i$ und

$x_3 = 3 - i$ mit $x_2, x_3 \in \mathbb{C} \setminus \mathbb{R}$). Da wir eine reelle Funktion betrachten, sind diese Nullstellen für uns nicht weiter von Belang und als einzige reelle Nullstelle erweist sich somit $x_1 = 0$. Als Nullstellen der Ableitung erhalten wir ebenfalls über die pq-Formel die Werte

$$x_4 = 2 + \frac{\sqrt{6}}{3} \approx 2,816 \quad \text{und} \quad x_5 = 2 - \frac{\sqrt{6}}{3} \approx 1,184.$$

Es ergeben sich beim Einsetzen in die zweite Ableitung von f die Werte

$$f''(x_4) = \sqrt{6} > 0 \quad \text{und} \quad f''(x_5) = -\sqrt{6} < 0,$$

d.h. bei x_4 handelt es sich nach Satz 3.5.5 um eine lokale Minimalstelle, bei x_5 um eine lokale Maximalstelle. Beides sind natürlich auch lokale Extremalstellen. Die entsprechenden Extrempunkte ergeben sich durch Einsetzen in f:

$$(x_4, f(x_4)) = \left(2 + \frac{\sqrt{6}}{3}, \frac{18 - 2\sqrt{6}}{9}\right) \quad \text{und} \quad (x_5, f(x_5)) = \left(2 - \frac{\sqrt{6}}{3}, \frac{18 + 2\sqrt{6}}{9}\right).$$

Kandidaten für Wendestellen von f sind die Nullstellen von f''. Da die dritte Ableitung von f konstant den Wert 3 hat und somit ungleich 0 ist, ist jeder potentielle Kandidat auch automatisch eine Wendestelle. Da f'' von Grad 1 ist, existiert maximal eine Nullstelle und diese kann direkt abgelesen werden: Einzige Wendestelle der Funtion f ist also

$$x_6 = 2.$$

Der entsprechende Wendepunkt lautet somit

$$(x_6, f(x_6)) = (2, 2).$$

Das Unendlichkeitsverhalten eines Polynoms entspricht jeweils dem gradstiftenden Monom, d.h. jenem mit höchstem Exponenten. Im Falle unserer Funktion f ist das $\frac{1}{2}x^3$ und es gilt somit

$$\lim_{x \to -\infty} f(x) = \lim_{x \to -\infty} \frac{1}{2}x^3 = -\infty \quad \text{und} \quad \lim_{x \to \infty} f(x) = \lim_{x \to \infty} \frac{1}{2}x^3 = \infty.$$

Aus der Stetigkeit von f und dem Unendlichkeitsverhalten folgt, dass jeder Wert $y \in \mathbb{R}$ auch von mindestens einem $x \in \mathbb{R}$ über $f(x) = y$ erreicht wird: Die Funktion ist also surjektiv. Insbesondere existieren ein Hochpunkt und ein Tiefpunkt und da die Funktion offensichtlich nicht konstant ist, kann sie somit auf ihrem gesamten Definitionsbereich, also ganz $\mathbb{R}$, nicht mehr monoton sein. Sie ist aber zwischen den einzelnen Extremalstellen jeweils in der „passenden" Form monoton, denn sonst müssten bei weiteren Windungen des Graphen auch weitere Extremalstellen existieren.

Den resultierenden Graph der Funktion f stellen wir abschließend in Abbildung 3.11 dar.

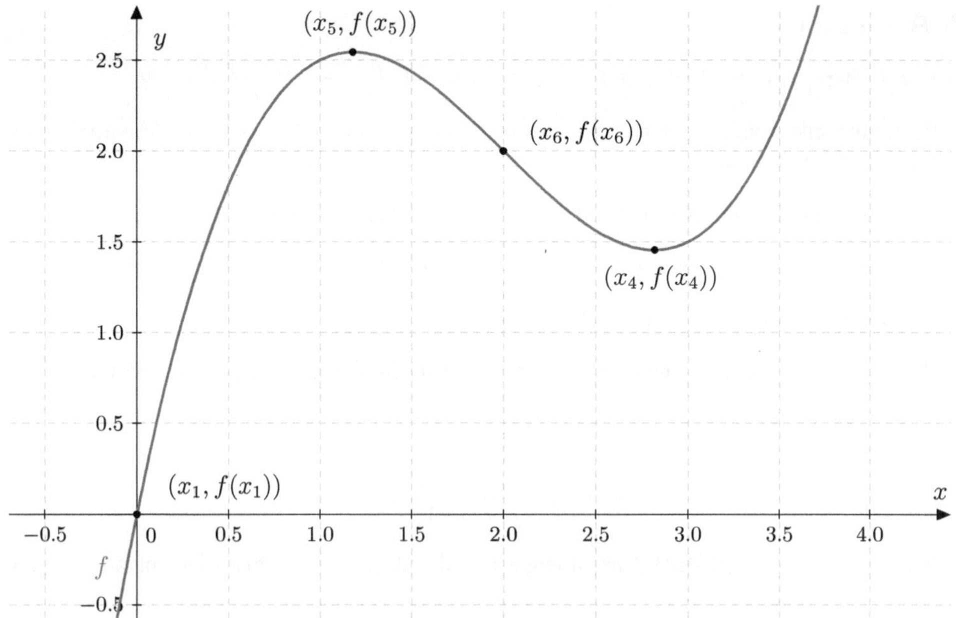

Abb. 3.11: Graph der Funktion $f : \mathbb{R} \to \mathbb{R}$ mit $f(x) = \frac{1}{2}x^3 - 3x^2 + 5x$

3.5.A Aufgaben

<u>Aufgabe 1:</u> Betrachte die Funktion $f : [-2, 2] \to \mathbb{R}$ mit $f(x) = x^4 - x^2 - x + 2$.

(a) Bestimme alle lokalen Extremstellen von f und gib an, ob es sich um Maximal- oder Minimalstellen handelt.

(b) Bestimme die globale Maximal- und Minimalstelle, falls existent.

(c) Bestimme, ob die Funktion auf dem gesamten Definitionsbereich monoton ist.

(d) Bestimme alle Wendestellen von f.

(e) Bestimme das Unendlichkeitsverhalten von f, d.h. die Grenzwerte gegen $-\infty$ und ∞.

<u>Aufgabe 2:</u> Die Funktion $B : [0, 12] \to \mathbb{R}$ mit

$$B(t) = \frac{(t + 1)^2 + t - 1}{t + 4}$$

beschreibt die heruntergeladene Datenmenge (in Megabyte $[MB]$) beim Download-Vorgang einer Datei.

(a) Bestimme eine Funktion, die die Downloadgeschwindigkeit für alle $t \in [0, 12]$ angibt.

(b) Bestimme eine Funktion, die die Downloadbeschleunigung für alle $t \in [0, 12]$ angibt.

(c) Weise nach, dass die Funktion streng monoton steigend ist.

(d) Gibt es eine Gerade $g(x) = ax + b$, die eine Asymptote für t gegen ∞ an B darstellt?

(e) Bestimme jeweils, falls existent, alle globalen und lokalen Maximal- bzw. Minimalstellen von B.
Tipp: Achte darauf, dass der Definitionsbereich von B ein abgeschlossenes Intervall ist und überlege dir, was dies für die gesuchten Begriffe bedeutet.

<u>Hinweis:</u> Musterlösungen sind auf der Springer-Verlagsseite unter http://www.springer.com/ mathematics/book/978-3-658-06595-9 zu finden.

3.6 Besondere reelle Funktionen

In diesem Abschnitt werden wir weitere wichtige Klassen von Funktionen vorstellen und einige ihrer Eigenschaften angeben.

3.6.1 Rationale Funktionen

Wir beginnen mit den sog. *rationalen Funktionen*, die sich als Quotient zweier Polynome ergeben. Hierbei stammt das Wort „rational" von „ratio" (lat. und engl. Verhältnis oder Anteil).

Definition 3.6.1 (Rationale Funktion): Eine Funktion $f : \mathbb{R} \setminus \{x_1, \ldots, x_n\} \to \mathbb{R}$ mit

$$f(x) = \frac{p(x)}{q(x)}$$

mit zwei reellen Polynomen p, q heißt *rationale Funktion*. Dabei seien $x_1, \ldots, x_n \in \mathbb{R}$ die Nullstellen von q, welche explizit nicht im Definitionsbereich enthalten sind. Wir sprechen auch von einer *ganzrationalen Funktion*, falls q von Grad 1, d.h. konstant, ist. Somit ergibt sich für f also ein gewöhnliches Polynom und es handelt sich nur um ein anderes Wort dafür. Wir sprechen umgekehrt von einer *gebrochenrationalen Funktion*, falls $\operatorname{grad} q > 1$ ist.

Satz 3.6.2: Rationale Funktionen sind auf ihrem gesamten Definitionsbereich differenzierbar und somit auch stetig.
Warnung: Natürlich sind rationale Funktionen nicht unbedingt auf ganz $\mathbb{R}$ stetig: Während ganzrationale Funktionen als handelsübliche Polynome natürlich vollständig stetig sind, weisen gebrochenrationale Funktionen gerade die Nullstellen des Nenners als Definitionslücken auf und können nur manchmal durch „Reparatur" auf ganz $\mathbb{R}$ stetig definiert werden.

Den letzten Punkt der vorstehenden Warnung präzisieren wir nun mit folgender Definition:

Definition 3.6.3: Es sei $f : \mathbb{R} \setminus \{x_1, \ldots, x_n\} \to \mathbb{R}$ eine gebrochenrationale Funktion. Dann heißt für $i = 1, \ldots, n$ der Wert x_i

- *Polstelle* von f, falls

$$\lim_{x \to x_i -} f(x) = \pm\infty \quad \text{und} \quad \lim_{x \to x_i +} f(x) = \pm\infty$$

gilt, und

- *stetig hebbare Lücke* von f, falls

$$\lim_{x \to x_i} f(x) = l \in \mathbb{R}$$

gilt. Der Definitionsbereich von f lässt sich dann um die Stelle x_i durch das Setzen von $f(x_i) = l$ erweitern, so dass f weiterhin stetig auf dem gesamten Definitionsbereich ist.

3.6.2 Exponential- und Logarithmusfunktionen

Wir haben in Definition 1.4.2 zunächst den Ausdruck x^n für $x \in \mathbb{R}$ und $n \in \mathbb{Z}$ definiert und diesen in Definition 1.4.8 auf Exponenten $n \in \mathbb{Q}$ erweitert. In der nun folgenden Definition wollen wir den Ausdruck abschließend für reelle Exponenten definieren und dies auf einen Funktionsbegriff ausweiten. Weiterhin folgt eine Einführung in die Umkehrfunktionen der sog. *Exponentialfunktionen* – die *Logarithmusfunktionen*.

Definition 3.6.4 (Potenz (reeller Exponent)): Sei $b \in \mathbb{R}^+$ und $a \in \mathbb{R}$ eine reelle Zahl sowie $(a_n)_{n \in \mathbb{N}_0}$ eine Folge rationaler Zahlen, d.h. $a_n \in \mathbb{Q}$, mit $\lim\limits_{n \to \infty} a_n = a$. Dann ist

$$b^a := \lim_{n \to \infty} b^{a_n} \in \mathbb{R}.$$

Der Wert $b^a \in \mathbb{R}$ ist unabhängig von der speziell gewählten Folge $(a_n)_{n \in \mathbb{N}_0}$, d.h. für zwei unterschiedliche Folgen, die beide den genannten Bedingungen genügen, immer gleich, und der Grenzwert für jedes $a \in \mathbb{R}$ existent.
Eine Funktion $f : \mathbb{R} \to \mathbb{R}$ mit

$$f(x) = b^x$$

mit $b > 0$ heißt *Exponentialfunktion* zur Basis b.

Es gelten alle Rechengesetze, die wir bereits in Satz 1.4.3 aufgeführt haben.

Satz 3.6.5: Für eine Exponentialfunktion $f : \mathbb{R} \to \mathbb{R}$ gilt

$$f(x) > 0$$

für alle $x \in \mathbb{R}$.

Wir werden Exponentialfunktionen daher im Folgenden als Funktionen $f : \mathbb{R} \to \mathbb{R}^+$ auffassen.

Satz 3.6.6: Sei $f : \mathbb{R} \to \mathbb{R}^+$ eine Exponentialfunktion mit $f(x) = b^x$ mit $b \neq 1$. Dann gilt:

- f ist bijektiv.

- f ist differenzierbar und somit stetig.

- f ist streng monoton steigend für $b > 1$.

- f ist streng monoton fallend für $b < 1$.

- f^{-1} ist differenzierbar und somit stetig.

Exponentialfunktionen wären nicht bijektiv, würden wir sie als Funktionen $f : \mathbb{R} \to \mathbb{R}$ auffassen, denn alle negativen reellen Zahlen würden nicht getroffen werden, was der Surjektivität im Wege stünde.

Definition 3.6.7 (Logarithmusfunktion): Die Umkehrfunktion einer Exponentialfunktion $f : \mathbb{R} \to \mathbb{R}^+$ mit $f(x) = b^x$ heißt *Logarithmusfunktion* oder kurz *Logarithmus* zur Basis b. Wir nutzen für sie die Bezeichnung $\log_b := f^{-1}$ und es gilt $\log_b : \mathbb{R}^+ \to \mathbb{R}$. Die Funktion ordnet also jedem $x > 0$ ein $y \in \mathbb{R}$ zu, so dass $x = b^y$ gilt. Man schreibt auch kurz $\log_b x$ für $\log_b(x)$. Nach Konstruktion gilt außerdem

$$f \circ \log_b = \log_b \circ f = \mathrm{id}.$$

Vorige Gleichung ist streng betrachtet nicht ganz korrekt, denn die Definitionsbereiche der Funktionen $f \circ \log_b$ und $\log_b \circ f$ unterscheiden sich. Genau genommen gilt $f \circ \log_b : \mathbb{R}^+ \to \mathbb{R}^+$ sowie $\log_b \circ f : \mathbb{R} \to \mathbb{R}$. Völlig korrekt wäre etwa die Variante

$$f \circ \log_b = \log_b \circ f\big|_{\mathbb{R}^+} = \mathrm{id}\,\big|_{\mathbb{R}^+},$$

in welcher wir den Definitionsbereich der Funktion $\log_b \circ f$ auf positive reelle Zahlen einschränken (vgl. Definition 1.6.9).

Satz 3.6.8 (Logarithmusgesetze): Für die Logarithmusfunktion gelten für $a, b, x, y \in \mathbb{R}^+$ und $\lambda \in \mathbb{R}$ die Rechenregeln

(1) $\log_a(x \cdot y) = \log_a(x) + \log_a(y)$,

(2) $\log_a\left(\dfrac{x}{y}\right) = \log_a(x) - \log_a(y)$,

(3) $\log_a(x^\lambda) = \lambda \cdot \log_a(x)$ sowie

(4) $\log_a(x) = \dfrac{\log_b x}{\log_b a}$. $\hspace{2cm}$ (Basistransformation)

Formel (4) des obigen Satzes ist besonders hilfreich, da Taschenrechner meist nicht in der Lage sind, Logarithmen zu beliebigen Basen zu berechnen, sondern maximal jenen zur Basis 2 (*dualer Logarithmus*, Symbol ld), jenen zur Basis 10 (*dekadischer Logarithmus*, Symbol meist nur log) sowie jenen, welchen wir im nun folgenden Abschnitt einführen wollen: *den natürlichen Logarithmus*.

3.6.3 Natürliche Exponential- und Logarithmusfunktion

Wir möchten nun die sog. *natürliche Exponentialfunktion* oder kurz *e-Funktion* (oft auch unpräzise nur *Exponentialfunktion*) sowie ihre Umkehrfunktion einführen. Ihre Besonderheit ist vermutlich noch aus der Schule in Erinnerung und wird unmittelbar in einem Satz formuliert werden.

Definition 3.6.9 (eulersche Zahl): Die *eulersche Zahl* ist der Grenzwert für $n \to \infty$ der Folge $(a_n)_{n \in \mathbb{N}_0}$ mit

$$a_n = \left(1 + \frac{1}{n}\right)^n.$$

Für diesen gilt

$$\lim_{n \to \infty} a_n =: e \in \mathbb{R} \setminus \mathbb{Q} \text{ mit}$$

$$e \approx 2,7182818284.$$

Die eulersche Zahl e ist also insbesondere irrational.

Bei unserer Literaturrecherche sind wir im Wesentlichen auf drei Alternativen gestoßen, wie man die eulersche Zahl e einführen kann:

(1) So wie wir es gehandhabt haben, d.h. als Grenzwert der oben definierten Folge (a_n). RIESSINGER (2013 [52], S. 202 f.) sowie WALZ (2011 [64], S. 244) machen dies beispielsweise genauso. Wir haben diese Variante gewählt, da sie unserer Auffassung nach die wenigsten Vorkenntnisse benötigt und sich als unkomplizierter erweisen sollte.

(2) Eine weitere Möglichkeit ist, die Zahl e als Wert einer sog. *unendlichen Reihe* einzuführen. Hier ist e dann

$$e := \sum_{k=0}^{\infty} \frac{1}{k!} := \lim_{n \to \infty} \sum_{k=0}^{n} \frac{1}{k!} = \frac{1}{0!} + \frac{1}{1!} + \frac{1}{2!} + \frac{1}{3!} + \cdots$$

Dies machen z.B. FORSTER (2013 [29], S. 83) und DEISER (2013 [21], S. 168) so.

(3) Man lässt die Zahl einfach vom Himmel fallen und sagt, es gilt $e \approx 2,7182818284$ und danach kommen eben unendlich viele weitere Stellen. Für diese Variante haben sich beispielsweise MATTHÄUS & MATTHÄUS (2011 [46], S. 29) sowie DÖRSAM (2010 [24], S. 161) entschieden.

Natürlich werden alle Autoren in ihrem jeweiligen Kontext gute Gründe gehabt haben, ihre Entscheidung zu treffen.

Definition 3.6.10 (Natürliche Exponentialfunktion): Die Funktion $\exp : \mathbb{R} \to \mathbb{R}^+$ mit

$$\exp(x) = e^x$$

heißt *natürliche Exponentialfunktion* oder kurz *e-Funktion*. D.h. die natürliche Exponentialfunktion ist die Exponentialfunktion zur Basis e.

Satz 3.6.11 (Zentrale Eigenschaft der e-Funktion): Für die natürliche Exponentialfunktion $\exp$ gilt

$$\exp' = \exp,$$

d.h. die e-Funktion ist gegen das Ableiten resistent und verändert sich nicht.

Wie bereits im Kontext allgemeiner Exponentialfunktionen gehen wir nun auch auf die Umkehrfunktion der e-Funktion spezieller ein:

Definition 3.6.12 (Natürliche Logarithmusfunktion): Die *natürliche Logarithmusfunktion*, der *logarithmus naturalis* oder kurz der *natürliche Logarithmus* bezeichnet die Funktion

$$\ln := \log_e : \mathbb{R}^+ \to \mathbb{R}.$$

Sie ist also die Umkehrfunktion der e-Funktion und die Komposition beider Funktionen ergibt die Identität.

Satz 3.6.13: Für die natürliche Logarithmusfunktion $\ln$ gilt

$$\ln'(x) = {}^1\!/_x$$

für alle $x \in \mathbb{R}^+$.

3.6.4 Trigonometrische Funktionen

Zunächst müssen wir in diesem Abschnitt eine andere Art des Winkelmessens einführen, die sich dadurch auszeichnet, dass nicht das übliche Gradmaß, sondern das sog. *Bogenmaß* verwendet wird. Während das Gradmaß für gewöhnlich mit „°" gekennzeichnet wird, ist das Bogenmaß

dimensionslos, d.h. einheitenfrei. Die wichtigsten Werte einer ganzen Drehung des Bogenmaß'
haben wir in Abbildung 3.12 mit jenen des Gradmaß' verglichen.

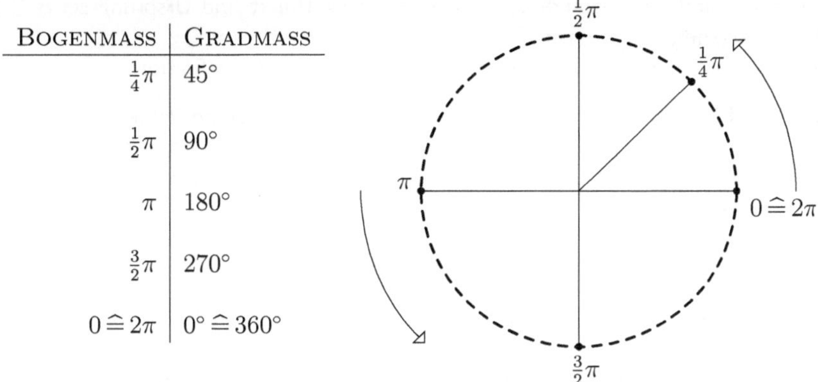

BOGENMASS	GRADMASS
$\frac{1}{4}\pi$	$45°$
$\frac{1}{2}\pi$	$90°$
π	$180°$
$\frac{3}{2}\pi$	$270°$
$0 \stackrel{\wedge}{=} 2\pi$	$0° \stackrel{\wedge}{=} 360°$

Abb. 3.12: Wichtigste Werte des Bogenmaß' verglichen mit jenen des Gradmaß'

Das Allgemeine Umrechnen kann man durch entsprechendes Umstellen der Formel

$$\frac{\alpha_{\text{Bogenmaß}}}{2\pi} = \frac{\alpha_{\text{Gradmaß}}}{360}$$

erreichen, wobei $\alpha_{\text{Bogenmaß}}$ einen Winkel im Bogenmaß und $\alpha_{\text{Gradmaß}}$ denselben Winkel im
Gradmaß bezeichne. Im Grunde handelt es sich um einen Dreisatz.

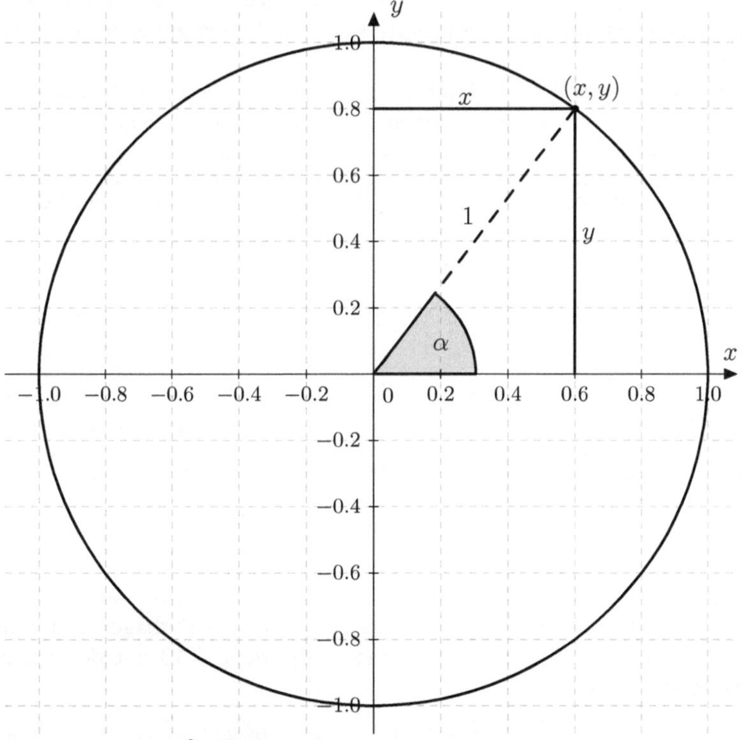

Abb. 3.13: Ein Punkt $(x, y) \in \mathbb{R}^2$ auf dem Einheitskreis. Der Winkel unter der Verbindungsstrecke zwischen
Punkt und Ursprung beträgt $\alpha \in [0, 2\pi)$.

Wir betrachten in Abbildung 3.13 den *Einheitskreis*, d.h. einen Kreis mit Radius 1. Auf dem Rand des Einheitskreises liege ein Punkt $(x, y) \in \mathbb{R}^2$ und der Winkel am Ursprung zwischen der positiven x-Achse und der Verbindungsstrecke zwischen Punkt und Ursprung sei $\alpha \in [0, 2\pi)$ und werde im Bogenmaß gemessen.

Ausgehend von diesen Voraussetzungen treffen wir die folgende Definition:

Definition 3.6.14 (Sinus und Cosinus): Die Abbildung, die jedem Winkel $\alpha \in [0, 2\pi)$ die entsprechende y- bzw. x-Koordinate eines Punktes (x, y) auf dem Rand des Einheitskreises zuordnet, heißt *Sinus* bzw. *Cosinus* (oder *Kosinus*) von α. Wir benutzen die Kurzbezeichnungen sin bzw. cos und somit gilt

$$\sin(\alpha) = y \quad \text{bzw.} \quad \cos(\alpha) = x.$$

Dadurch, dass das Bogenmaß einheitenfrei ist (also kein Zeichen wie „°" mit sich führt), ist α eine gewöhnliche reelle Zahl des Intervalls $[0, 2\pi)$. Betrachten wir also sin und cos als reelle Funktionen, die ausgehend von ihrem Verhalten auf $[0, 2\pi)$ periodisch auf ganz $\mathbb{R}$ fortgesetzt werden sollen, definiert dies die *Sinus-* bzw. *Cosinusfunktion*

$$\sin : \mathbb{R} \to [-1, 1] \quad \text{bzw.} \quad \cos : \mathbb{R} \to [-1, 1].$$

Der Wertebereich $[-1, 1]$ ist dabei ausreichend, da Punkte auf dem Rand des Einheitskreises natürlich mit ihrer x- wie auch y-Koordinate im Intervall $[-1, 1]$ liegen müssen.

Mit „periodisch auf ganz $\mathbb{R}$ fortgesetzt" ist gemeint, dass wir die Funktion (hier Sinus- oder Cosinusfunktion) nicht nur im Bereich $[0, 2\pi)$ betrachten, sondern im gesamten Bereich der reellen Zahlen $\mathbb{R}$. Dies geschieht dadurch, dass die jeweilige Funktion am Ende des Intervalls $[0, 2\pi]$ durch Wiederholen all ihrer Werte fortgesetzt wird. Das gilt sowohl für das linke als auch das rechte Ende.

Da sich ja nun nach unserer Konstruktionsart alle Funktionswerte im Abstand von 2π wiederholen, spricht man hier von der sog. *Periodizität* einer Funktion. Sinus und Cosinus haben somit eine Periodizität von 2π. Es gilt also das folgende Korollar:

Korollar 3.6.15 (Periodizität von Sinus und Cosinus): Für die Sinus- und Cosinusfunktion gilt jeweils der Zusammenhang

$$\sin(x) = \sin(x + 2\pi),$$
$$\cos(x) = \cos(x + 2\pi)$$

für alle $x \in \mathbb{R}$.

Ein weiterer wichtiger Zusammenhang beider Funktionen ist im folgenden Satz beschrieben.

Satz 3.6.16: Für die Sinus- und Cosinusfunktion gilt der Zusammenhang

$$(\sin(x))^2 + (\cos(x))^2 = 1$$

für alle $x \in \mathbb{R}$.

Beweis: Dieser Zusammenhang folgt direkt aus dem Satz des Pythagoras, der hier im Einheitskreis angewendet wird. Betrachten wir erneut Abbildung 3.13 mit den entsprechenden Bezeichnungen folgt so direkt

$$\sqrt{x^2 + y^2} = 1 \quad \text{bzw.} \quad x^2 + y^2 = 1.$$

Die im Satz genannte Gleichung gilt nun nach der Definition von sin und cos. $\qquad\square$

Satz 3.6.17: Für die Ableitungen von sin und cos gilt der folgende „Zyklus":

$$
\begin{aligned}
\sin'(x) &= \cos(x) \\
\cos'(x) &= -\sin(x) \\
-\sin'(x) &= -\cos(x) \\
-\cos'(x) &= \sin(x)
\end{aligned}
$$

für alle $x \in \mathbb{R}$.

Aus der Kombination von Sinus und Cosinus lässt sich nun eine weitere Funktion definieren:

Definition 3.6.18 (Tangens): Die *Tangensfunktion* oder kurz *Tangens* ist definiert als

$$
\tan : \mathbb{R} \setminus N \to \mathbb{R} \text{ mit}
$$
$$
\tan(x) = \frac{\sin(x)}{\cos(x)},
$$

wobei $N := \{ x \in \mathbb{R} \mid \cos(x) = 0 \} = \left\{ k\pi + \dfrac{\pi}{2} \;\middle|\; k \in \mathbb{Z} \right\}$ die Menge der Nullstellen der Cosinusfunktion bezeichne, die natürlich ausgenommen werden müssen, da sonst durch 0 geteilt würde.

Natürlich benötigen wir auch einen visuellen Eindruck der definierten Funktionen. Daher ist in Abbildung 3.14 ihr Graph dargestellt.

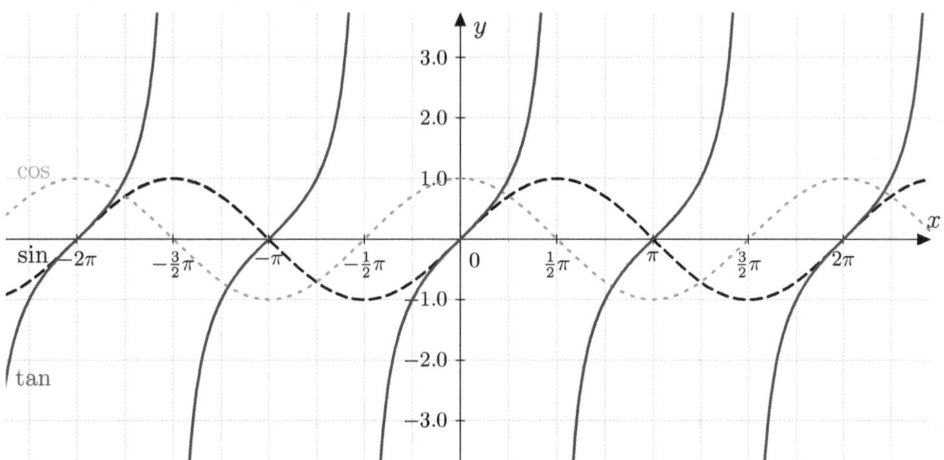

Abb. 3.14: Ein Ausschnitt der Graphen von Sinus (gestrichelt), Cosinus (gepunktet) und Tangens (durchgehend mit Polstellen)

Speziell wird beim Tangens noch einmal deutlich, dass sein Graph nicht im gesamten Bereich der reellen Zahlen zusammenhängend ist. Bei den Sprungstellen handelt es sich um Polstellen, wie wir sie bereits im Abschnitt über rationale Funktionen definiert haben (vgl. Definition 3.6.3), d.h. beim Annähern an die Sprungstelle wird der Funktionswert des Tangens unendlich groß (von links) bzw. unendlich klein (von rechts). Die Polstellen sind genau jene Stellen, welche wir in Definition 3.6.18 mittels der Menge N aus dem Definitionsbereich ausgeschlossen haben. Insbesondere ist der Tangens also nicht stetig auf $\mathbb{R}$.

Aus Abbildung 3.14 lässt sich ferner ein weiterer wichtiger Zusammenhang zwischen Sinus und Cosinus geometrisch erahnen: Würde man eine der beiden Funktionen um einen gewissen

Abstand nach links oder rechts verschieben, könnte man die andere der beiden Funktionen damit vollständig verdecken. Bei diesem Abstand handelt es sich – abhängig von Richtung und Funktion – um $\frac{1}{2}\pi$ bzw. $\frac{3}{2}\pi$. Genauer lässt sich dies aber im folgenden Satz erfassen:

Satz 3.6.19: Für die Werte der Sinus- und Cosinusfunktion gilt der Zusammenhang

$$\cos(x) = \sin\left(x + \frac{1}{2}\pi\right),$$

$$\sin(x) = \cos\left(x - \frac{1}{2}\pi\right)$$

für alle $x \in \mathbb{R}$.

Geometrisch bedeutet der obige Satz, dass der Sinus dem Cosinus gleicht, wenn wir den Sinus um eine Distanz von $\frac{1}{2}\pi$ nach links verschieben (1. Zeile). Umgekehrt entspricht der Cosinus dem Sinus, wenn wir die Cosinusfunktion um $\frac{1}{2}\pi$ nach rechts setzen (2. Zeile).

Warnung: Für viele Menschen ist Folgendes wider ihrer Intuition: Sie verbinden das Minus-Zeichen mit „nach links" und das Plus-Zeichen mit „nach rechts". Tatsächlich ist es aber (wie wir hier exemplarisch gesehen haben) genau umgekehrt: Steht das entsprechende Zeichen mit einer zugehörigen Distanz neben dem Funktionsargument (hier x), entspricht das Hinzuaddieren einer Verschiebung des Graphen der Funktion nach links, das Subtrahieren entsprechend nach rechts.

3.6.A Aufgaben

<u>Aufgabe 1</u>: Bestimme die Ableitung einer allgemeinen Exponentialfunktion $f(x) = b^x$ mit $b > 0$.

Tipp: Forme den Ausdruck mit Hilfe der Rechenregeln für den Logarithmus und der Eigenschaft, dass exp *und* ln *Umkehrfunktionen zueinander sind, um.*

<u>Aufgabe 2</u>: Differenziere den Ausdruck $1/x$ auf zwei verschiedene Weisen. Nutze für jede Weise eine andere Ableitungsregel.

<u>Aufgabe 3</u>: Bestimme den Grenzwert der folgenden reellen Zahlenfolgen oder gebe an, dass dieser nicht existiert. Gib ggfs. an, ob es sich um eine bestimmte Divergenz handelt.

(a) $\dfrac{(-1)^n}{n}$

(b) $\sqrt[n]{n}$

(c) e^n

(d) e^{-n}

(e) $\log_{10}(n)$

(f) $\ln(n)$

(g) $\dfrac{n^4 + 3n^2 + n - 1}{6n^4 + 3n}$

(h) $\dfrac{n^4 + 3n^2 + n - 2^n}{6n^4 + 3n2^n + \sqrt{n}}$

(i) $\cos(n)$

<u>Aufgabe 4</u>: Leite die folgenden Ausdrücke nach x ab.

(a) $\tan(x)$

(b) $e^{\ln(x)}$

(c) $y \cos(\ln(x) + e^x)$

(d) $\dfrac{\cos(x)}{\sin(x)}$

(e) $\cos(z \sin(x))$

(f) $\cos(x) \tan(x)$

(g) 2^{x^2}

(h) $\dfrac{\cos(x) + \ln(2x^2)}{3x^3 + 2x - 1}$

(i) $\sqrt[5]{\dfrac{\cos(x^2) \ln(x)}{\cos(x)}}$

<u>Aufgabe 5</u>: Berechne die folgenden Werte **ohne** Zuhilfenahme eines Taschenrechners.

(a) $\sin(\pi)$

(b) $\cos(\frac{\pi}{2})$

(c) $\sin(1024\pi)$

(d) $\tan((2^{12} - 1)\pi)$

<u>Aufgabe 6</u>: Forme um in einen möglichst einfachen Ausdruck:

(a) $\log_2(0,125)$

(b) $\log_{1/2}\left(\dfrac{1}{8}\right)$

(c) $\log_{\sqrt{5}}(125)$

(d) $\log_3(1)$

(e) $\ln(2) - \ln(\sqrt{e})$

(f) $\log_3(9) + \log_3\left(\dfrac{1}{243}\right)$

Hinweis: Musterlösungen sind auf der Springer-Verlagsseite unter http://www.springer.com/ mathematics/book/978-3-658-06595-9 zu finden.

3.7 Integrale

Wir werden uns nun noch dem Begriff des Integrals nähern. Aus der Schule ist bereits bekannt, dass ein Integral einer reellen Funktion f den (*orientierten*) Flächeninhalt zwischen dem Graphen der Funktion sowie der x-Achse innerhalb eines Intervalls $[a, b] \subset \mathbb{R}$ angibt. „Orientiert" bedeutet hierbei, dass die Fläche positives bzw. negatives Vorzeichen hat, je nachdem, ob der Graph oberhalb bzw. unterhalb der x-Achse liegt, d.h. f positiv oder negativ ist. Gilt innerhalb des Intervalls beides, wird entsprechend miteinander verrechnet.

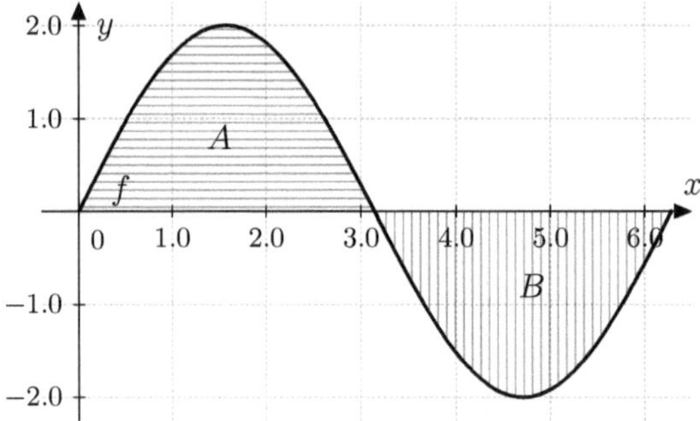

Abb. 3.15: Fläche unter (mit A markiert) bzw. über (mit B markiert) dem Graphen der Funktion $f : [0, 2\pi] \to [-2, 2]$ mit $f(x) = 2\sin(x)$. Die positiv orientierten Flächeninhalte sind horizontal schraffiert, die negativ orientierten vertikal schraffiert.

Wir verdeutlichen dies anhand von Abbildung 3.15: Hier ist der Flächeninhalt A genauso groß wie jener von B, jedoch liegt A unterhalb und B oberhalb des Graphen der Funktion f. Daher ist $A \in \mathbb{R}^+$ und $B \in \mathbb{R}^-$ und es gilt

$$A = -B \quad \text{bzw.} \quad -A = B.$$

Um den Flächeninhalt zwischen dem Graphen einer Funktion $f : [a, b] \to \mathbb{R}$ zu bestimmen, zerlegen wir das Intervall [a,b] in $n \in \mathbb{N}$ gleichlange, nicht überlappende Teilintervalle, die dann allesamt die Länge $\frac{b-a}{n}$ haben. Auf jedem Teilintervall errichten wir eine Säule, deren Mitte (in x-Richtung) mit dem Graphen von f schneidet. Nennen wir die Mitte des i-ten Teilintervalls $x_i \in [a, b]$ ($i = 1, \ldots, n$), beträgt die Höhe jeder Säule gerade $f(x_i)$. Der Flächeninhalt der i-ten Säule beträgt somit

$$A_i := \underbrace{\frac{b-a}{n}}_{\text{Breite}} \cdot \overbrace{f(x_i)}^{\text{Höhe}}.$$

Abbildung 3.16 zeigt dies erneut am Beispiel der Funktion $f : [0, 2\pi] \to [-2, 2]$ mit $f(x) = 2\sin(x)$ und einer Zahl von $n = 12$ Säulen.
Ganz offensichtlich stellt die Summe

$$\sum_{i=1}^{n} A_i = \sum_{i=1}^{n} \frac{b-a}{n} \cdot f(x_i)$$

aller Säulenflächeninhalte A_i eine Näherung an die gesuchte Gesamtfläche dar. Die Feinheit der von uns getroffenen *Zerlegung*, d.h. die Anzahl der Teilintervalle n, wird maßgeblich die Genauigkeit unserer Näherungsformel beeinflussen.

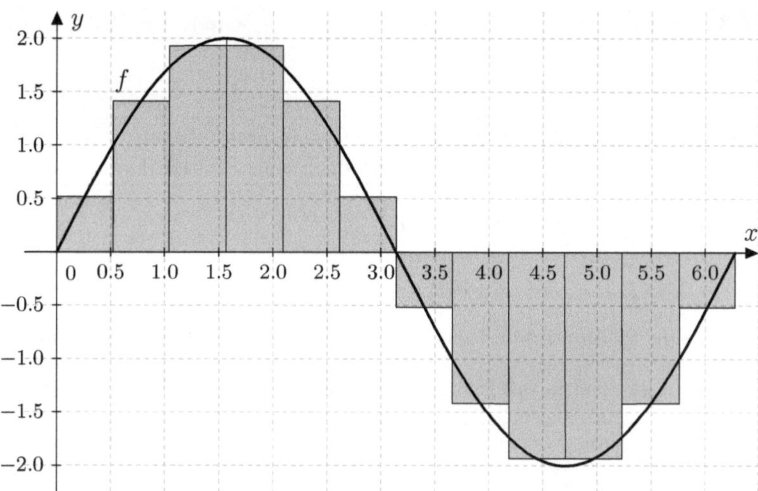

Abb. 3.16: Säulen äquidistanter Breite und der Höhe $f(x_i)$ ($i = 1, \ldots, 12$) unter bzw. über dem Graphen der Funktion $f : [0, 2\pi] \to [-2, 2]$ mit $f(x) = 2\sin(x)$. Die Summe aller Säulenflächen stellt eine Näherung an die Fläche unter bzw. über dem Graphen dar. Bei den positiven Anteilen der Summe der orientierten Flächeninhalte handelt es sich um die linken sechs, bei den negativen um die rechten sechs Rechtecke.

3.7.1 Definition

Nach der bisherigen Vorarbeit in diesem Abschnitt, ist es uns nun möglich, dass Integral einer stetigen Funktion f auf einem Intervall $[a, b] \subset \mathbb{R}$ zu definieren:

Definition 3.7.1 (Riemann-Integral): Das *Riemann*[12]*-Integral* oder kurz *Integral* ist mit den oben eingeführten Bezeichnungen für eine stetige Funktion $f : [a, b] \to \mathbb{R}$ definiert als der Grenzwert

$$\int_a^b f(x)\,\mathrm{d}x := \lim_{n\to\infty} \sum_{i=1}^{n} A_i = \lim_{n\to\infty} \sum_{i=1}^{n} \frac{b-a}{n} \cdot f(x_i).$$

Die Funktion $f(x)$ heißt *Integrand*. Das Symbol $\mathrm{d}x$ gibt – wie bereits bei Ableitungen – an, dass x die Argumentvariable der zu integrierenden Funktion ist (nach dieser also *integriert* werden soll). a heißt *untere* und b *obere Grenze* des Integrals.

3.7.2 Berechnung und Hauptsatz

An dieser Stelle sind wir nun soweit, dass wir das Integral als Begriff konstruiert haben. Die eigentliche Berechnung beherrschen wir jedoch noch nicht. Dabei wird aber der folgende Begriff nützlich sein:

Definition 3.7.2 (Stammfunktion oder „Aufleitung"): Falls zu einer Funktion $f : A \to \mathbb{R}$ mit $A \subset \mathbb{R}$ eine Funktion $F : A \to \mathbb{R}$ existiert mit

$$F' = f,$$

heißt F *Stammfunktion* oder mathematisch-umgangssprachlich „*Aufleitung*" von f.

---

[12]Georg Friedrich Bernhard Riemann (*1826; †1866), deutscher Mathematiker

---

Korollar 3.7.3: Falls F eine Stammfunktion von $f : A \to \mathbb{R}$ mit $A \subset \mathbb{R}$ ist, so ist auch

$$F + g$$

mit einer beliebigen konstanten Funktion $g : A \to \mathbb{R}$ eine Stammfunktion von f, d.h., falls f eine Stammfunktion besitzt, besitzt sie auch unendlich viele Stammfunktionen.

Beweis: Der Beweis ergibt sich sofort, da für

$$(F + g)' = F' + g' = F' = f$$

gilt, da F bereits eine Stammfunktion von f und g konstant nach Voraussetzung ist. $\square$

Eine Möglichkeit, ein gegebenes Integral zu berechnen, liefert die folgende Formel:

Satz 3.7.4 (Newton-Leibniz-Formel): Sei $f : [a, b] \to \mathbb{R}$ stetig und F eine Stammfunktion von f. Dann ist

$$\int_a^b f(x)\, \mathrm{d}x = F(b) - F(a)$$

$$=: [F(x)]_a^b =: F(x)\big|_a^b.$$

Hierbei stellt die zweite Zeile lediglich zwei abkürzende Schreibweisen für $F(b) - F(a)$ bereit, die häufig Verwendung finden.

Satz 3.7.5 (Hauptsatz der Differential- und Integralrechnung): Sei $f : [a, b] \to \mathbb{R}$ eine stetige Funktion und $x_0 \in [a, b]$. Dann ist $F : [a, b] \to \mathbb{R}$ mit

$$F(x) = \int_{x_0}^x f(t)\, \mathrm{d}t$$

eine Stammfunktion von f und es gilt somit $F' = f$.

Von vielen Autoren wird auch die Newton-Leibniz-Formel aus Satz 3.7.4 als zweiter Teil zum Hauptsatz hinzugezählt (z.B. HEUSER 2009 [37], S. 450 f.). Der Hauptsatz selbst wird gelegentlich auch als *Fundamentalsatz der Analysis* bezeichnet.

Satz 3.7.6: Es sei $p : [a, b] \to \mathbb{R}$ ein Polynom n-ten Grades mit

$$p(x) = a_n x^n + \ldots + a_2 x^2 + a_1 x + a_0$$

mit $a_0, \ldots, a_n \in \mathbb{R}$. Dann ist

$$P(x) = \frac{a_n}{n+1} x^{n+1} + \ldots + \frac{a_2}{3} x^3 + \frac{a_1}{2} x^2 + a_0 x$$

eine Stammfunktion von p.

Beweis: Durch Verwendung der Ableitungsregeln ergibt sich sofort

$$P'(x) = p(x)$$

für alle $x \in [a, b]$. $\square$

Satz 3.7.7 (Rechenregeln für Integrale): Es seien $f, g : [a, b] \to \mathbb{R}$ zwei stetige Funktionen und es gelte $\lambda \in \mathbb{R}$ sowie $c \in [a, b]$. Dann gilt

(1) $\displaystyle\int_a^b (f(x) + g(x))\, \mathrm{d}x = \int_a^b f(x)\, \mathrm{d}x + \int_a^b g(x)\, \mathrm{d}x$,   (Linearität des Integrals)

(2) $\displaystyle\int_a^b \lambda f(x)\, \mathrm{d}x = \lambda \int_a^b f(x)\, \mathrm{d}x$,   (Linearität des Integrals)

(3) $\displaystyle\int_a^b f(x)\, \mathrm{d}x = -\int_b^a f(x)\, \mathrm{d}x$,

(4) $\displaystyle\int_a^a f(x)\, \mathrm{d}x = 0$,

(5) $\displaystyle\int_a^b f(x)\, \mathrm{d}x = \int_a^c f(x)\, \mathrm{d}x + \int_c^b f(x)\, \mathrm{d}x$.

3.7.3 Partielle Integration

Bei einigen zu integrierenden Funktionen ist es manchmal nicht möglich, eine Stammfunktion zu erkennen. Somit wird man auch nicht ein zu berechnendes Integral mit Hilfe der Newton-Leibniz-Formel (Satz 3.7.4) auswerten können.

Oft kann hier die sog. Regel der *partiellen Integration* weiterhelfen. Diese ist dann ein versuchenswerter Kandidat, wenn der Integrand ein Produkt zweier Funktionen ist. Wir gehen nun davon aus, dass das Integral

$$\int_a^b f'(x) \cdot g(x)\, \mathrm{d}x$$

mit $a < b$ zu berechnen ist. Dabei seien f' und g Funktionen mit $f', g : [a, b] \to \mathbb{R}$. Dass wir eine der beiden Funktionen bereits als Ableitung darstellen (also f' statt f) schreiben, hat notationelle Gründe: So ist direkt eine Stammfunktion bekannt (nämlich f), dabei ist f' aber natürlich eine frei wählbare Funktion.

Die Regel der partiellen Integration ergibt sich nun aus dem folgenden Satz:

Satz 3.7.8 (partielle Integration): Seien $f, g : [a, b] \to \mathbb{R}$ zwei stetig differenzierbare[13] Funktionen. Dann gilt

$$\int_a^b f'(x) \cdot g(x)\, \mathrm{d}x = [f(x) \cdot g(x)]_a^b - \int_a^b f(x) \cdot g'(x)\, \mathrm{d}x$$

$$= f(b) \cdot g(b) - f(a) \cdot g(a) - \int_a^b f(x) \cdot g'(x)\, \mathrm{d}x.$$

Hierbei ist die Schreibweise $[\ldots]_a^b$ also wieder wie in Satz 3.7.4 definiert.

Der Vorteil dieser Umwandlung liegt nun nicht direkt auf der Hand. Betrachten wir zunächst einmal genauer, was passiert ist: Auf der linken Seite der Gleichung steht im Integral der Ausdruck $f'(x) \cdot g(x)$, auf der rechten Seite befindet sich hingegen $f(x) \cdot g'(x)$ hinter dem

---

[13]D.h., dass man sie ableiten können muss und die entsprechenden Ableitungen zudem noch stetig sind. Es handelt sich im Grunde um ein kleines Detail, welches wir der Vollständigkeit halber erwähnen.

Integrationszeichen. D.h. also, man kann das Ausgangsintegral so umformen, dass man keine Stammfunktion von $f'(x) \cdot g(x)$ mehr benötigt, sondern „nur noch" eine Stammfunktion des Produktes der Stammfunktion von f' (also f) mit der Ableitung von g (also g'); mit anderen Worten ist also der Term $f(x) \cdot g'(x)$ aufzuleiten.

Über den restlichen Teil der rechten Seite unserer Formel haben wir noch gar nicht geredet: Das ist nicht weiter schlimm, denn $f(b)\cdot g(b) - f(a)\cdot g(a)$ macht keine Probleme, da es sich nur um Funktionsauswertungen handelt, also das Einsetzen der Grenzen a und b in Funktionen, die wir im Rahmen der Berechnung des neu entstandenen Integrals ohnehin bestimmen müssten. Insgesamt haben wir also unser Integrationsproblem verlagert: Das zu integrierende Produkt beider Funktionen $f'(x) \cdot g(x)$ hat sich durch die Anwendung der Formel zur partiellen Integration in ein neues Integral verlagert, wobei darin der eine Faktor in seiner Stammfunktion auftritt (aus $f'(x)$ wird $f(x)$) und der andere Faktor in seiner Ableitung (aus $g(x)$ wird $g'(x)$). In den folgenden Beispielen werden wir den Nutzen dieser Transformation erkennen.

Beispiel 3.7.9: Wir möchten das Integral

$$\int_0^1 e^x \cdot x \, \mathrm{d}x$$

bestimmen. Unser Problem an dieser Stelle ist aber, dass wir die Stammfunktion von $h(x) :=$ $e^x \cdot x$ nicht kennen, um dieses Integral mit Hilfe von Satz 3.7.4 zu bestimmen. Hier wird nun der Vorteil der partiellen Integration sichtbar werden. Wir nennen den linken Faktor nun $f'(x)$, den rechten $g(x)$, setzen also

$$\int_0^1 \underbrace{e^x}_{=:f'(x)} \cdot \underbrace{x}_{=:g(x)} \, \mathrm{d}x$$

und wenden Satz 3.7.8 an:

$$\int_0^1 e^x \cdot x \, \mathrm{d}x = \int_0^1 f'(x) \cdot g(x) \, \mathrm{d}x$$

$$= f(1) \cdot g(1) - f(0) \cdot g(0) - \int_0^1 f(x) \cdot g'(x) \, \mathrm{d}x$$

$$= f(1) \cdot g(1) - f(0) \cdot g(0) - \int_0^1 e^x \cdot 1 \, \mathrm{d}x,$$

denn eine Stammfunktion von $f'(x) = e^x$ ist schließlich e^x selbst (vgl. Satz 3.6.11) und die Ableitung von $g(x) = x$ ist 1. Dadurch, dass ein Faktor durch die Regel der partiellen Integration durch seine Stammfunktion ersetzt wurde und der andere Faktor durch seine Ableitung praktisch weggefallen ist, hat sich das zu lösende Integral nun maßgeblich vereinfacht und wir können fortfahren, indem wir die Funktionsauswertungen vornehmen und das verbliebene Integral mit der Newton-Leibniz-Formel lösen:

$$= e^1 \cdot 1 - e^0 \cdot 0 - \int_0^1 e^x \, \mathrm{d}x$$

$$= e - [e^x]_0^1$$

$$= e - (e^1 - e^0)$$

$$= e - e + 1$$

$$= 1.$$

Bemerkung 3.7.10: Wir möchten schließlich noch so etwas wie eine „Merkregel" für die Formel der partiellen Integration angeben. Bei der Notation mit Hilfe von $f(x), g(x), f'(x)$ und $g'(x)$ kommt man zugegeben schnell durcheinander. Eine kleine Gedächtnisstütze kann dabei sein, dass man sich den eigentlichen Vorteil der partiellen Integration in den Hinterkopf ruft: Das zu lösende Integral wird in ein neues überführt, wobei der eine Faktor aufgeleitet, der andere abgeleitet vorkommt. Es kann helfen sich dies mit Pfeilen unter den Faktoren zu notieren: Im Falle unseres Beispiels von eben würde dies so etwas bedeuten:

$$\int_0^1 \underset{\uparrow}{e^x} \cdot \underset{\downarrow}{x}\, \mathrm{d}x = [\ldots]_0^1 - \int_0^1 e^x \cdot 1\, \mathrm{d}x.$$

Warnung: Diese kleine Anmerkung hilft nur dabei, sich zu merken, was hinter dem Integralzeichen zu tun ist. Den Teil in den eckigen Klammern haben wir daher bewusst ausgelassen und vorhin auch nur von einer Merkregel in Anführungszeichen gesprochen. Korrekterweise müsste in obiger Gleichung $[e^x \cdot x]_0^1$ stehen, was jedoch nur dadurch, dass e^x seine eigene Stammfunktion ist, zufällig identisch zum Ursprungsintegranden ist. Im Hinterkopf sollte man also unbedingt behalten, dass e^x nicht einfach nur abgeschrieben, sondern auch aufgeleitet wurde.

Bemerkung 3.7.11: Woher weiß man nun, welchen Faktor man am besten auf- und welchen man ableitet, falls ein unschönes Produkt zu integrieren ist? Professoren und Übungsleiter, die man fragt, antworten auf diese Frage oft: „Das hat etwas mit Übung und Intuition zu tun. Das lernen Sie schon noch." Leider ist an dieser unbefriedigenden Antwort auch ein Fünkchen Wahrheit. Zwei Feststellungen helfen aber bei der Auswahl:

- In Beispiel 3.7.9 haben wir gesehen, dass einer der Faktoren durch Ableiten weggefallen ist. Dies ist bei den meisten Aufgaben zur partiellen Integration der Fall. Man sollte also Ausschau halten, welcher Faktor verschwinden könnte, sollte man ihn nur häufig genug ableiten.

- Und genau hier setzt die zweite Feststellung an: Oft muss man innerhalb einer Aufgabe die Formel zur partiellen Integration nicht nur einmal, sondern mehrmals anwenden: Nämlich dann, wenn einmaliges Ableiten den Faktor, den man für sinnvoll erachtet zu differenzieren, noch nicht verschwinden lässt, sondern erst mehrmaliges Ableiten. In diesem Fall wendet man auf das entstandene Integral die Regel erneut an und setzt dies so fort, bis das Ganze erfolgreich war. I.d.R. ist nach spätestens dreimaligem Umsetzen der Formel aber Schluss und die Aufgabe sollte einen Blick auf ihr Ergebnis zulassen.

Gerade kompliziertere Aufgaben haben jedoch manchmal die Heimtücke, dass sie zunächst zur Auswahl des falschen Faktors einladen. Oder es gibt Aufgaben, bei der beide Varianten zum Ziel führen würden. Die Antwort der Professoren und Übungsleiter hat also durchaus auch eine gewisse Berechtigung...

3.7.4 Integration durch Substitution

Was sich anhört wie ein schlechtes Schlagwort zur Asylpolitik, ist der zweite Integrationstrick, den man gelegentlich schon in der Schule, spätestens aber an der Universität kennenlernt: die sog. *Integration durch Substitution*.

Satz 3.7.12 (Integration durch Substitution): Es seien $f, g : [a, b] \to \mathbb{R}$ zwei stetig differenzierbare Funktionen. Dann gilt

$$\int_a^b f(g(x)) \cdot g'(x) \, \mathrm{d}x = \int_{g(a)}^{g(b)} f(t) \, \mathrm{d}t.$$

Hierbei ist t auf der rechten Seite der Gleichung als ganz normale Integrationsvariable anzusehen (wie es sonst immer x war). Man nutzt hier lediglich aus ganz praktischen Gründen eine neue Variable: Um zu verdeutlichen, dass man die ursprüngliche Variable (also x) durch eine neue (nämlich t) substituiert – also ersetzt – hat.

Auch an dieser Formel erschließt sich möglicherweise nicht direkt alles, jedoch ist hier die Vereinfachung des Integrals durch die Umformung deutlich sichtbarer: Statt einem ineinander verschachtelten Integranden $f(g(x)) \cdot g'(x)$ muss man nach der Substitution nur noch mit einer zu integrierenden Funktion kämpfen, nämlich $f(t)$ (nicht durch das umbenannte Funktionsargument verwirren lassen!). Auf der rechten Seite kommt die Funktion $g(x)$ zudem nur noch in Form von Funktionsauswertungen an den Grenzen des Integrals vor: Man sagt hier auch, die ursprünglichen Grenzen werden mittels der Funktion g *transformiert*.

Jetzt mag man argumentieren, dass ein Integrand der eigenartig speziell wirkenden Form $f(g(x)) \cdot g'(x)$ in freier Wildbahn ohnehin nicht anzutreffen sei. Das mag auf den ersten Blick auch stimmen, jedoch ist es oft möglich, an zu integrierenden Funktionen derart herumzubasteln, dass die eben geschilderte Formel von großem Nutzen ist. Dies möchten wir anhand des folgenden Beispiels verdeutlichen.

Beispiel 3.7.13: Wir gehen davon aus, dass das Integral

$$\int_0^\pi \cos(3x) \, \mathrm{d}x$$

zu berechnen ist. Wir würden gerne die Setzung $f(x) = \cos(x)$ sowie $g(x) = 3x$ treffen, denn dann könnten wir den Integranden als $\cos(3x) = f(g(x))$ schreiben. Damit wir eine Integration durch Substitution vornehmen können, fehlt jedoch noch die Ableitung von g (also $g'(x) = 3$) als weiterer Faktor im Integranden. Jetzt passiert das, was wir vorhin als „Herumbasteln" bezeichnet haben:

$$\int_0^\pi \cos(3x) \, \mathrm{d}x = \underbrace{\frac{1}{3} \cdot 3}_{=1} \cdot \int_0^\pi \cos(3x) \, \mathrm{d}x = \frac{1}{3} \cdot \int_0^\pi \cos(3x) \cdot 3 \, \mathrm{d}x$$

$$= \frac{1}{3} \cdot \int_{g(0)}^{g(\pi)} f(t) \, \mathrm{d}t = \frac{1}{3} \cdot \int_{3 \cdot 0}^{3 \cdot \pi} \cos(t) \, \mathrm{d}t.$$

Wir fügen also „künstlich" die Ableitung von g ein. Dabei stellen wir sicher, dass wir keinen Rechenfehler begehen, indem wir eigentlich mit $1 = \frac{1}{3} \cdot 3$ multiplizieren. Das Ziehen der 3 in das Integral ist dann aufgrund von Satz 3.7.7 (2) erlaubt. Wichtig ist zudem, dass wir das Abändern der Integrationsgrenzen, welches in Satz 3.7.12 gefordert wird, nicht vergessen. Schließlich erhalten wir ein Integral, welches einfacher zu lösen ist als das Ausgangsintegral:

$$\frac{1}{3} \cdot \int_0^{3\pi} \cos(t) \, \mathrm{d}t = [\sin(t)]_0^{3\pi} = \sin(3\pi) - \sin(0) = 0.$$

Zur Erinnerung: Dass sin die Funktion ist, welche abgeleitet cos ergibt (sin also eine Stammfunktion von cos ist), haben wir bereits in Satz 3.6.17 gelernt.

Bemerkung 3.7.14: Jetzt haben wir zwei spezielle Integrationstechniken zumindest kurz gesehen. Die Frage mag im Raum stehen, wann genau man welche der Techniken benutzt. Auch hier mag die Antwort leider oft wieder lauten: „Das hat etwas mit Übung und Intuition zu tun. Das lernen Sie schon noch." Es gibt bei offenen Aufgabenformaten (wenn die Aufgabenstellung also nicht direkt darauf hindeutet, welche Technik zu verwenden ist) jedoch zwei grobe Indizien, an denen man festmachen kann, welche Formel vielversprechender ist:

$$\left. \begin{array}{l} \text{Der Integrand ist ein Produkt zweier Funktio-} \\ \text{nen, von denen zumindest eine nach } n\text{-maligem} \\ \text{Ableiten verschwinden würde.} \end{array} \right\} \Rightarrow \text{partielle Integration}$$

$$\left. \begin{array}{l} \text{Der Integrand wäre eigentlich relativ harmlos,} \\ \text{wenn man einen bestimmten – möglicherwei-} \\ \text{se mehrfach auftretenden – Ausdruck in ihm} \\ \text{einfach durch eine neue Integrationsvariable er-} \\ \text{setzen würde.} \end{array} \right\} \Rightarrow \text{Integration durch Substitution}$$

Natürlich darf man im zweiten Fall den Ausdruck nicht einfach so ersetzen, sondern muss exakt nach Regel vorgehen (also noch die Integrationsgrenzen transformieren). Festzustellen bleibt aber, dass uns diese Entscheidungshilfe zumindest im Fall von Beispiel 3.7.13 geholfen hätte, schließlich wird der Integrand angenehmer, wenn man $3x$ in seinem Innern durch die neue Variable t ersetzt.

3.7.A Aufgaben

Aufgabe 1: Bestimme die folgenden Integrale.

(a) $\displaystyle\int_3^5 x^3 - 2x + 1 \,\mathrm{d}x$

(d) $\displaystyle\int_2^6 \frac{2x}{x^2 + x} \,\mathrm{d}x$

(b) $\displaystyle\int_e^{2e} \frac{1}{x + e} \,\mathrm{d}x$

(e) $\displaystyle\int_7^7 \frac{2x^2 + 3}{3x^4 - 7} \,\mathrm{d}x$

(c) $\displaystyle\int_\pi^{2\pi} \cos(x) + \sin(x) \,\mathrm{d}x$

(f) $\displaystyle\int_{-1}^6 (\sin(x))^2 \,\mathrm{d}x + \int_{-1}^6 (\cos(x))^2 \,\mathrm{d}x$

Aufgabe 2: Bestimme die folgenden Integrale mittels partieller Integration (Satz 3.7.8).

(a) $\displaystyle\int_1^2 x \ln(x) \,\mathrm{d}x$

(c) $\displaystyle\int_2^3 \ln(x) \,\mathrm{d}x$

(b) $\displaystyle\int_\pi^{2\pi} x \cos(x) \,\mathrm{d}x$

(d) $\displaystyle\int_{-1}^1 x^2 e^x \,\mathrm{d}x$

Tipp: Ist kein zweiter Faktor vorhanden, hilft es, als weiteren Faktor 1 hinzuzufügen.

Aufgabe 3: Bestimme die folgenden Integrale mittels Integration durch Substitution (Satz 3.7.12).

(a) $\displaystyle\int_0^2 x \cos(x^2 + 1) \,\mathrm{d}x$

(c) $\displaystyle\int_1^2 \sqrt[4]{x^2 + 1} \,\mathrm{d}x$

(b) $\displaystyle\int_2^4 \frac{1}{3x - 2} \,\mathrm{d}x$

(d) $\displaystyle\int_3^5 \frac{x}{\exp(x^2)} \,\mathrm{d}x$

Hinweis: Musterlösungen sind auf der Springer-Verlagsseite unter http://www.springer.com/ mathematics/book/978-3-658-06595-9 zu finden.

3.8 Ausblick

In Anfängervorlesungen zur Analysis gibt es einen gewissen Pool von Sätzen, dem nahezu jeder Studierende begegnen wird. Dazu gehören beispielsweise der *Mittelwertsatz*, der *Satz von Rolle*[14] und der *Zwischenwertsatz*. Letzterer etwa fundiert überhaupt erst, warum die heuristische Faustregel „Eine Funktion ist stetig, wenn man ihren Graphen zeichnen kann, ohne den Stift abzusetzen" ihre Berechtigung hat: Er besagt, dass eine stetige Funktion $f : [a,b] \to \mathbb{R}$ jeden Wert zwischen $f(a)$ und $f(b)$ annehmen muss, d.h. dass

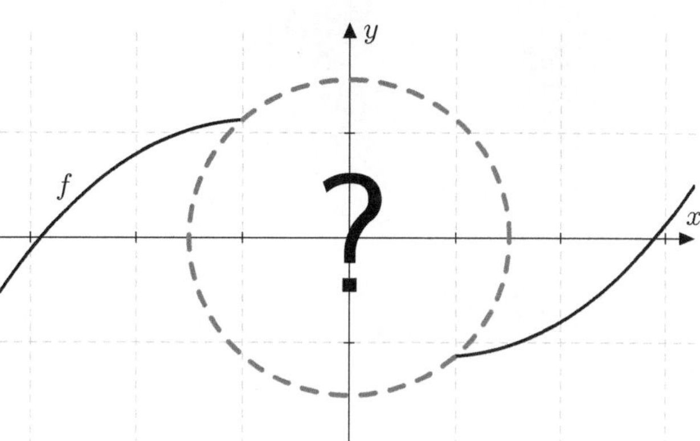

Abb. 3.17: Sollte es sich bei f um eine stetige Funktion handeln, muss sie im Bereich des Kreises laut Zwischenwertsatz (mindestens) eine Nullstelle besitzen.

es zu jedem $y \in [f(a), f(b)]$ (bzw. $y \in [f(b), f(a)]$) mindestens ein $x \in [a,b]$ gibt, so dass $f(x) = y$ gilt. Eine direkte Folgerung hieraus sehen wir in Abbildung 3.17. Setzen wir voraus, dass die abgebildete Funktion f stetig (z.B. auf ganz $\mathbb{R}$) ist, muss sie nach dem Zwischenwertsatz eine Nullstelle innerhalb des Kreises besitzen. Dies begründet sich dadurch, dass f links des Kreises positive und rechts des Kreises negative Werte annimmt. Da sie nun alle Werte auch dazwischen annehmen muss, muss es also insbesondere innerhalb des Kreises ein x geben, so dass $f(x) = 0$ gilt.

Weitere Informationen zu den besagten Sätzen, speziell zum Zwischenwertsatz, kann man dem Tutorium von MODLER & KREH entnehmen (2014 [48], S. 170)

In Abschnitt 3.6.4 haben wir die trigonometrischen Funktionen $\cos$ und $\sin$ sowie indirekt $\tan$ am Einheitskreis eingeführt. Neben diesen gibt es natürlich noch weitere (wie $\arccos$, $\cot$, etc.) und natürlich kann man alle Funktionen auch am rechtwinkligen Dreieck (wie in der Schule) einführen, so dass dann etwa der Sinus als das Verhältnis zwischen Gegenkathete und Hypotenuse beschrieben wird, also

$$\sin \alpha = \frac{\text{Gegenkathete bzgl. } \alpha}{\text{Hypotenuse}}.$$

Natürliche finden diese Begrifflichkeiten nicht nur in der Analysis Anwendung, jedoch sind Cosinus, Sinus, usw. als Funktionen betrachtet doch eher der Analysis zuzuordnen. Ursprünglich stammt die Thematik aus dem Umfeld der Geometrie; bedeutet „Trigonometrie" doch etwa „Vermessung des Dreiecks"

Ein Anwendungsgebiet dieser geometrischen Disziplin war die sog. *Geodäsie*, also die Landvermessung, welche vorwiegend durch das Aufsetzen eines aus Dreiecken bestehenden Netzes, einer sog. *Triangulierung*, und deren Vermessung realisiert wurde. Im Rahmen seines Nebenjobs als Landvermesser hatte Gauß beispielsweise den Auftrag, das damalige Königreich Hannover zu kartografieren, welchem er zwischen den Jahren 1818 und 1832 nachkam (vgl. BÜHLER 1987 [17], S. 92). Bis zur Einführung des Euros zeugte hiervon noch die Rückseite des 10-DM-Scheins (vgl. Abbildung 3.18).

---

[14]Michael Rolle (*1652; †1719), französischer Mathematiker

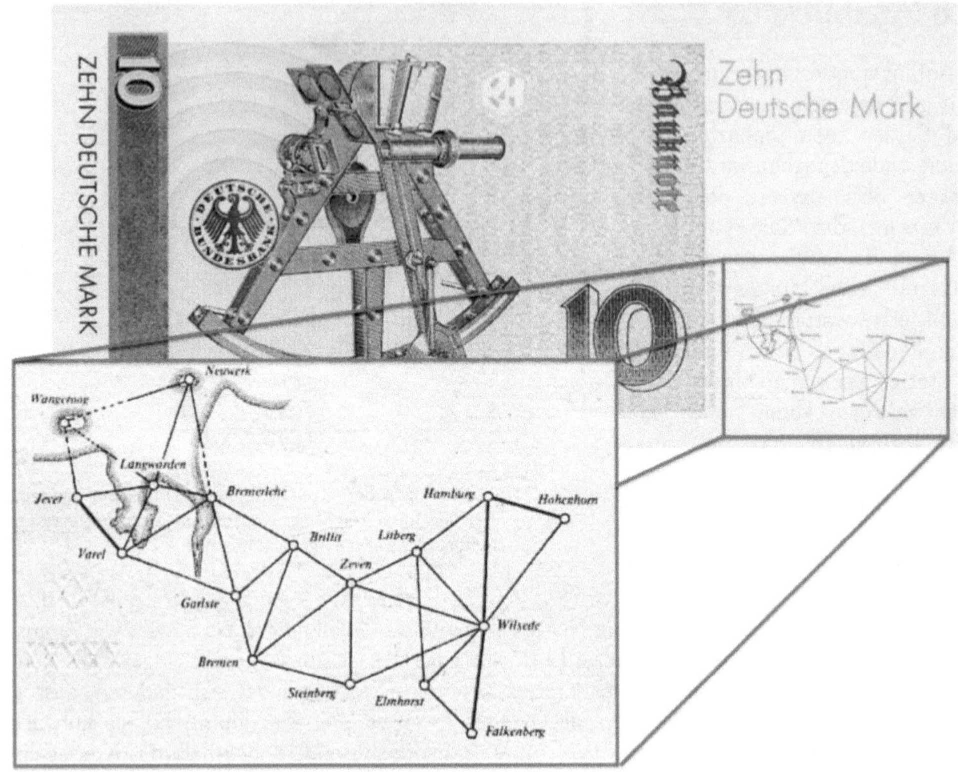

Abb. 3.18: Teile der von Gauß erstellten Triangulierung des Königreichs Hannover zierten bis zur Einführung des Euros die Rückseite des 10-DM-Scheins.

Mehr zur Trigonometrie kann man beispielsweise bei VAN DE CRAATS & BOSCH (2010 [20], Kapitel 17) oder PAPULA (2014 [50], Kapitel III, Abschnitte 9 und 10) nachlesen. Auch zu den verwandten Hyperfunktionen (z.B. $\cosh$, $\sinh$, etc.) finden sich Inhalte im Werk von PAPULA (ebd., Kapitel III, Abschnitt 13).

Weitere Gegenstände der Analysis, auf welche man sich freuen darf, sind etwa sog. *unendliche Reihen*, bei denen es sich um spezielle unendliche Folgen im Sinne des Abschnitts 3.1.1 handelt. Wir haben sogar kurz eine unendliche Reihe gesehen, als wir auf Seite 162 auf alternative Definitionen der eulerschen Zahl e eingegangen sind. Bei dem Begriff geht es also um Summen mit unendlich vielen, möglicherweise sogar allesamt positiven reellen Summanden, welche gegen die erste Intuition nicht bestimmt gegen unendlich, sondern in vielen Fällen gegen konkrete reelle Grenzwerte streben.

Eine Verallgemeinerung der unendlichen Reihe stellt die sog. *Potenzreihe* dar. Ein Spezialfall dieser ist wiederum das sog. *Taylorpolynom*[15], welches wir ebenfalls ausgelassen haben. Die mit diesem im Zusammenhang stehende *Taylorentwicklung* einer Funktion beruht auf dem wesentlichen Grundgedanken, beliebige Funktionen möglichst exakt durch Polynome zu ersetzen.

---

[15]Brook Taylor (*1685; †1731), britischer Mathematiker und Mitglied der Royal Society

Beispielsweise handelt es sich bei der Funktion $f : \mathbb{R} \to \mathbb{R}$ mit

$$f(x) = 1 - \frac{1}{2}x^2 + \frac{1}{24}x^4 - \frac{1}{720}x^6$$

um das Taylorpolynom von Grad 6 mit sog. *Entwicklungsmittelpunkt* 0 der Cosinusfunktion. Dieses haben wir in Abbildung 3.19 gemeinsam mit der Ausgangsfunktion cos dargestellt. Gerade in der Nähe des Entwicklungsmittelpunktes, hier also um 0, entfaltet das Taylorpolynom seine Stärken und stellt eine gute Approximation dar.

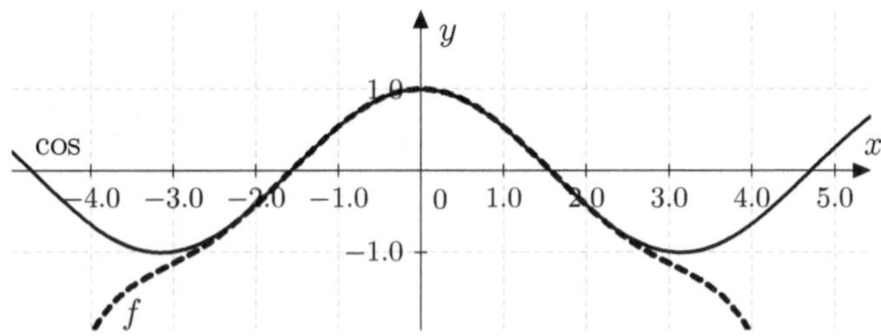

Abb. 3.19: Taylorpolynom f von Grad 6 mit sog. *Entwicklungsmittelpunkt* 0 stellt in dessen Nähe eine gute Annäherung an die Cosinusfunktion dar.

Zu den genannten Begriffen kann man etwa die Lektüre des Lehrbuchs von TRETTER in Betracht ziehen (2013 [63], Kapitel V und IX).

Auch sog. *Differentialgleichungen* (kurz *DGL*) haben wir bisher keine Aufmerksamkeit geschenkt. Hierbei handelt es sich um Gleichungen, die im Gegensatz zu gewöhnlichen Gleichungen, keine Zahlen, sondern Funktionen zur Lösung haben. Die Differentialgleichung

$$y'(x) = y(x) \text{ mit } y(0) = 1$$

etwa hat als einzige Lösung die allseits bekannte natürliche Exponentialfunktion. Es gilt also $y(x) = e^x$, denn diese Funktion ist bekanntlich die Einzige, die resistent gegen das Ableiten ist und zudem noch die Bedingung $e^0 = 1$ erfüllt. Mehr zu Differentialgleichungen erfährt man z.B. im Buch von RIESSINGER (2013 [52], Kapitel 11).

Auch im Bereich der Integration haben wir natürlich längst nicht alles erläutern können, was gerne erläutert worden wäre. So sind wir beispielsweise immer davon ausgegangen, dass Integrale feste Grenzen aufweisen, also Zahlen a und b mit $a < b$ zwischen denen die mit der x-Achse eingeschlossene Fläche bestimmt werden sollte. Diese Grenzen werden dann oft weggelassen, wenn man Integration allgemeiner als Gegenprozess des Ableitens auffassen möchte (dies ist nach Satz 3.7.5 ja möglich) und das „$\int$"-Zeichen dann nicht mehr nach einer konkreten Fläche, sondern einer Stammfunktion zum gegebenen Integranden fragt. In dieser verallgemeinerten Situation spricht man von einem *unbestimmten* Integral.
Setzt man eine oder beide Grenzen hingegen auf den „Wert" ∞, statt sie wegzulassen, spricht man von einem *uneigentlichen* Integral. In Abhängigkeit vom jeweiligen Integranden kommt es tatsächlich vor, dass die auf diese Weise unendlich breite Fläche tatsächlich einen konkreten reellen Flächeninhalt aufweist. Dies widerspricht natürlich (ähnlich wie die unendlichen Reihen) zunächst der Intuition. Zur weiterführenden Lektüre in diesen beiden Angelegenheiten schlagen wir das Lehrbuch von PAPULA vor (2014 [50], Kapitel V, Abschnitt 3 bzw. 9).

Weiterführende Literatur zur Analysis ist etwa das Werk von FORSTER (2013 [29]), welches wir ja schon oft zitiert haben. Es ist für Nebenfachstudierende – je nach angestrebtem Niveau – möglicherweise jedoch etwas zu beweislastig. Ein Werk, das spezieller auf Nebenfächler (dem Namen nach auf Studierende einer Ingenieurwissenschaft) zugeschnitten ist, stammt von BURG et al. (2013 [16]). Ähnlich verhält es sich mit dem Lehrwerk von RIESSINGER, wo jedoch auch noch etwas lineare Algebra zu finden ist (2013 [53]). An angehende Wirtschaftswissenschaftler wenden sich hingegen DÖRSAM (2010 [24]) und WALZ (2011 [64]). Letzteres enthält auch noch kurze Kapitel zur Stochastik sowie Numerik. Weitere Aufgaben mit Musterlösungen aus dem Bereich Analysis finden sich zudem im Trainingsbuch von FRITZSCHE (2013 [31]). Dieser fasst zudem einige Standardlehrwerke der Analysis in seinem Literaturverzeichnis zusammen.

Diese Referenzwelle wollen wir mit Angabe des Meisterwerks „Principles of Mathematical Analysis" (keine Sorge, wir referenzieren die deutschsprachige Version) von RUDIN besiegeln (2009 [57]), welcher im Jahr 2010 leider verstarb.

“

    Oh, und falls wir uns nicht mehr sehen sollten,
    guten Tag, guten Abend und gute Nacht!

”

– Truman

Literaturverzeichnis

[1] AHRENS, Wilhelm: *Mathematikeranekdoten*. Leipzig: Teubner, 1916

[2] AIGNER, Martin; ZIEGLER, Günter M.: *Das BUCH der Beweise*. 3. Auflage. Berlin Heidelberg: Springer, 2010

[3] ALTEN, Heinz-Wilhelm; DJAFARI NAINI, Alireza; EICK, Bettina; FOLKERTS, Menso; SCHLOSSER, Hartmut; SCHLOTE, Karl-Heinz; WESEMÜLLER-KOCK, Heiko; WUSSING, Hans: *4000 Jahre Algebra: Geschichte – Kulturen – Menschen*. 2. Auflage. Berlin Heidelberg: Springer Spektrum, 2014

[4] ANDERSSON, Leif E.; WHITAKER, Ewen A.; NASA (Hrsg.): *NASA Catalogue of Lunar Nomenclature*. Springfield: National Technical Information Service, 1982

[5] ARENS, Tilo; BUSAM, Rolf; HETTLICH, Frank; KARPFINGER, Christian; STACHEL, Hellmuth: *Grundwissen Mathematikstudium: Analysis und Lineare Algebra mit Querverbindungen*. Berlin Heidelberg: Springer Spektrum, 2013

[6] BAMFORD, James: The NSA Is Building the Country's Biggest Spy Center (Watch What You Say). In: *Wired* 20 (2012), Nr. 4, S. 78–84, 122–124

[7] BANDELOW, Christoph: *Einführung in die Cubologie*. Wiesbaden: Vieweg, 1981

[8] BEUTELSPACHER, Albrecht: *„Das ist o. B. d. A. trivial!“: Tipps und Tricks zur Formulierung mathematischer Gedanken*. 9. Auflage. Wiesbaden: Vieweg+Teubner, 2009

[9] BEUTELSPACHER, Albrecht: *„In Mathe war ich immer schlecht...“: Berichte und Bilder von Mathematik und Mathematikern, Problemen und Witzen, Unendlichkeit und Verständlichkeit, reiner und angewandter, heiterer und ernsterer Mathematik*. 5. Auflage. Wiesbaden: Vieweg+Teubner, 2009

[10] BEUTELSPACHER, Albrecht: *Survival-Kit Mathematik: Mathe-Basics zum Studienbeginn*. Wiesbaden: Vieweg+Teubner, 2011

[11] BEUTELSPACHER, Albrecht: *Lineare Algebra: Eine Einführung in die Wissenschaft der Vektoren, Abbildungen und Matrizen*. 8. Auflage. Wiesbaden: Springer Spektrum, 2014

[12] BMJV: Erste Verordnung zur Änderung der Fahrzeug-Zulassungsverordnung und anderer straßenverkehrsrechtlicher Vorschriften: Vom 19. Oktober 2012. In: *Bundesgesetzblatt Teil I* (2012), Nr. 50, S. 2232–2243

[13] BOREL, Émile: La mécanique statique et l'irréversibilité. In: *Journal de Physique Théorique et Appliquée* 3 (1913), Nr. 1, S. 189–196

[14] BRADTKE, Thomas: *Mathematische Grundlagen für Ökonomen*. 2. Auflage. München: Oldenbourg, 2003

[15] BURG, Klemens; HAF, Herbert; WILLE, Friedrich; MEISTER, Andreas: *Höhere Mathematik für Ingenieure: Band II: Lineare Algebra*. 7. Auflage. Wiesbaden: Springer Vieweg, 2012

[16] BURG, Klemens; HAF, Herbert; WILLE, Friedrich; MEISTER, Andreas: *Höhere Mathematik für Ingenieure: Band I: Analysis*. 10. Auflage. Wiesbaden: Springer Vieweg, 2013

[17] BÜHLER, Walter K.: *Gauss: Eine biographische Studie*. Berlin Heidelberg: Springer, 1987

[18] CANTOR, Georg: Ueber unendliche, lineare Punktmannichfaltigkeiten. In: *Mathematische Annalen* 21 (1883), S. 545–591. – 5. Fortsetzung

[19] CANTOR, Georg: Beiträge zur Begründung der transfiniten Mengenlehre. In: *Mathematische Annalen* 46 (1895), S. 481–512

[20] CRAATS, Jan van d.; BOSCH, Rob: *Grundwissen Mathematik: Ein Vorkurs für Fachhochschule und Universität*. Berlin Heidelberg: Springer, 2010

[21] DEISER, Oliver: *Analysis 1*. 2. Auflage. Berlin Heidelberg: Springer Spektrum, 2013

[22] DESCARTES, René: *Geometrie*. Darmstadt: Wissenschaftliche Buchgesellschaft, 1981

[23] DIN (Hrsg.): *DIN-Taschenbuch 202: Formelzeichen, Formelsatz, mathematische Zeichen und Begriffe*. 3. Auflage. Beuth, 2009

[24] DÖRSAM, Peter: *Mathematik anschaulich dargestellt für Studierende der Wirtschaftswissenschaften*. 15. Auflage. Heidenau: PD, 2010

[25] ELMO; GUM; HEATHER; HOLLY; MISTLETOE; ROWAN; COX, Geoff (Hrsg.): *Notes Towards the Complete Works of Shakespeare*. Vivaria, 2002

[26] EUKLID; THAER, Clemens (Hrsg.): *Die Elemente: Bücher I–XIII*. Frankfurt am Main: Harri Deutsch, 2010

[27] FAROUKI, Rida T.: *Pythagorean-Hodograph Curves: Algebra and Geometry Inseparable*. Berlin Heidelberg: Springer, 2008

[28] FISCHER, Gerd: *Lineare Algebra: Eine Einführung für Studienanfänger*. 18. Auflage. Wiesbaden: Springer Spektrum, 2014

[29] FORSTER, Otto: *Analysis 1: Differential- und Integralrechnung einer Veränderlichen*. 11. Auflage. Wiesbaden: Springer Spektrum, 2013

[30] FRIED, J. M.: *Mathematik für Ingenieure I für Dummies*. 2. Auflage. Weinheim: Wiley, 2014

[31] FRITZSCHE, Klaus: *Trainingsbuch zur Analysis 1: Tutorium, Aufgaben und Lösungen*. Berlin Heidelberg: Springer Spektrum, 2013

[32] FURLAN, Peter: *Das Gelbe Rechenbuch 1: für Ingenieure, Naturwissenschaftler und Mathematiker*. Dortmund: Martina Furlan, 1995

[33] HALL, A. R.: *Philosophers at War: The Quarrel between Newton and Leibniz*. Revised. Cambridge: Cambridge University Press, 1998

[34] HALMOS, Paul R.: *I Want to be a Mathematician: An Automathography*. New York: Springer, 1985

[35] HEATH, Thomas L.: *Diophantos of Alexandria: A Study in the History of Greek Algebra*. Second Edition. Cambridge: Cambridge University Press, 1910

[36] HEUSER, Harro: *Lehrbuch der Analysis: Teil 2*. 14. Auflage. Wiesbaden: Vieweg+Teubner, 2008

[37] HEUSER, Harro: *Lehrbuch der Analysis: Teil 1*. 17. Auflage. Wiesbaden: Vieweg+Teubner, 2009

[38] KEMNITZ, Arnfried: *Mathematik zum Studienbeginn: Grundlagenwissen für alle technischen, mathematisch-naturwissenschaftlichen und wirtschaftswissenschaftlichen Studiengänge*. 11. Auflage. Wiesbaden: Springer Spektrum, 2014

[39] KLINGER, Marcel: Reflexion eines Mathematik-Vorkurses aus Teilnehmer- und Dozentenperspektive / Technische Universität Dortmund, Universität Duisburg-Essen. 2014. – URL http://hdl.handle.net/2003/33091. Forschungsbericht

[40] KOCH, Jürgen; STÄMPFLE, Martin: *Mathematik für das Ingenieurstudium*. 2. Auflage. München: Hanser, 2013

[41] LAGARIAS, Jeffrey C. (Hrsg.): *The Ultimate Challenge: The $3x+1$ Problem*. Providence: American Mathematical Society, 2010

[42] MANUEL, Frank E.: *The Religion of Isaac Newton*. Oxford: Oxford University Press, 1974

[43] MARSAGLIA, George; ZAMAN, Arif: Monkey Tests for Random Number Generators. In: *Computers & Mathematics with Applications* 26 (1993), Nr. 9, S. 1–10

[44] MARTINEZ, Alberto A.: *Negative Math: How Mathematical Rules Can Be Positively Bent*. Princeton: Princeton University Press, 2006

[45] MATHERS, Colin D.; SADANA, Ritu; SALOMON, Joshua A.; MURRAY, Christopher J. L.; LOPEZ, Alan D.: Healthy life expectancy in 191 countries, 1999. In: *The Lancet* 357 (2001), Nr. 9269, S. 1685–1691

[46] MATTHÄUS, Heidrun; MATTHÄUS, Wolf-Gert: *Mathematik für Ingenieur-Bachelor: Schritt für Schritt mit ausführlichen Lösungen*. Wiesbaden: Vieweg+Teubner, 2011

[47] MERZ, Michael; WÜTHRICH, Mario V.: *Mathematik für Wirtschaftswissenschaftler: Die Einführung mit vielen ökonomischen Beispielen*. München: Vahlen, 2013

[48] MODLER, Florian; KREH, Martin: *Tutorium Analysis 1 und Lineare Algebra 1: Mathematik von Studenten für Studenten erklärt und kommentiert*. 3. Auflage. Berlin Heidelberg: Springer Spektrum, 2014

[49] NITZSCHE, Manfred: *Graphen für Einsteiger: Rund um das Haus vom Nikolaus*. 3. Auflage. Wiesbaden: Vieweg+Teubner, 2009

[50] PAPULA, Lothar: *Mathematik für Ingenieure und Naturwissenschaftler: Band 1*. 14. Auflage. Wiesbaden: Springer Vieweg, 2014

[51] REGENSCHEIT, Marion: Das Bernoullianum – eine kleine Chronologie. S. 136–141. In: HUBER, Dorothee (Hrsg.); SIMON, Christian (Hrsg.); STERN, Willem B. (Hrsg.): *Das Bernoullianum: Haus der Wissenschaften für Basel*. Basel: Schwabe, 2011

[52] RIESSINGER, Thomas: *Mathematik für Ingenieure: Eine anschauliche Einführung für das praxisorientierte Studium*. 9. Auflage. Berlin Heidelberg: Springer Vieweg, 2013

[53] RIESSINGER, Thomas: *Übungsaufgaben zur Mathematik für Ingenieure: Mit durchgerechneten und erklärten Lösungen*. 6. Auflage. Berlin Heidelberg: Springer Vieweg, 2013

[54] RINGGUTH, Rudolf: Krieg der Philosophen. In: *Der Spiegel* 35 (1981), Nr. 29, S. 133–134

[55] ROKICKI, Tomas; KOCIEMBA, Herbert; DAVIDSON, Morley; DETHRIDGE, John: The Diameter of the Rubik's Cube Group is Twenty. In: *SIAM Journal on Discrete Mathematics* 27 (2013), Nr. 2, S. 1082–1105

[56] ROTH, Jürgen: Die Zahl i – phantastisch, praktisch, anschaulich. In: *Mathematik Lehren* 121 (2003), S. 47–49

[57] RUDIN, Walter: *Analysis*. 4. Auflage. München: Oldenbourg, 2009

[58] SCHUBERT, Matthias: *Mathematik für Informatiker: Ausführlich erklärt mit vielen Programmbeispielen und Aufgaben*. 2. Auflage. Wiesbaden: Vieweg+Teubner, 2012

[59] SILVA, Tomás O.; HERZOG, Siegfried; PARDI, Silvio: Empirical Verification of the Even Goldbach Conjecture and Computation of Prime Gaps up to $4 \cdot 10^{18}$. In: *Mathematics of Computation* 83 (2013), Nr. 288, S. 2033–2060

[60] SINGH, Simon: *Fermats letzter Satz: Die abenteuerliche Geschichte eines mathematischen Rätsels*. München: Hanser, 1998

[61] SONAR, Thomas: *3000 Jahre Analysis: Geschichte, Kulturen, Menschen*. Berlin Heidelberg: Springer, 2011

[62] STILLWELL, John: *Mathematics and Its History*. Third Edition. New York: Springer, 2010

[63] TRETTER, Christiane: *Analysis I*. Basel: Birkhäuser, 2013

[64] WALZ, Guido: *Mathematik für Fachhochschule, Duale Hochschule und Berufsakademie: mit ausführlichen Erläuterungen und zahlreichen Beispielen*. Heidelberg: Spektrum Akademischer Verlag, 2011

[65] WEINGARTEN, Florian: Ein Spielzeug mit Gruppenstruktur. S. 107–115. In: WOHLGEMUTH, Martin (Hrsg.): *Mathematisch für fortgeschrittene Anfänger: Weitere beliebte Beiträge von Matroids Matheplanet*. Heidelberg: Spektrum Akademischer Verlag, 2010

[66] WILES, Andrew: Modular Elliptic Curves and Fermat's Last Theorem. In: *Annals of Mathematics* 142 (1995), S. 443–551

[67] ZEGARELLI, Mark: *Grundlagen der Mathematik für Dummies*. Weinheim: Wiley, 2008

[68] ZEIDLER, Eberhard (Hrsg.): *Springer-Handbuch der Mathematik I*. Wiesbaden: Springer Spektrum, 2013

[69] ZIEGLER, Günter M.: *Darf ich Zahlen? Geschichten aus der Mathematik*. München: Piper, 2011

Index